O Mito da Desterritorialização

Rogério Haesbaert

O Mito da Desterritorialização
Do "fim dos territórios" à multiterritorialidade

15ª edição

Rio de Janeiro | 2025

Copyright © Rogério Haesbaert, 2004

Capa: Leonardo Carvalho, com fotos do autor (Rua de Paris e escultura "Sphere in Sphere" de Arnaldo Pomodoro).

Editoração: DFL

2025
Impresso no Brasil
Printed in Brazil

CIP-Brasil. Catalogação na fonte
Sindicato Nacional dos Editores de Livros, RJ.

C875m   Costa, Rogério H. da (Rogério Haesbaert da), 1958-
15ª ed.   O mito da desterrirorialização: do "fim dos territórios"
         à multiterritorialidade/Rogério Haesbaert. – 15ª ed. – Rio
         de Janeiro: Bertrand Brasil, 2025.
             396p.

             Inclui bibliografia
             ISBN 978-85-286-1061-1

             1. Territorialidade humana. 2. Geografia humana. 3.
         Geografia econômica. 4. Geopolítica. I. Título.

04-0951   CDD – 304.2
                                                    CDU – 911.3

Todos os direitos reservados pela:
EDITORA BERTRAND BRASIL LTDA.
Rua Argentina, 171 – São Cristóvão
20921-380 – Rio de Janeiro – RJ
Tel.: (21) 2585-2000

Não é permitida a reprodução total ou parcial desta obra, por quaisquer meios, sem a prévia autorização por escrito da Editora.

Atendimento e venda direta ao leitor:
sac@record.com.br

Para Doreen Massey — que, além do grande estímulo intelectual, ensinou-me a admirar o orvalho da manhã em Milton Keynes — com reconhecimento e carinho.

Para Galib e António, que fizeram da British Library um território-mundo de poesia e amizade.

Sumário

Prólogo 13

1. Introdução 19
   1.1. As Ciências Sociais redescobrem o território para falar do seu desaparecimento 26

2. Definindo Território para Entender a Desterritorialização 35
   2.1. A amplitude do conceito 37
   2.2. Território nas perspectivas materialistas 42
      2.2.1. As concepções naturalistas 44
      2.2.2. A concepção de base econômica 55
      2.2.3. A tradição jurídico-política de território 62
   2.3. Território nas perspectivas idealistas 69
   2.4. Território numa perspectiva integradora 74
   2.5. A visão relacional de território em Sack e Raffestin 80

3. Território e Desterritorialização em Deleuze e Guattari 99
   3.1. Conceitos para a Geografia? 101
   3.2. As multiplicidades, o rizoma e as segmentaridades 112
   3.3. O conceito de território e seus componentes 118
   3.4. Desterritorialização e reterritorialização: a criação e a destruição de territórios 127
   3.5. A desterritorialização relativa ou a desterritorialização do *socius* 133

4. Pós-modernidade, "Desencaixe", Compressão Espaço-tempo e Geometrias do Poder 143
   4.1. O desencaixe espaço-temporal 156
   4.2. Compressão tempo-espaço 160
   4.3. Geometrias de poder e diferentes formas espaciais 165

5. Múltiplas Dimensões da Desterritorialização 171
   5.1. A desterritorialização numa perspectiva econômica 172
   5.2. A desterritorialização numa perspectiva política 194
   5.3. A desterritorialização numa perspectiva cultural 214

6. Desterritorialização e Mobilidade 235
   6.1. Mobilidade humana e desterritorialização 237
   6.2. Desterritorialização na i-mobilidade 251
   6.3. Sociedade de controle, ciberespaço e desterritorialização 264

7. Territórios, Redes e Aglomerados de Exclusão 279
   7.1. Territórios, redes e territórios-rede 279
   7.2. Desterritorialização e aglomerados de exclusão 311

8. Da Desterritorialização à Multiterritorialidade 337

9. Desterritorialização como Mito 363

Bibliografia 373

Índice 391

Agradecimentos

Meu agradecimento especial à CAPES — Coordenação de Aperfeiçoamento de Pessoal de Ensino Superior, através da qual foram garantidos os recursos públicos indispensáveis à realização do estágio pós-doutoral em Londres, 10 meses de tranqüilidade imprescindíveis para a elaboração deste trabalho. Paralelamente, meu muito obrigado, de coração, aos colegas do Departamento de Geografia da Universidade Federal Fluminense, que, com seu esforço e consideração, garantiram meu afastamento das atividades didáticas durante esse período, especialmente a Márcio de Oliveira, Ivaldo Lima (também leitor atento do item 7.1), Jorge Luiz Barbosa e Sérgio Nunes Pereira. Zelaram também pelos afazeres e pela burocracia doméstica os amigos de todas as horas — Almir, Maurício e Lino, além da incansável Dona Fátima.

Agradeço aos meus queridos alunos que com paciência e dedicação participaram dos debates, às vezes um pouco áridos, de tantos assuntos aqui abordados, em especial os alunos do curso Diversidade Territorial e Regionalização, ministrado no Programa de Pós-Graduação em Geografia, da disciplina Geo-História e, principalmente, os animados participantes do grupo de debates do NUREG — Núcleo de Pesquisas sobre Regionalização e Globalização, sem os quais o cotidiano acadêmico não teria muito sentido. Um obrigado especial ao Glauco Bruce, co-autor do artigo que serviu de base para o terceiro capítulo deste livro.

Na Inglaterra, o diálogo com os professores e doutorandos do Departamento de Geografia da Open University foi decisivo, especialmente com Doreen Massey, mas também com Jennifer Robinson,

John Allen e Sarah Whatmore. A contribuição dos debates durante os Seminários do Departamento e nos grupos de leitura foi fundamental. Além disto, meu muito obrigado aos professores Jacques Lévy e Michel Lussault, na França, e Wolf-Dietrich Sahr, na Alemanha, pelos convites para seminários e palestras que proporcionaram discussões tão interessantes desta temática em Reims e Cérisy (França), Heidelberg, Jena e Leipzig (Alemanha).

Finalmente, many thanks à British Library e seus funcionários, sempre solícitos e amigos, uma instituição que é um verdadeiro "patrimônio da humanidade" e que, como nossa "catedral", como costumava dizer Doreen Massey, proporcionou alguns dos meus momentos mais extraordinários em termos de satisfação intelectual. Ali, a socialização do conhecimento, de todos os cantos e para tantos estudantes do mundo inteiro que, como eu, tiveram o privilégio de freqüentá-la, é a melhor demonstração de que a utilização digna do dinheiro público é uma bandeira pela qual devemos continuar sempre lutando.

(...) o homem não é mais o homem confinado, mas o homem endividado. É verdade que o capitalismo manteve como constante a extrema miséria de três quartos da humanidade, pobres demais para o endividamento, numerosos demais para o confinamento: o controle não só terá que enfrentar a dissipação das fronteiras, mas também a explosão dos guetos e favelas.

(Gilles Deleuze, 1992[1990]:224)

Prólogo

I

Gostaria de começar com um relato mais pessoal, pois minha experiência, creio eu, é bem representativa dessas idas e vindas e ambivalências da des-re-territorialização. Tendo vivido na zona rural até o início da escola primária, comecei por conhecer a territorialização mais rígida (e dura) da vida no campo. Embora de certa forma impregnado da "terra" como recurso primeiro de sobrevivência e identificação (principalmente para um gaúcho luso-brasileiro como meu pai e para uma descendente de colonos alemães como minha mãe), pude vivenciar igualmente a desterritorialização que a ausência de "terra" acarreta para quem dela quase que totalmente depende. Vivi também, assim, o famoso "êxodo rural" que, ao contrário do economicismo de muitas interpretações, é igualmente recheado de variáveis socioculturais representadas por todo um conjunto de valores "urbanos", à época, em avassaladora difusão. A luz elétrica e o rádio, aos sete anos de idade, foram uma verdadeira revolução no meu espaço-tempo. A pequena cidade de mil habitantes, que na ocasião se emancipava, tinha no trem, para mim, sua maior atração. O trem amedrontava e seduzia ao mesmo tempo. Ali, ao longo da ferrovia, acho que comecei a viver este paradoxo entre temor e atração pela mudança, pela mobilidade, pela des-territorialização (sempre dialetizada). Meu maior sonho era um dia "pegar" o trem. A estação ferroviária tinha para mim um sentido quase mítico. Uma "linha de fuga", uma porta do desconhecido, do não-revelado, das paisagens fantásticas recriadas pela ferrovia, das pontes "impossíveis" (uma, a poucos quilômetros da cidade, dizia-se, tinha o maior vão livre da América do Sul). Mas meu território, no fundo, era calmo, um cotidiano morno, de ritmos repetitivos, fins de semana "sagrados" na missa de domingo, manhãs de aula, tardes de "buscar o terneiro" no campo, aventura com a qual nunca me entusiasmei. Após um ano na cidadezinha, meu pai arrendou um lote no alto de um cerro, a pequena distância, que subíamos de carreta. Do alto podia-se ver o imenso "chapadão" da Serra Geral e a Campanha — o Pampa — a perder-se de vista no horizonte. Ali eu descobria outra fronteira para nosso território, campos e planuras sem fim, uma abertura que me fascinava, longe dos constrangimentos da Serra. Mas a Serra era mais diversa, e cada vale tinha também suas surpresas. Na Campanha, tudo parecia se revelar ao mesmo tempo, nada se escondia, nada parecia restar por apreender. Mas, ledo engano, ali também se escondiam "segredos": depois de dois anos, mudamos para o Pampa, uma casa tão pobre que assustou minha irmã de quatro anos, que se negava a entrar... Voltei no caminhão da mudança. Teria de ficar alguns meses para acabar os estudos. Aos oito anos de idade, morando com desconhecidos, uma nova territorialização era preciso. Lembro quanta falta sentia da família e como tudo ali tinha cheiros, sabores e cores completamente outros. Até descansar ficava mais difícil. Era como se fôssemos obrigados a reconstruir um lar, um território, aos oito anos. Mas logo as férias, o retorno ao campo, àquele "rancho" de sapé e chão batido, fogão de chapa de ferro e concreto, açude para buscar água. E reencontros, muitos, incluindo os irmãos que estudavam com os avós na "cidade grande". O rancho tão pobre virou sem grande dificuldade meu território, dominado pelos pais, apropriado pela festa com os irmãos. Mas minha cabeça também já ia longe, por outros campos. Me fascinava saber que para além do rio (Ibicuí) havia outros trens, e estes cruzavam outra fronteira, rumo ao Uruguai. Um tio morava na fronteira, "cidades-gêmeas", nome misterioso este... Para estudar, meses depois, fomos novamente pra cidade. Outra desreterritorialização. Tudo fisicamente perto, no máximo 100 quilô-

metros, mas, para mim, naquela idade, distâncias enormes. Outra cidade, agora "muito maior", dois mil e quinhentos habitantes, pela primeira vez ruas calçadas, Fórum, até um cinema (onde ganhei entradas grátis por dois anos, depois de responder perguntas sobre Geografia na praça da cidade). Novos amigos. A descoberta de Monteiro Lobato e Narizinho. Os primeiros atlas. Quantas viagens (imaginárias) era possível fazer... Mas ao mesmo tempo em que viajava pelos mapas, tentava de alguma forma "viajar pelo mundo", ali perto, que fosse, criar outras redes, mais reais, expandir meu(s) território(s). As primeiras "correspondentes" foram duas argentinas de um ônibus de turismo que parou na praça da cidade, onde eu trabalhava vendendo revistas. Para mim, os prospectos da agência de turismo onde elas trabalhavam eram mais importantes do que a ida do homem à Lua, que eu presenciei numa das raras tevês preto-e-branco da cidade. Melhor mesmo só quando mudamos outra vez, dois anos depois, para a "cidade grande", Santa Maria. Ali, apesar da penúria por que passamos, meu pai trocando de trabalho todo tempo, casas alugadas em todos os cantos da cidade (cinco bairros diferentes em seis anos), havia o acesso a uma Biblioteca Pública, meu "território" predileto, reino da Georama e de outros atlas, muito mais detalhados do que meu simples Atlas Escolar do MEC. Ouvia rádios de ondas curtas todas as noites (de Londres a Pequim) e comecei a ter amigos correspondentes do mundo inteiro. Foi assim que, mesmo muito longe dos tempos de Internet, "comprimi" meu tempo-espaço, conectando-me, do meu jeito, com o outro lado do mundo. Preparando-me para a mobilidade "real" que me des-reterritorializaria depois no Rio de Janeiro, para o mestrado, em Paris, para o doutorado, e em Londres, agora há pouco, para o pós-doutorado. Olhar para trás e ver todas essas territorialidades acumuladas — ou, às vezes, partidas — e minha família ainda no Sul, na sua territorialidade restrita, meu pai cuidando dos cavalos dos vizinhos, minha mãe cuidando da mesma horta, do mesmo jardim, tudo isto é um misto de nostalgia que amarra dor e felicidade. Saber que temos todos esses múltiplos territórios dentro de nós, e que podemos ainda vivenciar muitos outros, de gaúchos na Bahia, de chineses na Califórnia, de bengalis em Londres... O privilégio da multiterritorialidade que é acessível a poucos. Cidadãos do mundo que deveríamos ser todos. Para recriar o futuro, com os alicerces de um passado que não se esvai, mas que é constantemente recriado, com nossa aldeia na memória — e no respeito por aqueles que preferiram (e tiveram a opção) de permanecer nas suas pequenas-grandes aldeias-territórios da sobrevivência e do aconchego cotidianos. Que é, ou deveria ser, no final das contas, também, o território-mundo para todos que essa globalização perversa teima em mentir que está nos dando.

II

O mito da desterritorialização é o mito dos que imaginam que o homem pode viver sem território, que a sociedade pode existir sem territorialidade, como se o movimento de destruição de territórios não fosse sempre, de algum modo, sua reconstrução em novas bases. Território, visto por muitos numa perspectiva política ou mesmo cultural, é enfocado aqui numa perspectiva geográfica, intrinsecamente integradora, que vê a territorialização como o processo de domínio (político-econômico) e/ou de apropriação (simbólico-cultural) do espaço pelos grupos humanos. Cada um de nós necessita, como um "recurso" básico, territorializar-se. Não nos moldes de um "espaço vital" darwinista-ratzeliano, que impõe o solo como um determinante da vida humana, mas num sentido muito mais múltiplo e relacional, mergulhado na diversidade e na dinâmica temporal do mundo. De dicotomias estamos cheios e o discurso da desterritorialização está repleto delas: materialidade e imaterialidade, espacialidade e temporalidade, natureza e cultura, espaço e sociedade, global e local, movimento e estabilidade. Expressões clássicas como a da "aniquilação do espaço pelo tempo" foram responsáveis por grande parte do "preconceito espaço-territorial" que envolveu cada vez mais os territórios em uma carga negativa, vistos mais como empecilhos ao "progresso" e à mobilidade, a ponto de (teoricamente, pelo menos) submergirem no mar da "fluidez" que tudo dissolve e desagrega. Mas o que seria do homem se sucumbisse a esse oceano de indiferenciação e mobilidade? Não se trata em hipótese alguma do saudosismo de uma Gemeinschaft, vida comunitária, fechada e autárquica, que de certa forma só existiu na simplificação de alguns cientistas sociais. O grande dilema deste início de milênio, parece-nos, não é o fenômeno da desterritorialização, como sugere Virilio, mas o da multiterritorialização, a exacerbação dessa possibilidade, que sempre existiu, mas nunca nos níveis contemporâneos, de experimentar diferentes territórios ao mesmo tempo, reconstruindo constantemente o nosso. Sabendo, de saída, que "multiterritorializar-se", para a maioria, não passa de mera virtualidade. A exclusão aviltante ou as inclusões extremamente precárias a que as relações capitalistas relegaram a maior parte da humanidade faz com que muitos, no lugar de partilharem múltiplos territórios, vaguem em busca de um, o mais elementar território da sobrevivência cotidiana. Assim, os múltiplos territórios que nos envolvem incluem esses territórios precários que abrigam sem-tetos, sem-terras e os tantos grupos minoritários que parecem não ter lugar numa des-ordem de "aglomerados humanos" que, em meio a tantas redes, cada vez mais estigmatiza e separa. Assim, o sonho da multiterritorialidade generalizada, dos "territórios-rede" a conectar a humanidade inteira, parte, antes de mais nada, da territorialidade mínima, abrigo e aconchego, condição indispensável para, ao mesmo tempo, estimular a individualidade e promover o convívio solidário das multiplicidades — de todos e de cada um de nós.

Introdução

... a aceleração, não mais da história (...) mas a aceleração da própria realidade, com a nova importância deste tempo mundial em que a instantaneidade apaga efetivamente a realidade das distâncias, destes intervalos geográficos que organizavam, ainda ontem, a política das nações e suas coalizões (...). Se não há um fim da história, é então ao fim da geografia que nós assistimos.

(Virilio, 1997:17)

Inadaptado aos novos dados da economia, impotente para pôr em ordem a proliferação contemporânea das reivindicações identitárias, abalado pelos progressos do multiculturalismo, [o território] foi ultrapassado pelos avanços de uma mundialização que pretende unificar as regras, os valores e os objetivos de toda a humanidade.

(Badie, 1996:13)

O mundo estaria se "desterritorializando"? Sob o impacto dos processos de globalização que "comprimiram" o espaço e o tempo, erradicando as distâncias pela comunicação instantânea e promovendo a influência de lugares os mais distantes uns sobre os outros, a fragilização de todo tipo de fronteira e a crise da territorialidade dominante, a do Estado nação, nossas ações sendo regidas mais pelas imagens e representações que fazemos do que pela realidade material que nos envolve, nossa vida imersa numa mobilidade constante, concreta e simbólica, o que restaria de nossos "territórios", de nossa "geografia"? Segundo o urbanista-filósofo francês Paul Virilio, até a geopolítica estaria sendo sobrepujada pela cronopolítica, pois seria estrategicamente muito mais importante o controle do tempo do que o controle do espaço. O mundo das divisões territoriais dos Estados nações, na forma de colcha de retalhos, estaria condenado frente ao mundo das redes, a "sociedade em rede" como denominou Manuel Castells.

Se pensarmos nas nossas próprias experiências pessoais, pelo menos para aqueles que partilham mais amplamente da globalização em curso, o mundo parece mesmo, muitas vezes, ter substancialmente "encolhido". Desenha-se assim um mundo "sem fronteiras", onde foi decretado o "fim das distâncias", tanto pela velocidade permitida ao nosso deslocamento físico pelos transportes quanto pela instantaneidade proporcionada pelas comunicações, especialmente a Internet.

Enquanto geógrafos, estamos preocupados em elucidar as questões atinentes à dimensão espacial e à territorialidade enquanto componentes indissociáveis da condição humana. Decretar uma desterritorialização "absoluta" ou o "fim dos territórios" seria paradoxal. A começar pelo simples fato de que o próprio conceito de sociedade implica, de qualquer modo, sua espacialização ou, num sentido mais restrito, sua territorialização. Sociedade e espaço social são dimensões gêmeas. Não há como definir o indivíduo, o grupo, a comunidade, a sociedade sem ao mesmo tempo inseri-los num determinado contexto geográfico, "territorial".

É interessante iniciarmos lembrando que, ainda que muito presente no debate das Ciências Sociais, pelo menos desde os anos 1970 (com os filósofos Gilles Deleuze e Félix Guattari), o termo desterritorialização ainda não é reconhecido pelos grandes dicionários. O famoso *The Oxford English Dictionary*, por exemplo, reconhece territorialização como um termo antigo, mas nada comenta sobre desterritorialização. Na Geografia, o primeiro registro deste verbete, de nossa autoria, é extremamente recente, tendo sido publicado no *Dictionnaire de la Géographie et de l'espace des sociétés* em 2003 (Lévy e Lussault).

No *Oxford English Dictionary* consta apenas o termo *territorialização*, derivado do verbo territorializar, que significa tornar territorial, situar em bases territoriais, ou ainda associar a um território ou distrito particular. O mais interessante é observar as citações assinaladas, uma de 1848, comentando que "recentemente o papa territorializou sua autoridade numa grande área", outra de 1897 sobre a "territorialização do serviço militar" (e do Exército), e uma de 1899 sobre a "territorialização das ferrovias" (p. 819). Pode-se perceber a estreita ligação com processos político-institucionais de construção de territórios, viabilizando, pelo território, interesses de ordem político-cultural (Igreja), político-militar (Exército) e político-econômica (redes técnicas).

Ainda que o termo *desterritorialização* seja novo, não se trata de uma questão ou de um argumento propriamente inédito. Muitas posições de Marx em *O Capital* e no *Manifesto Comunista* revelavam claramente uma preocupação com a "desterritorialização" capitalista, seja a do camponês expropriado, transformado em "trabalhador livre", e seu êxodo para as cidades, seja a do burguês mergulhado numa vida em constante movimento e transformação, onde "tudo que é sólido desmancha no ar", na famosa expressão popularizada por Berman (1986[1982]):

> *A burguesia não pode existir sem revolucionar incessantemente os instrumentos de produção, por conseguinte, das relações de produção e, com isso, todas as relações sociais. (...) Essa subversão contínua da produção, esse abalo constante de todo o sistema social, essa agitação permanente e essa falta de segurança distinguem a época burguesa de todas as precedentes. Dissolvem-se todas as relações sociais antigas e cristalizadas, com seu cortejo de concepções e de idéias secularmente veneradas; as relações que as substituem tornam-se antiquadas*

antes de se consolidarem. Tudo o que era sólido e estável se desmancha no ar, tudo o que era sagrado é profanado e os homens são obrigados finalmente a encarar sem ilusões a sua posição social e as suas relações com os outros homens (Marx e Engels, 1998[1848]:43).

Ao contrário das interpretações que se restringem à perspectiva econômico-política, Berman enfatiza o enfoque cultural no materialismo histórico de Marx, cuja "verdadeira força e originalidade" adviria da "luz que lança sobre a moderna vida espiritual" (1986:87). Neste sentido, trata-se de uma leitura mais ampla que projeta a desterritorialização (mesmo sem o uso explícito do termo) como uma das características centrais do capitalismo, e, mais ainda, da própria modernidade.

Certamente podemos afirmar que é intrínseco à reprodução do capital este alimentar constante do movimento, seja pelos processos de acumulação, com a aceleração do ciclo produtivo pela transformação técnica e paralela reinvenção do consumo, seja pela dinâmica de exclusão que joga uma massa enorme de pessoas em circuitos de mobilidade compulsória na luta pela sobrevivência cotidiana. Temos assim, pelo menos, duas interpretações bastante distintas daquilo que é percebido como desterritorialização, e que muitas vezes os discursos correntes confundem: uma, a partir dos grupos hegemônicos, efetivamente "globalizados", outra, a partir dos grupos subordinados ou precariamente incluídos na dinâmica globalizadora.

Guy Débord em seu clássico *A Sociedade do Espetáculo* (originalmente publicado em 1967), retomando Marx (inclusive na mesma alusão feita por ele à destruição de "todas as muralhas da China"), sintetiza bem essa perspectiva materialista histórica sobre os efeitos desterritorializadores/globalizadores do capitalismo:

A produção capitalista unificou o espaço, que já não é limitado por sociedades externas. Essa unificação é ao mesmo tempo um processo extensivo e intensivo de banalização. *A acumulação das mercadorias produzidas em série para o espaço abstrato do mercado, assim como deveria romper as barreiras regionais e legais e todas as restrições corporativas da Idade Média que mantinham a qualidade da produção artesanal, devia também dissolver a autonomia e a qualidade dos lugares. Essa força de homogeneização é a artilharia pesada que fez cair todas as muralhas da China* (Débord, 1997:111, destaque do autor).

Um outro clássico, o sociólogo Émile Durkheim, já na outra passagem de século, do XIX para o XX, embora sem usar explicitamente o termo "desterritorialização" e dentro de uma perspectiva teórica e ideológica bastante diversa, comentava a respeito da fragilização das divisões territoriais a partir do crescente papel das "corporações" (em sentido amplo):

(...) tudo permite prever que, continuando o progresso a se efetuar no mesmo sentido, ela [a corporação] deverá assumir na sociedade uma posição cada vez mais central. (...) a sociedade, em vez de continuar sendo o que ainda é hoje, um agregado de distritos territoriais justapostos, tornar-se-ia um vasto sistema de corporações nacionais. (...) Veremos, de fato, como, à medida que avançamos na história, a organização que tem por base agrupamentos territoriais (aldeia ou cidade, distrito, província etc.) vai desaparecendo cada vez mais. Sem dúvida, cada um de nós pertence a uma comuna, a um departamento, mas os vínculos que nos ligam a eles se tornam cada dia mais frágeis e mais frouxos. Essas divisões geográficas são, em sua maioria, artificiais e já não despertam em nós sentimentos profundos. O espírito provinciano desapareceu irremediavelmente; o patriotismo de paróquia tornou-se um arcaísmo que não se pode restaurar à vontade (Durkheim, 1995[1930]:XXXVI-XXXVII).

Apesar de suas profundas diferenças teóricas e ideológicas, Durkheim, tal como Marx, profetizava também a globalização, o fim de identidades territoriais regionais-locais (o "espírito provinciano") e a emergência de uma sociedade onde as bases territoriais de organização seriam substituídas pela "organização ocupacional" e por um padrão geral de corporações [trans]nacionais. Tal como muitos autores contemporâneos, ele acreditava também na extinção dos provincianismos e paroquialismos, como se as identidades mais tradicionais estivessem sendo simplesmente varridas do mapa.

De forma semelhante a esse "final de era" (ou melhor, de afirmação da modernidade) e passagem de século durkheimniano, o final do século XX (ou do segundo milênio) e o chamado advento da pós-modernidade trouxeram uma quantidade ainda mais surpreendente de fins: o fim da modernidade (Lyotard, 1986) veio acompanhado pelo fim daquilo que, se acreditava, eram seus termos básicos — o Estado nação (Ohmae, 1996), o trabalho, as classes sociais, a democracia (Guehénno, 1993) — e houve até mesmo quem decretasse, lado a lado com a morte do socialismo (real), o "pós-capitalismo" (Drucker, 1993). Para completar, a própria idéia mestra do mundo moderno, a idéia de "história" enquanto dinâmica social cumulativa de "progresso" e "revolução", seria abolida (Fukuyama, 1992).

Mas, como argumenta Virilio na citação que abre este item, para alguns não se trata do fim da História, mas do fim da própria Geografia, confundida muitas vezes com a simples distância, superada a partir do avanço tecnológico dos transportes e das comunicações. No discurso de O'Brien (1992), enquanto economista-chefe do American Express Bank, o fim da Geografia se refere, antes de mais nada, aos circuitos financeiros, aqueles que muitos consideram o *locus* por excelência da globalização. Aqui, o argumento da desterritorialização e o projeto neoliberal caminham juntos, um a serviço do outro.

De qualquer forma, o discurso da desterritorialização tomou vulto e acabou se propagando pelas mais diversas esferas das Ciências Sociais, da desterritorialização política com a chamada crise do Estado nação à deslocalização das empresas na Economia e à fragilização das bases territoriais na construção das identidades culturais, na Antropologia e na Sociologia.

Este trabalho corresponde à retomada e ao aprofundamento de uma temática que temos desdobrado há vários anos (Haesbaert, 1994, 1995, 1999). Já em 1994, ironizando esta era "pós", do pós-industrialismo ao pós-fordismo, do pós-socialismo ao pós-capitalismo, questionávamos o "mito" (no sentido do senso comum, como "fábula") da desterritorialização e afirmávamos:

> (...) geralmente acredita-se que os "territórios" (geográficos, sociológicos, afetivos...) estão sendo destruídos, juntamente com as identidades culturais (ou, no caso, territoriais) e o controle (estatal, principalmente) sobre o espaço. A razão instrumental, através de suas redes técnicas globalizantes, tomaria conta do mundo... Como se a própria formação de uma consciência-mundo não pudesse reconstruir nossos territórios (de identidade, inclusive) em outras escalas, incluindo a planetária (...) (Haesbaert, 1994:210).

Mais recentemente, acrescentamos que "hoje virou moda afirmar que vivemos uma era dominada pela desterritorialização, confundindo-se muitas vezes *o desaparecimento dos territórios com o simples debilitamento da mediação espacial nas relações sociais*" (Haesbaert, 1999:171, grifo do original). Ou seja, trata-se da já antiga confusão que resulta principalmente da não explicitação do conceito de território que se está utilizando, considerado muitas vezes sinônimo de espaço ou de espacialidade, ou, numa visão ainda mais problemática, como a simples e genérica dimensão material da realidade.

Se formos mais rigorosos, poderemos afirmar que mesmo este enfraquecimento da mediação espacial/material nas relações sociais, em seu sentido mais elementar e concreto, é questionável, pois não faltam processos que reenfatizam uma base geográfica, material, a começar pelos que envolvem questões ecológicas (desflorestamento, erosão, poluição, efeito estufa) e de acesso a novos recursos naturais (como aqueles ligados à biodiversidade), questões ditas demográficas e de difusão de epidemias, questões de fronteira e controle da acessibilidade (como nos fluxos migratórios), novas lutas nacional-regionalistas de forte base territorial etc.

1.1. As Ciências Sociais redescobrem o território para falar do seu desaparecimento

A maioria dos autores que defendem um mundo em processo de desterritorialização, como seria previsível, vem de outras áreas que não a Geografia. É como se a dimensão geográfica ou espacial da sociedade fosse de um momento para outro "redescoberta" pelas outras Ciências Sociais, paradoxalmente, porém, mais para afirmar seu enfraquecimento e, em relação ao território, até mesmo seu desaparecimento, do que para demonstrar sua relevância. O que se percebe é que por longo tempo os filósofos e cientistas sociais, com raras exceções, negligenciaram o espaço em suas análises, e somente a crise "pós-moderna" contemporânea, a começar por Michel Foucault, teria novamente alertado para a importância da dimensão espacial da sociedade. Há um texto de Foucault (1986[1967]) que já se tornou referência obrigatória na defesa da "força do espaço", principalmente quando ele afirma, logo no início:

> *A grande obsessão do século XIX foi, como sabemos, a história (...) A época atual talvez seja sobretudo a época do espaço. Estamos na época da simultaneidade: estamos na época da justaposição, na época do perto e do distante, do lado a lado, do disperso. Estamos num momento, creio eu, em que nossa experiência de mundo é menos a de uma longa via se desdobrando através do tempo, do que a de uma rede que conecta pontos e entrecruza sua própria trama. Poder-se-ia dizer, talvez, que certos conflitos ideológicos que animam a polêmica contemporânea opõem os fiéis descendentes do tempo aos determinados habitantes do espaço* (p. 22).

Muitos sociólogos e antropólogos, que há várias décadas ignoravam e/ou criticavam leituras geográficas ou sobre a territorialidade humana*, redescobrem a importância da dimensão espacial da sociedade — agora, porém, notadamente, a fim de diagnosticar a polêmica *desterritorialização* "moderna" — ou "pós-moderna" — do mundo. Como se aí, também, não houvesse sempre, conjugadas, a destruição e a produção de novos territórios, tanto aqueles mais abertos e flexíveis quanto aqueles mais fechados e segregadores. Esta "dimensão mais concreta" em que se desdobram os processos sociais poderia mesmo proporcionar, em períodos de crise como este, melhor percepção da real intensidade das mudanças.

Segundo Soja (1993[1989]), a alegada passagem proposta por Foucault de uma era centrada no tempo para uma era que privilegia o espaço, localizada na passagem do século XIX para o XX, na verdade deve ser transportada para o final do século XX:

> À medida que nos acercamos do fim do século XX (...) as observações premonitórias de Foucault sobre a emergência de uma "era do espaço" assumem uma feição mais razoável. (...) A geografia pode ainda não ter desalojado a história no cerne da teoria e da crítica contemporâneas, mas há uma nova e animadora polêmica na agenda teórica e política, uma polêmica que anuncia maneiras significativamente diferentes de ver o tempo e o espaço juntos, a interação da história com a geografia, as dimensões "verticais" e "horizontais" do ser-no-mundo, livres da imposição do privilégio categórico intrínseco (pp. 18-19).

Filósofos como Foucault (1984) para o âmbito do poder e Jameson (1996[1984]) para o da cultura são emblemáticos no sentido de perceberem, através do espaço, novas leituras do movimento

---

* Ver, por exemplo, a força quase puramente simbólica (ou identitária) da "região" de Bourdieu (1989) e sua crítica algo simplista a interpretações de alguns geógrafos, desconhecendo as produções mais recentes nesta temática.

da sociedade. Outros, como Deleuze e Guattari, que tornaram "desterritorialização" um dos termos centrais e mesmo definidores de sua filosofia, acabaram ampliando tanto a noção de território que às vezes fica difícil transitar por sua "geofilosofia" (título de capítulo do livro *O que É a Filosofia*, 1991). Mesmo assim, sendo os autores que mais utilizaram o termo e contribuíram para sua teorização, eles serão objeto de tratamento específico no terceiro capítulo deste livro, abrindo perspectivas para desdobramentos teóricos posteriores, ainda que não concordemos com alguns de seus pressupostos pós-estruturalistas e com muitas das implicações políticas de seus discursos.

A maioria dos autores recorre à leitura espacial ou geográfica, a fim de visualizar melhor não a emergência do novo, mas o desaparecimento do antigo. É assim que o cientista político francês Bertrand Badie (1995) ousa falar em "fim dos territórios", título de um livro dedicado sobretudo à discussão do debilitamento do Estado territorial e o surgimento de espaços dominados pelas organizações em rede.

Alguns estudiosos mais ousados, algo visionários, como Virilio (1982), chegaram até mesmo a defender que "a questão do final deste século" (XX) seria a da desterritorialização. Guattari, mais crítico, atentou para o perigo do fascínio que a desterritorialização pode exercer sobre nós: "ao invés de vivê-la como uma dimensão — imprescindível — da criação de territórios, nós a tomamos como uma finalidade em si mesma. E inteiramente desprovidos de territórios, nos fragilizamos até desmanchar irremediavelmente" (Guattari e Rolnik, 1986:284).

No Brasil, foi possível perceber, ao longo da última década, uma série de cientistas sociais que dedicaram muitas páginas ao debate da desterritorialização. Apenas para exemplificar, vejam-se os trabalhos de Ianni (1992), que escreveu um capítulo de seu livro *Sociedade Global* sobre a desterritorialização, e Ortiz (1994, 1996), que deu o sugestivo título de "O outro território" a uma de suas obras.

Ortiz (1994) fala de uma *desterritorialização* que seria dominante na modernidade contemporânea (ver especialmente as pp. 105-111). Para ele, um dos elementos estruturantes da modernidade é "o princípio da 'circulação'" (p. 48), pois "modernidade é mobilidade" (p. 79), mobilidade esta que chega a tornar-se, na mesma linha de Bauman (1999), "sinal de distinção", ao separar os "sedentários" dos "que saem muito", os "que aproveitam a vida" (p. 211). Percebe-se aqui uma das interpretações problemáticas da desterritorialização, aquela que a associa com mobilidade em sentido amplo, sob inspiração do "tudo que é sólido desmancha no ar" de Marx. Questionaremos especificamente este ponto no Capítulo 6 deste livro.

A sociedade moderna é vista por Ortiz como "um conjunto desterritorializado de relações sociais articuladas entre si" (1994:50) e até mesmo a nação é "um primeiro momento de desterritorialização das relações sociais" (1994:49). O autor parece menosprezar, pelo menos neste momento, a permanência dos conflitos que envolvem a contradição entre uma nação moderna, "desterritorializadora" em nome de uma cidadania que se pretende universal, e o particularismo dos (neo)nacionalismos de base étnico-cultural. Seu livro posterior, *O Outro Território* (1996), retifica alguns pontos e aprofunda algumas dessas proposições. Provavelmente seu diálogo com outros cientistas sociais, especialmente geógrafos como Milton Santos, tenha influenciado nesta mudança.

A propósito, Santos foi o geógrafo que mais estimulou o debate sobre território e des-territorialização nos anos 1990, como bem atestam suas obras coletivas (Santos *et al.*, 1993; 1994) e individuais (Santos, 1996). Embora tenha utilizado poucas vezes o termo de maneira explícita, em *A Natureza do Espaço* ele amplia a noção a ponto de incorporar sua dimensão cultural, pois "desterritorialização é, freqüentemente, uma outra palavra para significar estranhamento, que é, também, desculturização" (p. 262). Além disto, há uma associação (discutível) entre "ordem global" que "desterritorializa" (ao separar o centro e a sede da ação) e "ordem local" que "reterritorializa" (p. 272).

Ianni (1992) também associa globalização, desenraizamento e desterritorialização: "A globalização tende a desenraizar as coisas, as gentes e as idéias [p. 92]. (...) Assim se desenvolve o novo e surpreendente processo de *desterritorialização*, uma característica essencial da sociedade globalizada (p. 93). Em certos casos, desterritorialização significa dissolver ou deslocar o espaço e o tempo" (p. 98), alteram-se estas noções, desterritorializam-se "coisas, pessoas e idéias" (p. 99), a própria literatura se desenraíza em gênios como Nabokov, Borges e Beckett, num universal que desdenha a estabilidade. Para o autor, "a desterritorialização aparece como um momento essencial da pós-modernidade, um modo de ser isento de espaços e tempos (...)" (1992:104); paradoxalmente, contudo, ela desvela, por outro lado, novos horizontes da modernidade.

Concordando ou não com Ianni, especialmente em suas referências à "dissolução" ou "isenção" de espaços e tempos, vê-se que é imprescindível discutir o pano de fundo "moderno-pós-moderno" que se desenha no debate sobre os processos de desterritorialização (ver a este respeito o Capítulo 4). Para os cientistas sociais que abordam o tema, ora é a modernidade que carrega um viés profundamente desterritorializador, ora é a pós-modernidade que se encarrega de, dissociando o espaço e o tempo através das novas tecnologias e dos processos em "tempo real", promover a destruição dos territórios ou a já lugar-comum e muito polêmica "supressão do espaço pelo tempo".

Por fim, mostrando a amplitude (e relevância) que a questão da desterritorialização adquire, é importante lembrar que entre os próprios geógrafos há aqueles que, de uma forma ou de outra, decretam se não o "fim" dos territórios e a força da desterritorialização (o que significaria decretar o fim da própria Geografia), pelo menos a necessidade de mudança de categorias, como faz Chivallon (1999), propondo espacialidade no lugar de territorialidade.

Uma espécie de a-territorialidade do nosso tempo também pode ser divisada em análises mais específicas, como aquela das diásporas (ver o Capítulo 8). Ma Mung (1995, 1999), um dos principais geógrafos na abordagem desta temática, afirma que os migrantes em diáspora partilham de uma "extraterritorialidade". Ao contrário, como veremos em nossa análise, pensamos que se trata de um dos exemplos mais ricos em termos daquilo que denominamos multiterritorialidade.

Desta forma, elaboramos nossas reflexões a partir das seguintes questões básicas sobre os discursos e a "prática" da desterritorialização:

1. Geralmente não há uma definição clara de território nos debates que focalizam a desterritorialização; o território ora aparece como algo "dado", um conceito implícito ou *a priori* referido a um espaço absoluto, ora ele é definido de forma negativa, isto é, a partir daquilo que ele não é.
2. Desterritorialização é focalizada quase sempre como um processo genérico (e uniforme), numa relação dicotômica e não intrinsecamente vinculada à sua contraparte, a (re)territorialização; este dualismo mais geral encontra-se ligado a vários outros, como as dissociações entre espaço e tempo, espaço e sociedade, material e imaterial, fixação e mobilidade.
3. Desterritorialização significando "fim dos territórios" aparece associada, sobretudo, com a predominância de redes, completamente dissociadas de e/ou opostas a territórios, e como se crescente globalização e mobilidade fossem sempre sinônimos de desterritorialização.

Estas questões serão retomadas ao longo do texto, estruturado de forma a discutirmos, de saída, as diferentes concepções de território ao longo da tradição do pensamento geográfico e sociológico (e mesmo etológico) e que servem de pano de fundo, explícito ou não, para o debate sobre a desterritorialização (Cap. 2). A concepção teoricamente mais elaborada sobre desterritorialização vem da Filosofia, como um dos conceitos centrais do pós-estruturalismo de Gilles Deleuze e Félix Guattari (Cap. 3). Trata-se de um debate que se tornou assim uma das marcas da chamada pós-modernidade, onde se confunde com as novas experiências de espaço-tempo — a "compressão" ou o "desencaixe" espaço-tempo e as novas geometrias de poder aí envolvidas (Cap. 4). Tal como a própria noção de território, os discursos da desterritorialização abrangem as mais diferentes dimensões, do econômico ao político e ao cultural (Cap. 5). Aqui questionaremos alguns dos pressupostos "desterritorializadores", como a deslocalização econômica, a fragilização das fronteiras políticas e o hibridismo cultural.

As principais dicotomias que, a nosso ver, estão subentendidas na maioria dos debates sobre a desterritorialização — termo que muitas vezes utilizamos hifenizado, pois se trata sempre de uma des-territorialização — serão analisadas em diferentes partes do texto. O dualismo mais amplo, aquele referente à relação entre espaço e tempo, será abordado mais diretamente no capítulo dedicado à pós-modernidade (Cap. 4). Ele tem implicações diretas nos demais: os raciocínios binários entre fixação e mobilidade (Cap. 6) e entre território e rede (itens 6.3 e 7.1). Outras dicotomias, como aquelas entre sociedade e natureza, espaço e sociedade e global e local, serão abordadas de forma mais difusa ao longo do texto.

Como propostas conclusivas, defenderemos a idéia de que muito do que os autores denominam desterritorialização é, na verdade, a intensificação da territorialização no sentido de uma "multiterritorialidade" (Cap. 8), um processo concomitante de destruição e construção de territórios mesclando diferentes modalidades territoriais (como os "territórios-zona" e os "territórios-rede"), em múltiplas escalas e novas formas de articulação territorial.

Antecipando algumas considerações finais, diríamos que muitas vezes o discurso da desterritorialização se coloca como um discurso eurocêntrico ou "primeiro-mundista" (se é que ainda se pode falar em Primeiro Mundo), atento muito mais à realidade das elites efetivamente globalizadas e alheio à ebulição da diversidade de experiências e reconstruções do espaço em curso não só nas chamadas periferias do planeta como no interior das próprias metrópoles centrais. Com certeza, o desprezo de algumas correntes filosóficas pela materialidade do mundo (todas elas elaboradas em países "centrais") contribuiu para essa difusão da idéia de um mundo de extinção dos territórios ou mergulhado numa dinâmica crescente de desterritorialização. Neste sentido, não é de surpreender que, no amplo leque de dimensões com que o tema é tratado, justamente a grande ausente é a concepção mais estritamente social de desterritorialização, ou seja, aquela que vincula desterritorialização e vida material sob condições de exclusão socioespacial (Cap. 7).

Por fim, uma advertência: como se trata de um tema vasto e multi ou transdisciplinar, não almejamos de modo algum a exaustividade, e alguns pontos aqui discutidos apresentarão lacunas ou serão tratados de forma mais superficial do que o requerido — daí, também, nosso compromisso de continuar o debate em trabalhos posteriores, aprofundando algumas dessas temáticas. Além disto, é importante ressaltar que nosso raciocínio e nossa crítica partem sempre de um olhar mais específico, o olhar geográfico. Como tal, pelo menos a partir desta perspectiva acreditamos estar contribuindo substancialmente para uma maior problematização e para a busca de respostas ou, pelo menos, de algumas pistas importantes para o tratamento mais rigoroso e menos dicotômico da questão.

2

Definindo Território para entender a Desterritorialização[1]

Afinal, de que território estamos falando quando nos referimos a "desterritorialização"? Se a desterritorialização existe, ela está referida sempre a uma problemática territorial — e, conseqüentemente, a uma determinada concepção de território. Para uns, por exemplo, desterritorialização está ligada à fragilidade crescente das fronteiras, especialmente das fronteiras estatais — o território, aí, é sobretudo um território político. Para outros, desterritorialização está ligada à hibridização cultural que impede o reconhecimento de identidades claramente definidas — o território aqui é, antes de tudo, um território simbólico, ou um espaço de referência para a construção de identidades.

Dependendo da concepção de território muda, conseqüentemente, a nossa definição de desterritorialização. Assim, podemos perceber a enorme polissemia que acompanha a sua utilização entre os diversos autores que a discutem. Como já enfatizamos, muitos sequer deixam explícita a noção de território com que estão

---

[1] Algumas partes deste capítulo tomam por referência o artigo de mesmo título publicado na coletânea "Território, Territórios" (Haesbaert, 2002a).

lidando, cabendo a nós deduzi-la. Daí a importância de esclarecermos, de início, as principais linhas teórico-conceituais em que a expressão é ou pode ser utilizada, sem em hipótese alguma pretender impor a conceituação à problemática, mas mostrando sempre a diferenciação e transformação dos conceitos em função das questões priorizadas.

Apesar de uma relativa negligência das Ciências Sociais com relação ao debate sobre o espaço e, mais especificamente, sobre a territorialidade humana[2], pelo menos desde a década de 1960 a polêmica sobre a conceituação de território e territorialidade vem se colocando. Já em 1967, Lyman e Scott, num instigante artigo, faziam um balanço sociológico da noção de territorialidade, considerada, sintomaticamente, "uma dimensão sociológica negligenciada". Fica evidente através deste texto não apenas a pouca consideração da Sociologia para com a dimensão espacial/territorial, mas, sobretudo, a falta de diálogo entre as diversas áreas das Ciências Sociais. A Geografia, por exemplo, a quem deveria caber o papel principal, estava completamente ausente daquele debate.

Se não levarmos em conta os trabalhos mais pontuais de Jean Gottman (1952, 1973, 1975), podemos considerar a primeira grande obra escrita especificamente sobre o tema do território e da territorialidade na Geografia o livro *Territorialidade Humana*, de Torsten Malmberg (1980, escrito originalmente em 1976), obra de referência, mas cuja fundamentação teórica behaviorista foi motivo de fortes críticas. Embora ele tenha estabelecido as bases de um diálogo mais freqüente com outras áreas, este foi muito mais o de refutação, já que a base do conceito envolve uma associação demasiado estreita entre territorialidade humana e territorialidade animal, na esteira da polêmica tese do "imperativo territorial" biológico de Robert Ardrey (Ardrey, 1969[1967]).

---

[2] "Territorialidade" aparece na Bibliografia ora assinalando o pressuposto geral para a formação de territórios (concretamente constituídos ou não), ora privilegiando sua dimensão simbólico-identitária.

Além das perspectivas externas às Ciências Humanas, especialmente aquelas ligadas à Etologia, de onde surgiram as primeiras teorizações mais consistentes sobre territorialidade, a Antropologia, a Ciência Política e a História (com incursões menores também na Psicologia) são os outros campos em que, ao lado da Geografia e da Sociologia, encontramos o debate conceitual, o que demonstra sua enorme amplitude e, ao mesmo tempo, reforça nossa percepção da precariedade do diálogo interdisciplinar, que é por onde tentaremos, sempre que possível, levar as nossas reflexões.

2.1. A amplitude do conceito

Apesar de ser um conceito central para a Geografia, território e territorialidade, por dizerem respeito à espacialidade humana[3], têm uma certa tradição também em outras áreas, cada uma com enfoque centrado em uma determinada perspectiva. Enquanto o geógrafo tende a enfatizar a materialidade do território, em suas múltiplas dimensões (que deve[ria] incluir a interação sociedade-natureza), a Ciência Política enfatiza sua construção a partir de relações de poder (na maioria das vezes, ligada à concepção de Estado); a Economia, que prefere a noção de espaço à de território, percebe-o muitas vezes como um fator locacional ou como uma das bases da produção (enquanto "força produtiva"); a Antropologia destaca sua dimensão simbólica, principalmente no estudo das sociedades ditas tradicionais (mas também no tratamento do "neotribalismo" contemporâneo); a Sociologia o enfoca a partir de sua intervenção nas relações sociais, em sentido amplo, e a Psicologia, finalmente, incorpora-o no debate sobre a construção da subjetividade ou da identidade pessoal, ampliando-o até a escala do indivíduo.

---

[3] Alguns autores distinguem "espaço" como categoria geral de análise e "território" como conceito. Segundo Moraes (2000), por exemplo, "do ponto de vista epistemológico, transita-se da vaguidade da categoria espaço ao preciso conceito de território" (p. 17).

Uma idéia nítida da amplitude com que o conceito de território vem sendo trabalhado em nossos dias pode ser dada a partir desta leitura, que vai da perspectiva etológica (ou seja, ligada ao comportamento animal) à psicológica:

> *Um "território" no sentido etológico é entendido como o ambiente [environment] de um grupo (...) que não pode por si mesmo ser objetivamente localizado, mas que é constituído por padrões de interação através dos quais o grupo ou bando assegura uma certa estabilidade e localização. Exatamente do mesmo modo o ambiente de uma única pessoa (seu ambiente social, seu espaço pessoal de vida ou seus hábitos) pode ser visto como um "território", no sentido psicológico, no qual a pessoa age ou ao qual recorre.*
>
> *Neste sentido já existem processos de desterritorialização e reterritorialização em andamento — como processos de tal território (psicológico) —, que designam o status do relacionamento interno ao grupo ou a um indivíduo psicológico* (Gunzel, s/d).

Partindo da Etologia, onde subvaloriza as bases materiais, objetivas, da constituição do território, o autor propõe a construção de um território a nível psicológico. É interessante observar que ele reconhece o caráter metafórico da noção ao utilizá-la entre aspas, embora, como veremos no próximo capítulo, não seja exatamente como metáfora que Gilles Deleuze e Felix Guattari tratam o território, especialmente em *O que É a Filosofia?* (Deleuze e Guattari, 1991).

Estes autores referem-se a uma noção ainda mais ampla de território, como um dos conceitos-chave da Filosofia, em dimensões que vão do físico ao mental, do social ao psicológico e de escalas que vão desde um galho de árvore "desterritorializado" até as "reterritorializações absolutas do pensamento" (1991:66). Dizem eles:

Já nos animais, sabemos da importância das atividades que consistem em formar territórios, *em abandoná-los ou em sair deles, e mesmo em refazer território sobre algo de uma outra natureza (o etólogo diz que o parceiro ou o amigo de um animal "equivale a um lar", ou que a família é um "território móvel"). Com mais forte razão, o hominídeo, desde seu registro de nascimento, desterritorializa sua pata anterior, ele a arranca da terra para fazer dela uma mão, e a reterritorializa sobre galhos e utensílios. Um bastão, por sua vez, é um galho desterritorializado. É necessário ver como cada um, em qualquer idade, nas menores coisas, como nas maiores provações, procura um território para si, suporta ou carrega desterritorializações, e se reterritorializa quase sobre qualquer coisa, lembrança, fetiche ou sonho* (1991:66).

Mas não pensemos que esta polissemia acaba quando adentramos a seara da Geografia. Ela é bem visível no verbete do dicionário *Les mots de la Géographie*, organizado por Roger Brunet e outros (1993:480-481). Ele reúne nada menos do que seis definições para território[4]. Uma delas se refere à "malha de gestão do espaço", de apropriação ainda não plenamente realizada; outra fala de "espaço apropriado, com sentimento ou consciência de sua apropriação"; uma terceira se refere à noção ao mesmo tempo "jurídica, social e cultural, e mesmo afetiva", aludindo ainda a um caráter inato ou "natural" da territorialidade humana; por fim, um sentido figurado, metafórico, e um sentido "fraco", como sinônimo de espaço qualquer. Uma outra definição é a que evoca a distinção entre rede, linear, e território, "areal" (de área), na verdade duas faces de um

---

[4] Em obra mais recente, de mesma natureza, Jacques Lévy (Lévy e Lussault, 2003) identifica um número ainda maior: nove definições, incluindo sua própria, correspondente a "um espaço de métrica topográfica", contínua, frente aos espaços de métrica topológica ou das redes, e que será objeto de discussão no Capítulo 7, ao tratarmos da relação entre território e rede.

mesmo todo, pois o espaço geográfico é sempre areal ou zonal e linear ou reticular, o território sendo feito de "lugares, que são interligados" (p. 481).

Em nossa síntese das várias noções de território (Haesbaert, 1995 e 1997; Haesbaert e Limonad, 1999), agrupamos estas concepções em três vertentes básicas:

— política (referida às relações espaço-poder em geral) ou jurídico-política (relativa também a todas as relações espaço-poder institucionalizadas): a mais difundida, onde o território é visto como um espaço delimitado e controlado, através do qual se exerce um determinado poder, na maioria das vezes — mas não exclusivamente — relacionado ao poder político do Estado.

— cultural (muitas vezes culturalista) ou simbólico-cultural: prioriza a dimensão simbólica e mais subjetiva, em que o território é visto, sobretudo, como o produto da apropriação/valorização simbólica de um grupo em relação ao seu espaço vivido.

— econômica (muitas vezes economicista): menos difundida, enfatiza a dimensão espacial das relações econômicas, o território como fonte de recursos e/ou incorporado no embate entre classes sociais e na relação capital-trabalho, como produto da divisão "territorial" do trabalho, por exemplo.

Posteriormente, acrescentamos ainda uma interpretação natural(ista), mais antiga e pouco veiculada hoje nas Ciências Sociais, que se utiliza de uma noção de território com base nas relações entre sociedade e natureza, especialmente no que se refere ao comportamento "natural" dos homens em relação ao seu ambiente físico. Brunet et al. (1992) lembram a acepção de território utilizada para o mundo animal em seu "equilíbrio" entre o grupo e os recursos do meio. Como veremos logo adiante, ela acabou muitas vezes sendo ampliada para o âmbito social (especialmente através dos debates gerados pela já citada obra de Robert Ardrey), discutindo-se a parcela que cabe "ao inato e ao adquirido, ao natural e ao cultural, na noção de territorialidade humana" (p. 481).

Embora reconheçamos a importância da distinção entre as quatro dimensões com que usualmente o território é focalizado — a política, a cultural, a econômica e a "natural", é importante que organizemos nosso raciocínio a partir de outro patamar, mais amplo, em que estas dimensões se inserem dentro da fundamentação filosófica de cada abordagem. Assim, optamos por adotar aqui um conjunto de perspectivas teóricas, retomando um artigo recente (Haesbaert, 2002a) onde discutimos a conceituação de território segundo:

a) O binômio materialismo-idealismo, desdobrado em função de duas outras perspectivas: i. a visão que denominamos "parcial" de território, ao enfatizar uma dimensão (seja a "natural", a econômica, a política ou a cultural); ii. a perspectiva "integradora" de território, na resposta a problemáticas que, "condensadas" através do espaço, envolvem conjuntamente todas aquelas esferas.

b) O binômio espaço-tempo, em dois sentidos: i. seu caráter mais absoluto ou relacional: seja no sentido de incorporar ou não a dinâmica temporal (relativizadora), seja na distinção entre entidade físico-material (como "coisa" ou objeto) e social-histórica (como relação); ii. sua historicidade e geograficidade, isto é, se se trata de um componente ou condição geral de qualquer sociedade e espaço geográfico ou se está historicamente circunscrito a determinado(s) período(s), grupo(s) social(is) e/ou espaço(s) geográfico(s).

Fica evidente que a resposta a estes referenciais irá depender, sobretudo, da posição filosófica adotada pelo pesquisador. Assim, um marxista, dentro do materialismo histórico e dialético, poderá defender uma noção de território que: i) privilegia sua dimensão material, sobretudo no sentido econômico; ii) aparece contextualizada historicamente; e iii) define-se a partir das relações sociais nas quais se encontra inserido, ou seja, tem um sentido claramente relacional.

No entanto, devemos reconhecer que vivenciamos hoje um entrecruzamento de proposições teóricas, e são muitos, por exemplo, os que contestam a leitura materialista como aquela que responde pelos fundamentos primeiros da organização social. Somos levados, mais uma vez, a buscar superar a dicotomia material/ideal, o território envolvendo, ao mesmo tempo, a dimensão espacial material das relações sociais e o conjunto de representações sobre o espaço ou o "imaginário geográfico" que não apenas move como integra ou é parte indissociável destas relações.

2.2. Território nas perspectivas materialistas

Se encararmos território como uma realidade efetivamente existente, de caráter ontológico, e não um simples instrumento de análise, no sentido epistemológico, como recurso conceitual formulado e utilizado pelo pesquisador, tradicionalmente temos duas possibilidades, veiculadas por aqueles que priorizam seu caráter de realidade físico-material ou realidade "ideal", no sentido de mundo das idéias. Para muitos, pode parecer um contra-senso falar em "concepção idealista de território", tamanha a carga de materialidade que parece estar "naturalmente" incorporada, mas, como veremos, mesmo entre geógrafos, encontramos também aqueles que defendem o território definido, em primeiro lugar, pela "consciência" ou pelo "valor" territorial, no sentido simbólico.

Dentro do par materialismo-idealismo, portanto, podemos dizer que a vertente predominante é, de longe, aquela que vê o território numa perspectiva materialista, ainda que não obrigatoriamente "determinada" pelas relações econômicas ou de produção, como numa leitura marxista mais ortodoxa que foi difundida nas Ciências Sociais. Isto se deve, muito provavelmente, ao fato de que território, desde a origem, tem uma conotação fortemente vinculada ao espaço físico, à terra.

Etimologicamente, a palavra território, *territorium* em latim, é derivada diretamente do vocábulo latino *terra*, e era utilizada pelo sistema jurídico romano dentro do chamado *jus terrendi* (no *Digeste*, do século VI, segundo Di Méo, 1998:47), como o pedaço de terra apropriado, dentro dos limites de uma determinada jurisdição político-administrativa. Di Méo comenta que o *jus terrendi* se confundia com o "direito de aterrorizar" (*terrifier*, em francês).

Recorrendo ao *Dictionnaire Étimologique de la Langue Latine*, de Ernout e Meillet (1967[1932]:687-688), e ao *Oxford Latin Dictionary* (1968:1929), percebe-se a grande proximidade etimológica existente entre *terra-territorium* e *terreo-territor* (aterrorizar, aquele que aterroriza). Segundo o *Dictionnaire Étimologique*, *territo* estaria ligado à "etimologia popular que mescla 'terra' e 'terreo'" (p. 688), domínio da terra e terror. *Territorium*, no *Digesta* do imperador Justiniano (50, 16, 239), é definido como *universitas agrorum intra fines cujusque civitatis* ("toda terra compreendida no interior de limites de qualquer jurisdição").

O *Dicionário de Inglês Oxford* apresenta como duvidosa esta origem etimológica latina a partir do termo *terra* (que teria sido alterado popularmente para *terratorium*[5]) ou *terrere* (assustar, alterado para *territorium* via *territor*, como apontado acima). Roby (1881), em sua *Gramática da Língua Latina*, citado pelo *Dicionário Oxford*, também coloca um ponto de interrogação junto ao termo que teria dado origem à palavra *territorium*, "*terrere, i.e.*, a place from which people are warned off" (p. 363) — lugar de onde as pessoas são expulsas ou advertidas para não entrar.

De qualquer forma, duvidosa ou não, é interessante salientar esta analogia, pois muito do que se propagou depois sobre território, inclusive a nível acadêmico, geralmente perpassou, direta ou indiretamente, estes dois sentidos: um, predominante, dizendo res-

---

[5] Segundo o *Dicionário Etimológico da Língua Portuguesa* (Machado, 1977), a palavra "território" era utilizada com a grafia *terratorium* nos *Documentos Gallegos de los siglos XIII al XVI* (1422).

peito à terra e, portanto, ao território como materialidade, outro, minoritário, referido aos sentimentos que o "território" inspira (por exemplo, de medo para quem dele é excluído, de satisfação para aqueles que dele usufruem ou que com ele se identificam). Para nossa surpresa, até mesmo um dos conceitos mais respeitados hoje em dia, aquele concebido por Robert Sack (1986), de território como área de acesso controlado, está claramente presente na acepção comentada por Henry Roby.

Entre as posições materialistas, temos, num extremo, as posições "naturalistas", que reduzem a territorialidade ao seu caráter biológico, a ponto de a própria territorialidade humana ser moldada por um comportamento instintivo ou geneticamente determinado. Num outro extremo, encontramos, totalmente imersos numa perspectiva social, aqueles que, como muitos marxistas, consideram a base material, em especial as "relações de produção", como o fundamento para compreender a organização do território. Num ponto intermediário, teríamos, por exemplo, a leitura do território como fonte de recursos. Destacaremos aqui, na forma de três itens distintos, as concepções que denominaremos de naturalista, econômica e política de território, mesmo sabendo que se tratam de divisões arbitrárias e que em alguns momentos, especialmente no caso da chamada concepção política, também dialogam diretamente com o campo simbólico.

2.2.1. As concepções naturalistas

Aqui, trata-se de discutir em que medida é possível conceber uma definição naturalista de território, seja no sentido de sua vinculação com o comportamento dos animais (o território restringido ao mundo animal ou entendido dentro de um comportamento "natural" dos homens), seja na relação da sociedade com a natureza (o território humano definido a partir da relação com a dinâmica — ou mesmo o "poder" — natural do mundo).

Segundo Di Méo, a concepção mais primitiva de território é a de um "espaço defendido por todo animal confrontado com a necessidade de se proteger" (1998:42). Para a Etologia,

> *o território é a área geográfica nos limites da qual a presença permanente ou freqüente de um sujeito exclui a permanência simultânea de congêneres pertencentes tanto ao mesmo sexo (machos), à exceção dos jovens (território familiar), quanto aos dois sexos (território individual)* (Di Méo, 1998:42).

Os estudos referentes à territorialidade animal são relativamente antigos no âmbito da Etologia. Trabalhos clássicos como o de Howard (1948, original: 1920) lançaram o debate a partir do estudo do território de certos pássaros. Já nessa ocasião se discutia a amplitude da concepção e as dificuldades de estendê-la, de uma forma padrão, para o mundo animal no seu conjunto. Entretanto, mesmo com esta dificuldade de generalização para o próprio mundo dos animais, muitas foram as extrapolações feitas para o campo humano ou social. O próprio Howard afirmava que não poderiam existir territórios sem algum tipo de limite (ou fronteira), que por sua vez não poderia existir sem algum tipo de disputa, de forma análoga ao que ocorre no mundo dos homens.

O autor que levou mais longe esta tese da extensão da territorialidade animal ao comportamento humano foi Robert Ardrey, referência clássica no que tange à leitura neodarwinista de territorialidade, afirmando que não só o homem é uma "espécie territorial", como este comportamento territorial corresponde ao mesmo que é percebido entre os animais. Ardrey (1969[1967]:10) define território como sendo:

> *(...) uma área do espaço, seja de água, de terra ou de ar, que um animal ou grupo de animais defende como uma reserva exclusiva. A palavra é também utilizada para descrever a compulsão interior em seres animados de possuir e defender tal espaço* (p. 15).

Ao expandir a noção a todos "os seres animados", entre os quais se encontra o homem, Ardrey promove a argumentação completamente equivocada de que os homens, como os animais, possuem uma "compulsão íntima" ou um impulso para a posse e defesa de territórios, e de que todo seu comportamento seria moldado de forma idêntica:

> *Agimos da forma que agimos por razões do nosso passado evolutivo, não por nosso presente cultural, e nosso comportamento é tanto uma marca de nossa espécie quanto o é a forma do osso de nossa coxa ou a configuração dos nervos numa área do cérebro humano. (...) se defendemos o título de nossa terra ou a soberania de nosso país, fazemo-lo por razões não menos inatas, não menos inextirpáveis que as que fazem com que a cerca do proprietário aja por um motivo indistinguível daquele do seu dono quando a cerca foi construída. A natureza territorial do homem é genética e inextirpável* (p. 132).

Segundo Taylor (1988), apesar de muitos considerarem as teses de Ardrey completamente superadas, adeptos da sua principal tese — "a de que a territorialidade se aplica a comportamentos em escalas muito diferentes, desde interações entre dois povos até choques entre nações, e a de que a territorialidade é um instinto básico — têm surgido, mesmo recentemente, entre escritores credenciados" (p. 45). O trabalho do geógrafo sueco T. Malmberg, *Territorialidade Humana*, publicado em 1980 (mas escrito em 1976), seria um dos melhores exemplos. Malmberg propôs a seguinte definição:

> *Territorialidade comportamental humana é principalmente um fenômeno de ecologia etológica com um núcleo instintivo, manifestada enquanto espaços mais ou menos exclusivos, aos quais indivíduos ou grupos de seres humanos estão ligados emocionalmente e que, pela possível evitação de outros, são distinguidos por meio de limites, marcas ou outros tipos de estruturação com manifestações de adesão, movimentos ou agressividade* (pp. 10-11).

Mas ele ressalva que, ao contrário de leituras como a do etologista Konrad Lorenz, o aspecto cotidiano do território é mais o de uso de recursos do que de defesa e agressão. Algumas semelhanças, entretanto, são, no mínimo, surpreendentes. Embora a tese de Konrad Lorenz (1963) sobre a associação ampla entre defesa do território e instinto de agressividade esteja hoje superada[6], algumas considerações deste autor merecem ser mencionadas. Por exemplo, é interessante perceber que entre os animais o território pode ser uma questão de controle não só do espaço, mas também do tempo. Comentando o trabalho de Leyhausen e Wolf, Lorenz afirma que:

A distribuição de animais de uma certa espécie sobre o biótopo disponível pode ser afetada não apenas por uma organização do espaço mas também por uma organização do tempo. Entre gatos domésticos que vivem livres em zona rural, muitos indivíduos podem fazer uso da mesma área de caça sem nunca entrar em conflito, pela sua utilização de acordo com um horário (...) (p. 27).

---

[6] Segundo Lorenz, "podemos afirmar com segurança que a função mais importante da agressão intra-específica é a distribuição uniforme dos animais de uma espécie particular sobre uma área habitável" (p. 30). Segundo Thorpe (1973:251), "Lorenz comete o erro de extrapolar fácil e acriticamente do comportamento dos vertebrados inferiores tais como peixes e muitos pássaros para o comportamento de animais superiores e até mesmo para o próprio homem. Lorenz considera a agressão como sendo espontânea e encontrando expressão, inevitavelmente, na violência, independentemente de estimulações externas". Waal (2001), embora também defenda a relação entre agressão animal e humana, afirma que hoje o pensamento sobre a temática é muito mais flexível, abandonando o conceito lorenziano, que vê a agressão como algo inevitável, e buscando "determinantes ambientais". "Nesta visão, a violência [animal e humana, pode-se deduzir] é uma opção, expressa somente sob condições ecológicas [sociais, no caso dos homens] especiais" (p. 47).

Mesmo entre animais "governados apenas pelo espaço" (como alguns mamíferos carnívoros), "a área de caça não deve ser imaginada como uma propriedade determinada por confins geográficos; ela é determinada pelo fato de que em cada indivíduo a preparação para lutar é maior no lugar mais familiar, isto é, no meio do seu território". Quanto mais afastado de seu "núcleo territorial de segurança", mais o animal evita a luta, a disputa, por se sentir mais inseguro (Lorenz, 1963:28).

Embora as analogias com o contexto social sejam sempre muito perigosas, citamos estes exemplos pelo simples fato de que, através deles, é possível reconhecer a não-exclusividade de algumas propriedades que muitos consideram prerrogativas da territorialidade humana. Mesmo que se trate de mera coincidência, sem nenhuma possibilidade de estabelecer correlações com o comportamento humano, estas características mostram que algumas de nossas constatações para a territorialidade humana não são privilégio da sociedade. A partir de vários estudos, clássicos ou mais recentes, sobre a territorialidade animal, é possível constatar que (n)o território animal:

— em termos temporais, pode ser cíclico ou temporário;
— no que se refere a suas fronteiras ou limites, pode ser gradual a partir de um núcleo central de domínio do grupo e possuir diversas formas de demarcação, com delimitações nem sempre claras ou rígidas[7];

---

[7] Segundo Kruuk (2002), algumas "fronteiras" são na verdade áreas em disputa constante, outras, bem definidas cercas ou caminhos. Para prevenir-se da violência em seus territórios, muitos animais, como os carnívoros, utilizam sistemas de sinalização muito diversificados, através de gestos ou marcas: "levantar a perna, arrastar o traseiro, esfregar as bochechas, arranhar o chão ou uma árvore... (...). Urina, fezes, glândulas anais... roçar contra objetos ou no chão, ou coçar-se" (p. 38). Para Lorenz (1966), os limites, mais do que marcados no solo, podem ser resultantes móveis de uma "balança de poder" (p. 29).

— a diversidade de comportamento territorial é a norma, existindo inclusive aqueles que os etologistas denominam "animais não-territoriais", no sentido de que "vagam mais ou menos de forma nômade, como, por exemplo, grandes ungulados, abelhas de chão e muitos outros" (Lorenz, 1963:31)[8].

Como já afirmamos, é difícil generalizar a respeito da territorialidade animal, pois ela "serve a diferentes funções em diferentes espécies e tem um grande número de desvantagens" (Huntingford, 1984:189). Daí a importância em se analisar a contextualização de cada comportamento territorial. Entre os "benefícios" mais gerais da territorialidade animal, temos, variando muito conforme a espécie:

— a base de recursos que ela oferece para a sobrevivência dos animais ("territórios alimentares");
— as facilidades que proporciona para o acasalamento e a reprodução (alguns animais só definem territórios durante a época de reprodução, "territórios de acasalamento");
— a proteção dos filhotes durante o crescimento, evitando predadores.

Além de uma espécie de jogo custo-benefício que a territorialidade proporciona através desse sentido funcional, haveria também, para alguns autores, como Deleuze e Guattari, uma outra dimensão, a da "expressividade". Trata-se provavelmente da característica mais surpreendente da territorialidade animal, ou melhor, de certos grupos animais específicos, como alguns pássaros e peixes — inusitada e polêmica, já que muitos a consideram a mais exclusivamente humana das características da territorialidade.

---

[8] Kruuk (2002), citando teses de Pemberton e Jones, comenta o caso de carnívoros que não possuem territorialidade definida, como alguns marsupiais da Tasmânia, que podem se organizar "perfeitamente bem num sistema não-territorial" (p. 36). Eles não patrulham nenhuma fronteira e muitas vezes têm um comportamento espacial totalmente caótico.

Segundo Deleuze e Guattari (2002), o território, antes de ser funcional, "possessivo", é "um resultado da arte", expressivo, dotado de qualidades de expressão. Esta expressividade estaria presente nos próprios animais, representada, por exemplo, na marca ou "pôster" de uma cor (no caso de alguns peixes) ou de um canto (no caso de alguns pássaros)[9]. "Arte bruta", para os autores, seria esta constituição ou liberação de matérias expressivas, o que faria com que a arte não fosse "um privilégio dos seres humanos" (p. 316). Concordar com Deleuze e Guattari poderia significar ampliar o rol de semelhanças entre as territorialidades animal e humana até um nível, provavelmente, muito problemático, onde poderíamos nos aproximar perigosamente das teses dos que defendem uma correspondência quase irrestrita entre o mundo animal e o humano.

Apesar de todas essas possibilidades de encontrar analogias, surpreendentemente as discussões dos geógrafos sobre território pouco ou nada abordam sobre a territorialidade animal. Isto é tanto mais surpreendente quando lembramos que um dos debates centrais imputados ao geógrafo é o da relação sociedade-natureza. Um campo bastante novo, entretanto, tem sido aberto, principalmente através do que alguns geógrafos anglo-saxões denominam "Geografias Animais", um debate sério sobre as formas de incorporação dos animais ao espaço social[10]. Os poucos geógrafos que ousaram fazer a ponte entre territorialidade humana e territorialidade animal caíram naquela interpretação, já aqui comentada, segundo a qual a territorialidade humana pode ser tratada como uma simples extensão do comportamento animal, num sentido neodarwinista.

Mas muitas vezes provém dos próprios biólogos o alerta para esse risco de pensar a nossa territorialidade da mesma forma que a territorialidade animal. Thorpe (1974), por exemplo, alerta para os

---

[9] Genosko (2002) afirma que, para Deleuze e Guattari, "o devir-expressivo de um componente tal como a coloração marca um território" (p. 49).
[10] Uma visão sintética dos avanços nesta temática pode ser obtida através do artigo *Animating Cultural Geography* (Wolch, Emel e Wilbert, 2003).

sérios danos que alguns pesquisadores (como Ardrey) provocaram (e continuam a provocar) "ao concluir que nossa própria territorialidade é de todos os modos comparável à dos animais" (p. 252). Pior do que isto, cita-se a origem dos homens entre os predadores para justificar um instinto não só agressivo, mas também de necessidade "biológica" de dominar um pedaço de terra.

Apesar de todas estas críticas, não se trata de teses que tenham sido definitivamente sepultadas — pelo contrário, a tendência é de que ganhem novo fôlego, especialmente a partir dos avanços no campo biogenético. Recentes descobertas no âmbito da Etologia e o crescimento de campos como o da Sociobiologia têm levado a considerações muito polêmicas e a um retorno da "armadilha biologicista".

Waal (2001) permite que percebamos claramente este risco ao comentar as duas formas de abordar a relação entre o homem e os outros animais, aquela que descarta todo tipo de comparação e que "ainda é lugar-comum" entre as Ciências Sociais, e aquela que, a partir da teoria darwinista, percebe "o comportamento humano como produto da evolução, sujeita, portanto, ao mesmo esquema explicativo do comportamento animal" (p. 4). Já percebemos que a distinção é relevante e que as duas proposições são criticáveis. A questão é que Waal vai longe demais ao optar pela segunda perspectiva, cuja respeitabilidade e ampliação, segundo ele, têm sido crescentes, principalmente em função dos avanços da teoria sobre o comportamento dos animais:

> *Compreensivelmente, acadêmicos que têm empenhado sua vida condenando a idéia de que a biologia influencia o comportamento humano são relutantes em mudar de rumo, mas eles estão sendo ultrapassados pelo público em geral, que parece ter aceitado que os genes estão envolvidos em quase tudo o que nós somos e fazemos (p. 2) (...) até mesmo as origens da política humana, do bem-estar e da moralidade estão sendo agora discutidas à luz da observação dos primatas* (Waal, 2001:4).

No lugar do comportamento, ou, mais especificamente, de instintos como a agressão, agora é a vez da genética em sentido amplo. O sério risco que corremos é, mais uma vez, o de atribuir tudo, ou o fundamento de tudo, ao campo biológico, natural. A tal ponto que a equação pode mesmo se inverter: se a "natureza natural" do homem não explica comportamentos como os que dizem respeito à nossa múltipla territorialidade, manipulações genéticas poderiam realizar o que esta biologia socialmente "não-manipulada" não conseguiu fazer, ou seja, dirigir o comportamento humano, inclusive na sua relação com o espaço.

As afirmações do antropólogo José Luis García, feitas ainda em 1976, sem dúvida mantêm sua atualidade:

(...) não sabemos, e dificilmente poderemos chegar a saber algum dia, até que ponto observações extraídas do comportamento animal podem ser aplicadas, ainda que analogicamente, ao homem. Faltam-nos dados objetivos sobre o significado real da conduta animal, sobretudo se nos introduzimos no mundo motivacional, e naturalmente o antropólogo, que experimentou em seus estudos transculturais o grave perigo do etnocentrismo, dificilmente pode se convencer de que salvará o incógnito espaço que separa a espécie animal da humana sem submergir, por sua vez, no antropocentrismo mais descarado. (...) Não queremos com isso desconsiderar os estudos do comportamento animal, mas simplesmente prevenir sobre a inadequada aplicação de suas conclusões ao mundo humano (García, 1976:17-18).

Tomando a crítica pelo outro extremo, das abordagens que excluem completamente qualquer discussão sobre a relação sociedade-natureza e mergulham no antropocentrismo apontado por García, outra lição que parece ficar, diante de alguns fenômenos, como o dos conflitos pelo domínio de recursos (como o petróleo, as terras agricultáveis e, em alguns casos, ainda que de forma mais indireta, a própria água), é a de que, mais do que nunca, separar natureza e sociedade, comportamento biológico e comportamento social, é, no mínimo, temerário.

Fugindo do tão criticado "determinismo ambiental" ou "geográfico", tornou-se muito comum, mesmo entre os geógrafos, negligenciar a relação entre sociedade e natureza[11] na definição de espaço geográfico ou de território. Por força de uma visão antropocêntrica de mundo, menosprezamos ou simplesmente ignoramos a dinâmica da natureza que, dita hoje indissociável da ação humana, na maioria das vezes acaba perdendo totalmente sua especificidade.

Exagerando, poderíamos até mesmo discutir se não existiria também uma espécie de "desterritorialização natural" da sociedade, na medida em que fenômenos naturais como vulcanismos e terremotos são responsáveis por mudanças radicais na organização de muitos territórios. As recentes erupções de um vulcão no Congo, obrigando dezenas de milhares de pessoas a abandonar a cidade de Goma, e na ilha Stromboli, na Itália, estão entre os vários exemplos deste processo. Mesmo sabendo que os efeitos desta "desterritorialização" são muito variáveis de acordo com as condições sociais e tecnológicas das sociedades, não há dúvida de que temos aí uma outra "força", não-humana, interferindo na construção de nossos territórios.

Mesmo discordando do termo "desterritorialização", em sentido estrito, para caracterizar esses processos — pois, como acabamos de ver, seria absurdo considerar a existência de territórios "naturais", desvinculados de relações sociais — não podemos ignorar esse tipo de intervenção, pelo simples fato de que o homem, por mais que tenha desenvolvido seu aparato técnico de domínio das

---

[11] É importante lembrar que muitos autores consideram "natureza" em um sentido muito amplo, tornando-se assim, praticamente, sinônimo de "materialidade" ou de "experiência sensorial". Whitehead (1993[1920]), por exemplo, em seu livro *O Conceito de Natureza*, define-a como "aquilo que observamos pela percepção obtida através dos sentidos" (p. 7). Optamos aqui por uma interpretação mais estrita, com o único objetivo de enfatizar a existência de uma dinâmica da natureza de algum modo distinta (mas não dissociada) da dinâmica da sociedade.

condições naturais, não conseguiu exercer efetivo controle sobre uma série de fenômenos ligados diretamente à dinâmica da natureza ou mesmo, com sua ação, provocou reações completamente imprevisíveis.

Além disto, se levarmos em conta a discutível tese de autores que ampliam de tal forma a noção de poder que este acaba ultrapassando os limites da sociedade, é possível extrapolar dizendo que o território, mesmo na leitura mais difundida nas Ciências Sociais, que privilegia sua vinculação a relações de poder, também incorpora uma dimensão "natural" em sua constituição[12] — ou, pelo menos, a capacidade de as relações sociais de poder se imporem sobre a dinâmica da natureza.

Numa outra perspectiva, uma espécie de território "natural" (nada "natural") às avessas é aquele que se define a partir das chamadas reservas naturais ou ecológicas. Obrigado a reinventar a

---

[12] Reconhecer a importância de uma dimensão "natural" na composição de territórios não significa, portanto, concordar com a posição de autores que chegam a estender a noção de poder para a esfera da natureza. Para Blackburn, por exemplo, "(...) o 'poder' pode ser atribuído a propriedades da natureza tanto quanto a propriedades da espécie humana, tais como o poder múltiplo do meio ambiente sobre as comunidades humanas. De fato, a emergência de nossa espécie e da própria evolução da vida atestou o poder da seleção natural. 'Poder', num sentido geral, pode ser provisoriamente definido como a habilidade de criar, destruir, consumir, preservar ou reparar. Os poderes produtivos acessíveis à sociedade, que para Marx são sinônimos de forças produtivas, desembocam sobre os da natureza, como a fertilidade natural do solo e a procriatividade do mundo animal. Os poderes destrutivos da natureza incluem a entropia, terremotos e relâmpagos; seus poderes preservadores e restauradores abrangem sistemas de imunidade biológica, coberturas florestais e lava solidificada. É numa tensão criativa com esses poderes fundamentais de transformação e preservação que a história humana tem se desenrolado". O autor define ainda o "poder humano" como "a habilidade de [realizar as intenções ou potencialidades humanas de] criar, destruir, consumir ou preservar coisas, tais como independência e autoridade na esfera política, riqueza na econômica, ou poder na esfera militar, através da intervenção nesses poderes da natureza" (Blackburn, 1992[1989]:287).

natureza através de concepções como ecologia, biosfera e meio ambiente, o homem se viu na contingência de produzir concretamente uma separação que nunca teria existido entre espaços "humanos" e "naturais", como numa leitura da Geografia que separava paisagens naturais e paisagens culturais ou humanizadas (Sauer, 1926).

Assim, a reclusão a que algumas áreas do planeta foram relegadas, em função de sua condição de áreas "protegidas", provoca a reprodução de territórios que são uma espécie de clausura ao contrário, já que muitas vezes têm praticamente vedadas a intervenção e a mobilidade humana em seu interior. É claro que, aí, as questões de ordem cultural, política e econômica envolvidas são tão importantes quanto as questões ditas ecológicas. De qualquer forma, trata-se de mais um exemplo, muito rico, de um território interpretado numa perspectiva materialista e que, embora entrecruze fortemente áreas como a Antropologia, a Sociologia e a Ciência Política, também é bastante focalizado a partir de perspectivas como as da Ecologia.

Dentro da dimensão material do território, é necessário, portanto, de alguma forma, considerar essa dimensão "natural", que em alguns casos ainda se revela um de seus componentes fundamentais. Mas nunca, é claro, de forma dissociada. No fundo, a razão está com autores como Bruno Latour (1991), para quem movemo-nos muito mais no campo dos "híbridos" sociedade-natureza. A questão central, portanto, não é questionar a existência de visões naturalistas (como as noções de território aqui discutidas), mas como desenvolver instrumentos conceituais para repensá-las dentro desse complexo hibridismo em que cada vez mais estão se transformando.

2.2.2. A concepção de base econômica

A opção pela dimensão material, analisada aqui em sua perspectiva mais extrema, a que envolve a concepção naturalista de território, dominante na Etologia e em algumas perspectivas das Ciências Sociais, amplia-se, entretanto, por várias outras esferas, que vão da Ciência Política à própria Antropologia. É como se muitos antropólogos, mesmo priorizando o mundo simbólico, ao se reportarem à dimensão material apelassem para uma categoria como a de território, vendo-o fundamentalmente nesta perspectiva. Muitas vezes, são autores influenciados pelo marxismo, como é o caso de Maurice Godelier, que em seu livro *O Ideal e o Material: Pensamento, Economias, Sociedades*, define território a partir de processos de controle e usufruto dos recursos:

> *Designa-se por território uma porção da natureza e, portanto, do espaço sobre o qual uma determinada sociedade reivindica e garante a todos ou a parte de seus membros direitos estáveis de acesso, de controle e de uso com respeito à totalidade ou parte dos recursos que aí se encontram e que ela deseja e é capaz de explorar* (Godelier, 1984:112).

Godelier mantém na sua definição uma forte referência à natureza, fato muito presente no trabalho de antropólogos e historiadores que, freqüentemente, quando enfocam o território e os processos de territorialização, reportam-se à análise de sociedades tradicionais, como a sociedade indígena, que economicamente dependem muito mais das condições físicas do seu entorno, ou que fazem uso de referentes espaciais da própria natureza na construção de suas identidades. Daí a importância dada ao território por Godelier como fonte de recursos, ao seu acesso, controle e uso.

Alguns antropólogos, em trabalhos mais recentes, ainda mantêm essa idéia de território de fundo econômico-materialista como área "defendida" em função da disponibilidade e garantia de recursos necessários à reprodução material de um grupo. É importante lembrar, contudo, que não se trata de uma característica genérica das sociedades tradicionais, como interpretam, de forma apressada, muitos autores. Há uma distinção muito nítida entre diferentes formas de construção do território e/ou da territorialidade em relação a seus recursos, dependendo de fatores como o tipo de mobilidade a que o grupo está sujeito.

Lancaster e Lancaster (1992), por exemplo, analisando tribos de Omã, na península Arábica, partem da constatação de que a propriedade dos recursos naturais não existe, já que eles são partilhados por todos, como é tradicional entre os povos nômades do deserto Arábico. Há um sistema de acesso aos recursos dotado de flexibilidade, dependendo de fatores como preferências baseadas no conhecimento dos recursos, na área onde cada família ou grupo está e quem primeiro irá alcançar determinada área. "O que é defendido é a idéia de acesso", sua legitimidade, "o conceito mais do que o objeto, já que o objeto pode ser sempre renovado ou deslocado" (p. 343) — em termos, acrescentaríamos, estabelecendo-se assim um "padrão flexível de uso territorial" (p. 352).

Ou seja, algo da "flexibilidade" territorial que reivindicamos como característica da territorialidade (ou mesmo da a-territorialidade) dos nossos tempos "pós-modernos" encontra guarida, de forma muito distinta em sua forma, mas dentro de princípios de convivência social igualmente ricos, entre grupos sociais tidos genericamente como sendo dotados de territórios estáveis e bem delimitados. Em relação ao trabalho de Lancaster e Lancaster, Casimir (1992) afirma que:

> *Por não serem animais territoriais, mas poderem, se necessário for, comportar-se territorialmente, a estratégia ótima geral para assegurar acesso aos diversos tipos de recursos, sob várias condições sociais e/ou naturais, é a flexibilidade* (p. 16).

Hoje, na maior parte dos lugares, estamos bem distantes de uma concepção de território como "fonte de recursos" ou como simples "apropriação da natureza" em sentido estrito. Isto não significa, contudo, como acabamos de demonstrar, que essas características estejam superadas. Dependendo das bases tecnológicas do grupo social, sua territorialidade ainda pode carregar marcas profundas de uma ligação com a terra, no sentido físico do termo.

O mesmo ocorre com áreas em que alguns fenômenos naturais (vulcanismos, abalos sísmicos, furacões) exercem profundas influências na vida social. Além disto, como já comentamos, o agravamento das questões ambientais certamente levará a uma valorização cada vez maior do controle de recursos, como a água ou os solos agricultáveis, o que pode gerar novos conflitos pelo domínio territorial (como já vem ocorrendo em diversas regiões como o vale do Nilo, o Sahel e a bacia do Tigre e do Eufrates).

Ainda que tenhamos começado nossa discussão sobre a abordagem que privilegia a dimensão econômica do território com o exemplo mais extremo, no sentido de assimilação de uma perspectiva materialista de território por parte daqueles que, por força das divisões acadêmicas do trabalho, menos estariam propensos a assumi-la, isto é, os antropólogos, é evidente que outras áreas, especialmente a Economia, têm uma plêiade de trabalhos nessa perspectiva. A questão é que a maioria dos trabalhos, especialmente na área da Economia Regional ou Espacial, faz uso muito mais de conceitos como espaço, espacialidade e região do que de território, sendo temerário, assim, a partir daí, "forçar" uma interpretação do conceito. Ainda que termos como divisão *territorial* do trabalho sejam amplamente utilizados, trata-se muito mais de uma divisão *espacial* do trabalho (Massey, 1984), já que raramente se faz alusão à concepção de território aí incorporada.

Entre os geógrafos, embora minoritárias e quase sempre impregnadas de fortes vínculos com outras perspectivas, encontramos algumas posições que podem, com alguma simplificação, ser consideradas abordagens que privilegiam a dimensão econômica na construção do conceito de território. Provavelmente a concepção mais relevante e teoricamente mais consistente seja aquela defendida pelo geógrafo brasileiro Milton Santos, em que o "uso" (econômico, sobretudo) é o definidor por excelência do território.

Na defesa de uma abordagem geográfica integradora e "totalizante", Santos utiliza a controvertida expressão "território usado" como correlato direto de "espaço geográfico" (Santos *et al.*, 2000:2), objeto da disciplina geográfica:

O território usado constitui-se como um todo complexo onde se tece uma trama de relações complementares e conflitantes. Daí o vigor do conceito, convidando a pensar processualmente as relações estabelecidas entre o lugar, a formação socioespacial e o mundo (p. 3). *O território usado, visto como uma totalidade, é um campo privilegiado para a análise na medida em que, de um lado, nos revela a estrutura global da sociedade e, de outro lado, a própria complexidade do seu uso* (p. 12).

Numa distinção muito interessante entre território como recurso e território como abrigo, Santos afirma que, enquanto "para os atores hegemônicos o *território usado* é um recurso, garantia de realização de seus interesses particulares", para os "atores hegemonizados" trata-se de "um abrigo, buscando constantemente se adaptar ao meio geográfico local, ao mesmo tempo que recriam estratégias que garantam sua sobrevivência nos lugares" (pp. 12-13). Na interação território-sociedade, o território participa num sentido explicitamente relacional, tanto como "ator" quanto como "agido" ou "objeto da ação" (p. 13).

Em um dos textos mais consistentes em termos de discussão conceitual sobre território, "O retorno do território", Santos (1994a) começa por criticar o legado moderno de "conceitos puros" que fez do território um conceito a-histórico, ignorando seu caráter "híbrido" e historicamente mutável. Assim, "o que ele tem de permanente é ser nosso quadro de vida" e "o que faz dele objeto da análise social" é seu uso, "e não o território em si mesmo" (p. 15).

Esta ênfase ao "uso" do território a ponto de distinguir entre o "território em si" e o "território usado" (lembrando muito a distinção de Raffestin entre espaço e território), ao mesmo tempo em que explicita uma priorização de sua dimensão econômica, estabelece uma distinção discutível entre o território como "forma" e o território usado como "objetos e ações, sinônimo de espaço humano" (Santos, 1994a:16). De qualquer modo, não se trata nunca, apenas, de um território-zona (uma superfície claramente delimitada) como o dos Estados nações modernos, mas também do que denominaremos aqui território-rede: "o território, hoje, pode ser formado de lugares contíguos e de lugares em rede" (Santos, 1994a:16).

O amálgama territorial, que no passado era dado pela "energia, oriunda dos próprios processos naturais", ao longo do tempo vai gradativamente cedendo espaço à informação, "hoje o verdadeiro instrumento de união entre as diversas partes de um território". O território reúne informações local e externamente definidas, vinculadas a um conteúdo técnico e a um conteúdo político, uma dialética que "se afirma mediante um controle 'local' da técnica da produção e um controle remoto da parcela política da produção" (p. 17). O comando "local" do território depende de sua densidade técnica e/ou funcional-informacional (p. 18), enquanto o "controle distante", global, a "escala da política", ao contrário do que acontecia "antes do enfraquecimento do Estado territorial" (p. 19), é completamente dissociado, o que acirra os conflitos entre "um espaço local, espaço vivido por todos os vizinhos e um espaço global" racionalizador e em rede[13].

Santos distingue assim um "território de todos", também denominado, retomando François Perroux, "espaço banal", "freqüentemente contido nos limites do trabalho de todos", e um espaço das redes, vinculado às "formas e normas a serviço de alguns". Há aí uma diferenciação entre "o território todo e algumas de suas partes, ou pontos, isto é, as redes" (p. 18). Esta distinção, algo problemática, deve ser relativizada na medida em que ele afirma também que "são os mesmos lugares que formam redes e que formam o espaço banal. São os mesmos lugares, os mesmos pontos, mas contendo simultaneamente funcionalizações diferentes, quiçá divergentes ou opostas" (1994a:16).

---

[13] Esta distinção entre global e local também deve ser problematizada, principalmente na medida em que o autor, em obra mais recente (Santos, 1996:272), associa "ordem global" com desterritorialização, por separar o centro e a sede da ação, e "ordem local" e espaço banal, "irredutível", com reterritorialização.

Ao definir o espaço geográfico — que, como vimos, pode ser sinônimo de território (ou pelo menos de "território usado") — como interação entre um sistema de objetos e um sistema de ações, Santos explicita a base materialista de fundamentação econômica em seu trabalho. Apesar de criticar as limitações da abordagem analítica em torno da dialética das forças de produção e das relações de produção, ele associa, ainda que "de forma simplória", como ele próprio diz, sistema de objetos com um conjunto de forças produtivas e sistema de ações com um conjunto de relações sociais de produção (1996:52).

O estudo das "categorias analíticas internas" à noção de espaço supõe como primeiro "processo básico" o estudo das técnicas (1996:19), e mesmo com o reconhecimento, ao lado da "tecnoesfera", de uma "psicoesfera" ligada ao "reino das idéias, crenças, paixões" (p. 204), esta aparece de maneira bem mais sutil no conjunto de sua obra. A grande ênfase à "funcionalização" e ao conteúdo técnico dos territórios permite incorporar a leitura de território feita por Santos numa perspectiva econômica. Devemos reconhecer, entretanto, o rico processo de ampliação e complexificação do conceito, verificado especialmente nos seus últimos trabalhos[14], além do fato, extremamente relevante, de o autor nos alertar para que nunca vejamos a des-re-territorialização apenas na sua perspectiva político-cultural, incluindo de forma indissociável os processos econômicos, especialmente a dinâmica capitalista do "meio técnico-científico informacional".

---

[14] Ver, por exemplo, a associação feita entre territorialidade e cultura, territorialidade e memória ("efêmera" e "longeva"), em *A Natureza do Espaço* (Santos, 1996:262-263). Associando mobilidade e desterritorialização, o autor chega mesmo a afirmar, como já ressaltamos na Introdução, que "desterritorialização é, freqüentemente, uma outra palavra para significar estranhamento, que é, também, desculturalização" (p. 262).

2.2.3. A tradição jurídico-política de território

Pela amplitude da temática espacial, certos conceitos em Geografia acabaram priorizando um determinado tipo de questão e uma específica dimensão social, como, por exemplo, o tratamento de questões econômico-políticas através do conceito de região, ou de problemáticas do campo das representações culturais do espaço pelo conceito de paisagem. Neste sentido, não é equivocado afirmar que, mesmo em meio a uma enorme diversidade de perspectivas, o território vai ganhar ampla tradição no campo das questões políticas.

Pela importância desta abordagem, iremos tratá-la aqui num item à parte dentro das posições materialistas, mesmo sabendo que muitos desses enfoques não se restringem ao campo da materialidade das relações sociais. Trata-se aproximadamente, pelo menos entre alguns autores, de uma espécie de acordo tácito, a fim de dar maior rigor a seus conceitos, cada um envolvido com problemáticas específicas. Como veremos no item logo adiante, a Geografia Cultural, ao privilegiar a dimensão simbólica ou o campo das representações, utiliza muito mais outros conceitos, como paisagem ou lugar, do que território. Já na Geografia Política, território e mesmo territorialidade são tidos como conceitos fundamentais. Segundo Cox (2002), "os conceitos centrais da Geografia Política" são, de forma simples, "território e territorialidade" (p. 3). Territorialidade, como veremos mais adiante, embora com mais freqüência associada a fenômenos de ordem política (ver, por exemplo, Sack, 1986), também aparece vinculada a questões socioculturais, como a identidade social.

O vínculo mais tradicional na definição de território é aquele que faz a associação entre território e os fundamentos materiais do Estado. O autor clássico nesta discussão é o alemão Friedrich Ratzel. Segundo Moraes (2000:19), "na ótica ratzeliana, o território é um espaço qualificado pelo domínio de um grupo humano, sendo definido pelo controle político de um dado âmbito espacial. Segundo ele, no mundo moderno constituem áreas de dominação 'estatal' e, mais recentemente, 'estatal nacional'". Assim, para Ratzel:

Embora mesmo a ciência política tenha freqüentemente ignorado as relações de espaço e a posição geográfica, uma teoria do Estado que fizesse abstração do território não poderia, jamais, contudo, ter qualquer fundamento seguro (p. 73). *Sem território não se poderia compreender o incremento da potência e da solidez do Estado* (Ratzel, 1990:74).

Freund (1977), por outro lado, ao analisar a sociologia de Max Weber, afirma, de uma maneira ainda mais ampla (que associa território e "atividade política" em sentido amplo):

A atividade política se define, em primeiro lugar, pelo fato de se desenrolar no interior de um território delimitado. (...) as fronteiras (...) podem ser variáveis; entretanto, sem a existência de um território que particularize o agrupamento, não se poderia falar de política. (...) Pode-se, pois, definir a política como a atividade que reivindica para a autoridade instalada em um território o direito de domínio, que é a manifestação concreta e empírica do poderio. (...) Esse poderio e esse domínio, segundo Max Weber, só se tornam políticos quando a vontade se orienta significativamente em função de um agrupamento territorial, com vistas a realizar um fim, que só tem sentido pela existência desse agrupamento (pp. 160-161).

Embora tenham sua origem etimológica associada à idéia de apropriação ou mesmo de dominação (política) do espaço pelos homens, território e territorialidade tiveram suas bases conceituais elaboradas pela primeira vez, como vimos, no campo da Etologia. Na verdade, podemos considerar que, em geral, ao longo dos séculos XIX e XX, os debates acadêmicos sobre a territorialidade na Biologia e nas Ciências Sociais correram paralelos. Em alguns momentos, de forma bastante sutil ou muito enfática, dependendo do contexto histórico, político e ideológico, essas propostas se cruzaram, seja no sentido de fazer valer, unilateralmente, os paradigmas da territorialidade animal sobre a humana, seja para fazer prevalecer o sentido social, humano, da territorialidade (como na grande maioria dos estudos desenvolvidos nas Ciências Sociais).

Deste modo, a distância entre uma visão naturalista de território e uma abordagem política nem sempre foi claramente estabelecida. Correntes teóricas materialistas fundamentadas em analogias com as Ciências Biológicas fizeram pontes às vezes inusitadas entre as construções política e biológica de território. Ao reivindicar para a sociedade o direito "natural" a um espaço ou mesmo à propriedade privada da terra, tornado um direito quase dever, na medida em que corresponderia ao "espaço vital" sem o qual não se daria o "progresso" social, alguns estudiosos desenvolveram a associação que fez do território político — principalmente o território do Estado —, em maior ou menor grau, uma extensão da dinâmica que ocorria no âmbito do mundo biológico, mais especificamente no mundo animal.

Embora a rica perspectiva teórica de Ratzel não possa ser reduzida, em absoluto, à visão organicista e "determinista" que muitos lhe impuseram, não há dúvida de que ele se inspirou na natureza biológica do homem para apresentar algumas de suas conclusões mais importantes em relação ao espaço e ao território. O autor inicia a primeira seção de seu livro *Geografia Política*, denominada "Da relação entre o solo e o Estado", discutindo a "concepção biogeográfica do Estado" (Ratzel, 1988[1897]). Ele lembra que o movimento dos homens sobre a Terra é um movimento de avanços e recuos, contrações e expansões. Reconhece aí uma analogia com a Biogeografia:

> *Existem, para a Biogeografia, espaços vitais, ilhas de vida etc., e segundo ela o Estado dos homens é, ele também, uma forma de propagação da vida na superfície da Terra. Está exposto às mesmas influências que a vida em seu conjunto. As leis particulares de propagação da vida humana sobre a Terra determinam igualmente a emergência de seus Estados. Não vimos Estados se formarem nem nas regiões polares, nem nos desertos, e eles*

permaneceram pequenos nas regiões pouco povoadas dos trópicos, das florestas virgens e das mais altas montanhas (p. 11).

As transformações incessantes, internas e externas, dos Estados, testemunham precisamente a sua vitalidade. Quer seja nas fronteiras, que só saberíamos apreender, cientificamente, como uma expressão do movimento tanto inorgânico quanto orgânico, ou nas formações estatais elementares, em que a semelhança com um tecido celular salta aos olhos (...), em todo lugar se constata uma analogia formal de todos os viventes, no sentido de que eles retiram do solo a sua vitalidade. Esta ligação, de fato, constitui para eles todos, quer sejam liquens, corais ou homens, a característica universal, característica vital pois ela constitui a própria condição de sua existência (p. 12).

Os "espaços vitais" da Biogeografia são transladados para a realidade territorial do Estado, ele também "uma forma de propagação da vida na superfície da Terra". Ele tende a expandir-se como se expandem as células e os organismos vivos, "retirando do solo a sua vitalidade". Raffestin, no Posfácio a esta obra de Ratzel, reconhece que a "ontologia ratzeliana é de essência ecológica e funda a concepção biogeográfica do Estado" (Ratzel, 1988:379). Esta relação íntima entre solo (natureza ou, na leitura mais ampla de Raffestin, "espaço", substrato material[15]) e Estado (ou território), leva Ratzel a reconhecer que:

O solo favorece ou entrava o crescimento dos Estados, segundo o modo com que ele favorece ou entrava os deslocamentos dos indivíduos e das famílias (...). O homem não é concebível sem o solo terrestre, assim como a principal obra humana: o Estado. (...) O Estado vive necessariamente do solo (p. 13).

---

[15] Raffestin, no seu Posfácio, afirma que Ratzel está tanto na origem do conceito de centro-periferia (imputado depois a Lênin) quanto na distinção entre espaço e território (vulgarizado hoje por autores anglo-saxões e sobretudo pelo próprio Raffestin em *Por uma Geografia do Poder*).

De qualquer forma, em Ratzel, é no elo indissociável entre uma dimensão natural, física, e uma dimensão política (que aqui se confunde com estatal) do espaço que o território se define. Esta concepção acaba de alguma forma se aproximando daquela que, valorizando a dimensão econômica, vê o território como fonte de recursos para a reprodução da sociedade, pois é também com base nesta disponibilidade de recursos que Ratzel vai construir seu conceito. O "espaço vital" seria assim o espaço ótimo para a reprodução de um grupo social ou de uma civilização, considerados os recursos aí disponíveis que, na leitura do autor, devem ter uma relação de correspondência com as dimensões do agrupamento humano nele existente.

É interessante perceber, contudo, que o enfoque de Ratzel não se resume a uma perspectiva materialista, em sentido estrito. Releituras relativamente recentes têm enfatizado a relevância do lado "espiritual" e mais subjetivo de sua obra. Dijkink (2001), por exemplo, alude a variantes do "espírito universal" hegeliano e de uma concepção idealista de natureza presentes em sua interpretação do Estado e, como conseqüência, podemos dizer, do território.

O conceito idealista de natureza se refere mais a um estado ideal da própria sociedade do que às coisas externas ao homem. A natureza se expressaria através dos homens, em sua criação artística. Neste sentido, o próprio Estado seria "um trabalho de arte similar" (Dijkink, 2001:125). Nas palavras do próprio Ratzel: "(...) com e através de seu povo o país [*Land*] se torna individualizado e assim desenvolve o organismo político-geográfico do Estado, o qual cria [!] sua própria área natural [*Naturgebiet*] (...). O todo nacional pretende se tornar um todo natural [...]" (Ratzel, *apud* Dijkink, 2001:125).

A "ligação espiritual com a terra" que Ratzel defende faz desse território estatal muito mais do que uma entidade material. O sentido orgânico "ótimo" almejado pelo Estado passa pela idéia de que é graças ao território, ou melhor, ao "solo", que a nação supera suas misérias e alcança as condições para a projeção de seu "poder criativo" (Dijkink, 2001:125).

Mais de meio século depois, um outro geógrafo que marcou o debate da Geografia Política e sua concepção de território foi Jean Gottman (1952). Para o autor, no mundo "compartimentado" da Geografia, "a unidade política é o território". Há aqui uma ampliação do conceito que, embora ainda mantenha seu caráter jurídico-administrativo, vai muito além do Estado nação, estendendo-se para "o conjunto de terras agrupadas em uma unidade que depende de uma autoridade comum e que goza de um determinado regime". Em qualquer caso, trata-se de "um compartimento do espaço politicamente distinto" e uma "entidade jurídica, administrativa e política" (p. 71). Ou seja, o caráter político-administrativo do território permanece sua característica fundamental.

Apesar desse enfoque centrado nas entidades "compartimentadas" concretas da Geografia, ou melhor, na idéia de território como "compartimento", Gottman também incorpora uma dimensão mais idealista ao procurar entender os territórios, notadamente os estatais, ao mesmo tempo em torno do que ele denomina "sistemas de movimento" ou circulação e "sistemas de resistência ao movimento" ou "iconografias".

Os sistemas de movimento, mais concretos, estariam ligados a "tudo o que chamamos de circulação no espaço", enquanto os sistemas de resistência ao movimento seriam "mais abstratos do que materiais", "uma série de símbolos" os quais o autor denomina de "iconografias" (p. 214). Aqui, além de uma vinculação entre mundo material e ideal, encontramos também, talvez pela primeira vez de maneira tão explícita, o território ligado à idéia de movimento, e não apenas de fixação, "enraizamento" e estabilidade.

É interessante como, mesmo assumindo uma posição de viés materialista, ocorre a valorização de uma dimensão mais abstrata e simbólica na composição dos territórios. Gottman reconhece a importância de um "cimento sólido" a unir os membros de uma comunidade política. Mais do que nas fronteiras físicas, "as divisões [*cloisons*] mais importantes estão nos espíritos" (p. 220). E, concluindo seu livro, ele praticamente concede prioridade a este mundo das idéias, condenando a geografia "materialista" e reconhecendo que os maiores feitos políticos não se deram pela violência, mas pelo poder simbólico, a "conversão dos espíritos":

> *A geografia não deve procurar ser materialista nas escolas: ela de modo algum o é na realidade viva e cotidiana. A política dos Estados é sem dúvida materialista nos seus fins: ela deve retirar da geografia alguns elementos que a libertarão desta influência. Os grandes sucessos da política nunca foram adquiridos pela força armada, mas pela conversão dos espíritos* (pp. 224-225).

A relação entre território e defesa, que se encontra nas origens do termo e que se difundiu também por meio da concepção neodarwinista de territorialidade, não é uma característica ultrapassada, presente em diversas concepções contemporâneas, especialmente a do neo-realismo na análise das relações internacionais. Cox (2002), por exemplo, conceitua territórios como "espaços que as pessoas defendem pela exclusão de algumas atividades e inclusão daquelas que realçam mais precisamente o que elas querem defender no território" (p. 3).

Vindo até autores mais recentes, mas já tornados clássicos, como Claude Raffestin e Robert Sack, parece haver um consenso de que a dimensão política, para além de sua perspectiva jurídica e estatal, é a que melhor responde pela conceituação de território[16]. Dada a importância desse caráter político, e a partir do amplo sentido relacional que assumimos para poder (o que inclui o próprio poder simbólico), dedicaremos um item específico, logo adiante, para a análise do pensamento de Sack e Raffestin.

---

[16] Souza (1995), por exemplo, destaca "o caráter especificamente político" do território (p. 84), definindo-o como *"um campo de forças*, as relações de poder espacialmente delimitadas e operando, destarte, sobre um substrato referencial" (p. 97, grifos do autor).

2.3. Território nas perspectivas idealistas

Tomemos o exemplo de uma sociedade indígena. Facilmente podemos afirmar que ela constrói seu território como área controlada para usufruto de seus recursos, especialmente os recursos naturais (algo bastante genérico e, portanto, variável entre os diferentes grupos). Mas os referentes espaciais, aí, também fazem parte da vida dos índios como elementos indissociáveis, na criação e recriação de mitos e símbolos, podendo mesmo ser responsáveis pela própria definição do grupo enquanto tal.

Mesmo a conceituação de Maurice Godelier, citada aqui em nossa discussão sobre as perspectivas materialistas de território, apresenta importantes nuanças, reivindicando também a incorporação de uma dimensão ideal ou "apropriação simbólica", pois:

> ... *o que reivindica uma sociedade ao se apropriar de um território é o acesso, o controle e o uso,* tanto das realidades visíveis quanto dos poderes invisíveis *que os compõem, e que parecem partilhar o domínio das condições de reprodução da vida dos homens, tanto a deles própria quanto a dos recursos dos quais eles dependem* (p. 114, destaque nosso).

Referências muito mais enfáticas a estes "poderes invisíveis" que fazem parte do território aparecem ao longo das últimas décadas em vários trabalhos da Antropologia. Hall, por exemplo, em seu conhecido livro *A Dimensão Oculta* (Hall, 1986), considerado o primeiro antropólogo que empreendeu um estudo sistemático sobre o tema da territorialidade, afirma que "o território é considerado como um signo cujo significado somente é compreensível a partir dos códigos culturais nos quais se inscreve" (*apud* García, 1976:14).

Um dos trabalhos que focalizaram de forma mais direta a discussão sobre território na Antropologia foi *Antropología del Território*, de José Luis García, escrito ainda em 1976. Defendendo que o território na Antropologia não tem por que coincidir com outras concepções, como a de território político ou "legal" e território geográfico, completa ele:

> *Se o território é suscetível de um estudo antropológico, e não meramente geográfico ou ecológico, é precisamente porque existem indícios para crer no caráter subjetivo do mesmo, ou, dito de outra forma, porque (...) entre o meio físico e o homem se interpõe sempre uma idéia, uma concepção determinada* (p. 21).

García cita o "possibilismo" geográfico de Vidal de La Blache, a "morfologia social" de Marcel Mauss (onde as condições do meio são mero "substrato da vida social") e os índios do Brasil Central em Lévi Strauss (cujo medo da seca seria muito mais uma criação de seus mitos do que da seca real a que estavam sujeitos) para sustentar sua tese de que não são as características físicas do território que "determinam" a criação de significados, sua "semantização". "Dito de outra forma", afirma ele, "a semantização do território pode explicar-se parcialmente a partir do meio, mas a investigação do meio físico nunca nos permitirá concluir que deve dar-se um tipo determinado de semantização" (p. 52).

O território "semantizado" para García significa, em sentido amplo, um território "socializado e culturalizado", pois tudo o que se encontra no entorno do homem é dotado de algum significado. "É precisamente este significado ou 'idéia' que se interpõe entre o meio natural e a atividade humana que, com relação ao território, tratamos de analisar (...). O estudo da territorialidade se converte assim em uma análise da atividade humana no que diz respeito à semantização do espaço territorial" (García, 1976:94).

A Geografia, como seria de se esperar, ao contrário da Antropologia, tende a enfatizar muito mais a dimensão material do território. Mesmo a chamada Geografia Cultural, de emergência relativamente recente, mas que alguns já chegaram a erigir como um novo paradigma, associado à corrente humanística ou idealista da Geografia, prefere utilizar outros conceitos, como lugar e paisagem, para analisar fenômenos ligados à dimensão cultural do espaço[17]. Mesmo assim, encontramos alguns autores que enfatizam mais abertamente a perspectiva ideal-simbólica do território. Entre eles estão os geógrafos franceses Bonnemaison e Cambrèzy (1996).

Para Bonnemaison e Cambrèzy, a lógica territorial cartesiana moderna, pautada no "quebra-cabeça" dos Estados nações, que não admite sobreposições e dá pouca ênfase aos fluxos, ao movimento, é suplantada hoje pela "lógica culturalista, ou, se preferirmos, pós-moderna, que a geometria não permite medir e a cartografia, menos ainda, representar. Nesta (...) perspectiva o pertencimento ao território implica a representação da identidade cultural e não mais a posição num polígono. Ela supõe redes múltiplas, refere-se a geossímbolos mais que a fronteiras, inscreve-se nos lugares e caminhos que ultrapassam os blocos de espaço homogêneo e contínuo da 'ideologia geográfica'" (termo de Gilles Sautter para definir a visão de espaço cartesiana moderna).

Para estes autores há um enfrentamento, hoje, entre a lógica funcional estatal moderna e a lógica identitária pós-moderna, contraditórias, reveladoras de dois sistemas de valores e de duas éticas distintas frente ao território. Embora não seja uma simples questão de mudança de escala, também há uma revalorização da dimensão local. O território reforça sua dimensão enquanto representação, valor simbólico. A abordagem utilitarista de território não dá conta dos principais conflitos do mundo contemporâneo. Por isso, "o território é primeiro um valor", pois "a existência, e mesmo a imperiosa necessidade para toda sociedade humana de estabelecer uma relação forte, ou mesmo uma relação espiritual com seu espaço de vida, parece claramente estabelecida" (p. 10).

---

[17] O que não quer dizer que muitos dos debates sobre paisagem e, especialmente, sobre lugar, não encontrem vários pontos de correspondência com aqueles relativos ao território e, especialmente, como veremos logo adiante, a territorialidade. Mais do que marcar diferenças, os conceitos devem revelar sua multiplicidade, os elos possíveis com outros conceitos que permitem expressar a complexidade das questões que buscam responder.

Prosseguindo, Bonnemaison e Cambrèzy afirmam:

> *O poder do laço territorial revela que o espaço está investido de valores não apenas materiais, mas também éticos, espirituais, simbólicos e afetivos. É assim que o território cultural precede o território político e com ainda mais razão precede o espaço econômico* (1996:10).

Nas sociedades agrícolas pré-industriais e nas sociedades "primitivas" de caçadores e coletores, "o território não se definia por um princípio material de apropriação, mas por um princípio cultural de identificação, ou, se preferirmos, de pertencimento. Este princípio explica a intensidade da relação ao território. Ele não pode ser percebido apenas como uma posse ou como uma entidade exterior à sociedade que o habita. É uma parcela de identidade, fonte de uma relação de essência afetiva ou mesmo amorosa ao espaço"[18].

Os autores enfatizam que a ligação dos povos tradicionais ao espaço de vida era mais intensa porque, além de um território-fonte de recursos, o espaço era "ocupado" de forma ainda mais intensa através da apropriação simbólico-religiosa:

---

[18] A grande influência "empírica" recebida por Bonnemaison em suas reflexões resulta de seu trabalho junto à ilha de Tanna, no arquipélago de Vanuatu, onde, diz ele, "o grupo local não 'possui' o território, mas *se identifica* com ele. O princípio de identificação se sobrepõe ao princípio de apropriação [ao contrário da distinção lefebvriana entre apropriação e dominação, aqui se trata de identificação e apropriação]. Não existe entre a sociedade e seu espaço uma simples relação de territorialidade, mas também um ideologia do território. (...) ela transparece em todos os conflitos fundiários e geopolíticos, atuais ou passados, tal como ela é destacada na sua mitologia: os homens da ilha são, como eles próprios dizem, 'man-ples', *homens-lugares*" (Bonnemaison, 1997:77; grifo do autor). Trata-se mesmo, diz o autor, pelo menos no caso de Tanna, do território não como produto de sua sociedade, mas como uma entidade que precede e funda a sociedade. "Seu espaço é vivo, é um 'personagem político', um lugar de meditação entre ele e o cosmos (...) Seu território é um espaço encantado." (1997:78)

Pertencemos a um território, não o possuímos, guardamo-lo, habitamo-lo, impregnamo-nos dele. Além disto, os viventes não são os únicos a ocupar o território, a presença dos mortos marca-o mais do que nunca com o signo do sagrado. Enfim, o território não diz respeito apenas à função ou ao ter, mas ao ser. Esquecer este princípio espiritual e não material é se sujeitar a não compreender a violência trágica de muitas lutas e conflitos que afetam o mundo de hoje: perder seu território é desaparecer (Bonnemaison e Cambrèzy, 1996:13-14).

Embora se refiram, sobretudo, às sociedades tradicionais, Bonnemaison e Cambrèzy deixam clara a primazia que concedem à natureza simbólica das relações sociais na sua definição "pósmoderna" de território. A força desta carga simbólica é tamanha que o território é visto como "um construtor de identidade, talvez o mais eficaz de todos" (p. 14).

É importante, entretanto, reenfatizar que, mesmo nas sociedades tradicionais, como as sociedades indígenas inicialmente citadas, existem várias formas de incorporar no seu mundo os referentes espaciais. O grau de centralidade do território na concepção de mundo dos grupos sociais pode ser bastante variável[19]. Por isso deve-se ter sempre muito cuidado com o "transplante" e a generalização de conceitos, como o de território, moldados dentro da nossa realidade, para contextos distintos, como o das sociedades genericamente denominadas de tradicionais. Além da nossa distância em relação a elas, trata-se de sociedades muito diversificadas e também distantes entre si, onde muitas vezes o único contato entre elas é aquele que fazemos através de nossos conceitos.

Um aspecto importante a ser lembrado neste debate é que, mais do que território, territorialidade é o conceito utilizado para

---

[19] A própria diferenciação de formas que adquirem as fronteiras entre essas sociedades, ora mais nítidas e fechadas, ora muito mais abertas e flexíveis, atesta bem esta diversidade de papéis dos referentes espaciais na definição do grupo.

enfatizar as questões de ordem simbólico-cultural. Territorialidade, além da acepção genérica ou sentido lato, onde é vista como a simples "qualidade de ser território", é muitas vezes concebida em um sentido estrito como a dimensão simbólica do território.

Ao falar-se em territorialidade estar-se-ia dando ênfase ao caráter simbólico, ainda que ele não seja o elemento dominante e muito menos esgote as características do território. Muitas relações podem ser feitas, a partir do próprio sufixo da palavra, com a noção de identidade territorial (a este respeito, ver Haesbaert, 1999c). Isto significa que o território carregaria sempre, de forma indissociável, uma dimensão simbólica, ou cultural em sentido estrito, e uma dimensão material, de natureza predominantemente econômico-política. Esta abordagem "integradora" de território, para muitos autores extremamente difícil de ser encontrada nas práticas sociais contemporâneas, é a temática que abordaremos no próximo item.

2.4. Território numa perspectiva integradora

Encontramos aqui um outro debate muito relevante: aquele que envolve a leitura de território como um espaço que não pode ser considerado nem estritamente natural, nem unicamente político, econômico ou cultural. Território só poderia ser concebido através de uma perspectiva integradora entre as diferentes dimensões sociais (e da sociedade com a própria natureza). O território, assim, desempenharia um pouco o papel que cabia à região como o grande conceito integrador na perspectiva da Geografia clássica.

Entre os conceitos geográficos, pode-se afirmar que o de região foi o mais pretensioso, principalmente na análise lablacheana. Embora também haja uma tradição em privilegiar os processos econômicos na construção de regiões, sem dúvida a idéia de fundo é, sempre, a de que haveria, se não a famosa e dificilmente alcançável "síntese" geográfica, pelo menos um elemento estruturador, espécie de fundamento que serviria de amálgama na organização do espaço regional, seja ele a natureza (para o "primeiro" La Blache), a economia (urbana, no "segundo" La Blache[20]) ou a cultura. Um pouco destas leituras da região clássica ainda se reproduz hoje nos debates sobre o território, alguns elegendo o poder político, outros os símbolos da cultura, outros a base técnico-econômica, a fim de demonstrar os fundamentos da organização territorial da sociedade. Como foi visto nos itens anteriores, o privilégio a uma dessas dimensões ocorre principalmente em função de nossos recortes disciplinares e das problemáticas que cada um deles pretende responder.

Assim, se a Etologia tende a colocar a questão de por que muitos animais se comportam "territorialmente", a Ciência Política procura discutir o papel do espaço na construção de relações de poder, e a Antropologia trata da questão da criação de símbolos através do território. Não caberia então à Geografia, por privilegiar o olhar sobre a espacialidade humana, uma visão "integradora" de território capaz de evidenciar a riqueza ou a condensação de dimensões sociais que o espaço manifesta?

Uma das questões mais sérias é que, ao contrário da região na versão lablacheana do início do século XX, dificilmente encontramos hoje um espaço capaz de "integrar" de forma coesa as múltiplas dimensões ou lógicas econômica, política, cultural, natural. Daí o fato de alguns defensores de uma visão totalizante ou integradora de território advogarem sua superação. É o caso de Chivallon (1999), que defende o uso da noção de espacialidade para substituir território, definido como:

> (...) *uma espécie de "experiência total" do espaço que faz conjugar-se num mesmo lugar os diversos componentes da vida social: espaço bem circunscrito pelo limite entre exterior e interior, entre o Outro e o semelhante, e onde se pode ler, na*

---

[20] Sobre estas diversas fases do pensamento lablacheano em relação à região, ver Robic e Ozouf-Marignier (1995).

relação funcional e simbólica com o extenso material, um conjunto de idealidades partilhadas (p. 5).

Sobrariam então duas possibilidades: ou admitir vários tipos de territórios que coexistiriam no mundo contemporâneo, dependendo dos fundamentos ligados ao controle e/ou apropriação do espaço, isto é, territórios políticos, econômicos e culturais, cada um deles com uma dinâmica própria, ou trabalhar com a idéia de uma nova forma de construirmos o território, se não de forma "total", pelo menos de forma articulada/conectada, ou seja, integrada. Pelo menos ao nível individual ou de grupo, precisamos de alguma forma partilhar um espaço que, no seu conjunto, integre nossa vida econômica, política e cultural.

Partindo de um ponto de vista mais pragmático, poderíamos afirmar que questões ligadas ao controle, "ordenamento" e gestão do espaço, onde se inserem também as chamadas questões ambientais, têm sido cada vez mais centrais para alimentar este debate. Elas nos ajudam, de certa forma, a repensar o conceito de território. A implementação das chamadas políticas de ordenamento territorial deixa mais clara a necessidade de considerar duas características básicas do território: em primeiro lugar, seu caráter político — no jogo entre os macropoderes políticos institucionalizados e os "micropoderes", muitas vezes mais simbólicos, produzidos e vividos no cotidiano das populações; em segundo lugar, seu caráter integrador — o Estado em seu papel gestor-redistributivo e os indivíduos e grupos sociais em sua vivência concreta como os "ambientes" capazes de reconhecer e de tratar o espaço social em todas suas múltiplas dimensões.

Sintetizando, abrem-se pelo menos três perspectivas:

a. Uma, mais tradicional, que reivindica o território como sendo uma área de feições ou, pelo menos, de relações de poder relativamente homogêneas, onde as formas de territorialização como "controle do acesso" de uma área (Sack, 1986) seriam fundamentais, seja para usufruir de seus recursos,

Todas estas abordagens encontram-se combinadas. Assim, se privilegiamos as questões políticas e, dentro delas, a questão do Estado, o território pode ficar restrito às sociedades modernas articuladas em torno dos Estados nações. Neste caso, a crise do Estado seria a principal responsável pelos atuais processos de desterritorialização (ver por exemplo, a análise já citada de Badie, 1995). Trata-se de uma das leituras mais limitadas e restritivas de território.

Para outros, o território compõe de forma indissociável a reprodução dos grupos sociais, no sentido de que as relações sociais são espacial ou geograficamente mediadas, e de que a territorialidade ou a "contextualização territorial" é inerente à condição humana. Embora muito variável em suas manifestações, o território está presente em todo processo histórico. Trata-se da noção mais ampla de território, e que muitas vezes se confunde com a própria noção de espaço geográfico (como parece ocorrer em Santos, 1996).

O território, de qualquer forma, define-se antes de tudo com referência às relações sociais (ou culturais, em sentido amplo) e ao contexto histórico em que está inserido. Este sentido relacional do território está presente também, de alguma forma, na abordagem mais materialista de Maurice Godelier (1984). Para ele, "as formas de propriedade de um território são ao mesmo tempo uma relação com a natureza e uma relação entre os homens", sendo esta última "dupla: uma relação entre as sociedades e ao mesmo tempo uma relação no interior de cada sociedade entre os indivíduos e os grupos que a compõem" (p. 115).

É imprescindível, portanto, que contextualizemos historicamente o "território" com o qual estamos trabalhando. Se nossa leitura for uma leitura integradora, o território respondendo pelo conjunto de nossas experiências ou, em outras palavras, relações de domínio e apropriação, no/com/através do espaço, os elementos-chave responsáveis por essas relações diferem consideravelmente ao longo do tempo. Assim, ao contrário de Chivallon, poderíamos dizer que, se a idéia de território como "experiência total seja para controlar fluxos, especialmente fluxos de pessoas e de bens.

b. Outra que, ao contrário da visão mais estável de território implícita em definições como a de Chivallon, anteriormente citada, promove uma releitura com base no território como rede (os "territórios-rede" comentados no Capítulo 7), centrado no movimento e na conexão (o que inclui a conexão em diferentes escalas), um pouco na linha que Massey (1994) propôs em sua reconceitualização de lugar[21].

c. Uma terceira que, ao mesmo tempo que inclui a concepção multiescalar e não exclusivista de território (territórios múltiplos e multiterritorialidade, como focalizado no Capítulo 8), trabalha com a idéia de território como um híbrido, seja entre o mundo material e ideal, seja entre natureza e sociedade, em suas múltiplas esferas (econômica, política e cultural).

Da mesma forma que pode ou não ser um conceito capaz de responder a questões que integram todas as esferas sociais (ainda que através da vertente do poder em sentido lato), o território, numa perspectiva histórica, pode também ser amplo, generalizável a ponto de abranger toda a história humana — constituindo assim um de seus componentes "ontológicos" —, ou ser visto de forma mais restrita, relacionando-se apenas a determinados contextos histórico-sociais.

---

[21] Massey (2000[1991]) considera o lugar como processo e sem "fronteiras no sentido de divisões demarcatórias". Sua construção se dá "a partir de uma constelação particular de relações sociais, que se encontram e se entrelaçam num *locus* particular". O lugar é "um ponto particular, único, desta interseção. Trata-se, na verdade, de um lugar de *encontro*. Assim, em vez de pensar os lugares como áreas com fronteiras ao redor, pode-se imaginá-los como momentos articulados em redes de relações e entendimentos sociais, mas onde uma grande proporção dessas relações (...) se constrói numa escala muito maior do que costumávamos definir para esse momento como o lugar em si" (p. 184).

do espaço", que conjuga num mesmo local os principais componentes da vida social, não é mais possível, não é simplesmente porque não existe essa integração, pois não há vida sem, ao mesmo tempo, atividade econômica, poder político e criação de significado, de cultura. Trata-se, isto sim, de uma mudança de forma — de uma espécie de "deslocamento".

Hoje, poderíamos afirmar, a "experiência integrada" do espaço (mas nunca "total", como na antiga conjugação íntima entre espaço econômico, político e cultural num espaço contínuo e relativamente bem delimitado) é possível somente se estivermos articulados (em rede) através de múltiplas escalas, que muitas vezes se estendem do local ao global. Não há território sem uma estruturação em rede que conecta diferentes pontos ou áreas. Como veremos com mais detalhes no Capítulo 7, antes vivíamos sob o domínio da lógica dos "territórios-zona", que mais dificilmente admitiam sobreposições, enquanto hoje temos o domínio dos "territórios-rede", espacialmente descontínuos mas intensamente conectados e articulados entre si.

Entretanto, seja em que sentido for, uma leitura integrada do espaço social é hoje relativamente pouco comum, como se pode depreender das próprias abordagens "unidimensionais" aqui comentadas. Fica evidente neste ponto a necessidade de uma visão de território a partir da concepção de espaço como um híbrido — híbrido entre sociedade e natureza, entre política, economia e cultura, e entre materialidade e "idealidade", numa complexa interação tempo-espaço, como nos induzem a pensar geógrafos como Jean Gottman e Milton Santos, na indissociação entre movimento e (relativa) estabilidade — recebam estes os nomes de fixos e fluxos, circulação e "iconografias", ou o que melhor nos aprouver. Tendo como pano de fundo esta noção "híbrida" (e, portanto, múltipla, nunca indiferenciada) de espaço geográfico, o território pode ser concebido a partir da imbricação de múltiplas relações de poder, do poder mais material das relações econômico-políticas ao poder mais simbólico das relações de ordem mais estritamente cultural.

O problema é que nos próprios discursos sobre a desterritorialização essa noção "híbrida" de território em geral está ausente ou, quando aparece, é para justificar a própria perda do território (como no hibridismo cultural, focalizado no Capítulo 5), e os estudiosos ainda continuam, cada um à sua maneira ou de acordo com o compartimento disciplinar a que estão atrelados, utilizando-se, implícita ou explicitamente, daquelas noções de território setoriais ou fragmentadas a que fizemos alusão neste capítulo.

2.5. A visão relacional de território em Sack e Raffestin

Outro debate central sobre o território e, conseqüentemente, sobre a desterritorialização, envolve seu caráter absoluto ou relacional. Absoluto será tratado aqui tanto no sentido idealista de um *a priori* do entendimento do mundo, como na visão kantiana de espaço e tempo, quanto no sentido materialista mecanicista de evidência empírica ou "coisa" (objeto físico, substrato material), dissociada de uma dinâmica temporal. Território construído a partir de uma perspectiva relacional do espaço é visto completamente inserido dentro de relações social-históricas, ou, de modo mais estrito, para muitos autores, de relações de poder.

Embora muitos materialistas, em especial os mais mecanicistas, possam simplificar, afirmando que o território se restringe à base espaço-material sobre a qual se reproduz a sociedade, outros, notadamente muitos materialistas dialéticos, dirão que o território é, antes de tudo, um conjunto de relações sociais. Aqui, entretanto, as divergências também podem ser marcantes, desde aqueles que concedem à materialidade do território, seu substrato físico, um papel simplesmente acessório ou quase nulo (uma espécie de palco, reflexo ou produto) diante das relações social-históricas (vistas em geral de forma dicotômica em relação à materialidade através da qual se realizam), até aqueles que colocam este substrato físico como mediador, componente fundamental ou até mesmo determinante dessas relações (por exemplo, o espaço como instância social em Santos, 1978, e Morales, 1983).

Entre os autores que enfatizam o sentido relacional do território, destacamos Souza (1995) em sua crítica a Raffestin:

Ao que parece, Raffestin não explorou suficientemente o veio oferecido por uma abordagem relacional, pois não discerniu que o território não é o substrato, o espaço social em si, mas sim um campo de forças, as relações de poder espacialmente delimitadas e operando, destarte, sobre um substrato referencial. *(Sem sombra de dúvida, pode o exercício do poder depender muito diretamente da organização espacial, das formas espaciais; mas aí falamos dos trunfos espaciais da defesa do território, e não do conceito de território em si.)* (Souza, 1995, p. 97, grifos do autor).

Souza enfatiza este caráter relacional, tendo o cuidado de não cair no extremo oposto, o de desconsiderar o papel da espacialidade na construção das relações sociais. Diante de uma preocupação com a "espaciologia" ou com o determinismo das formas espaciais (revelada de forma contundente em Souza, 1988), devemos justamente ter cuidado para não sugerir um excesso de "sociologização" ou de "historicização" (no sentido agora de sobrevalorizar a dimensão temporal, a dinâmica social-histórica), de alguma forma "desgeografizando" o território, abstraído da base social-geográfica como condição indispensável à realização destas relações. Se a virtude, também aqui, está "no meio", não é nada fácil encontrá-la e, menos ainda, traduzi-la em termos conceituais.

Propomos uma leitura um pouco mais condescendente para com Raffestin, na medida em que, também para ele, espaço pode ser um "trunfo" e território, "o campo de ação dos trunfos":

O espaço e o tempo são suportes, portanto condições, mas também trunfos. Eis por que Lefebvre tem toda razão quando diz que "o espaço é político". Em todo caso, o espaço e o tempo são suportes, mas é raro que não sejam também recursos e, portanto, trunfos (p. 47). *O território é um trunfo particular, recurso e entrave, continente e conteúdo, tudo ao mesmo tempo. O território é o espaço por excelência, o campo de ação dos trunfos* (Raffestin, 1993:59-60).

O fato de ser um trunfo procede, em primeiro lugar, segundo Raffestin, da constatação de que o espaço é finito. "Noção banal", sem dúvida, mas cuja consideração é relativamente recente, ligada àquilo que os politólogos denominam "cercadura [*clôture*] do espaço". Compondo-se de "duas faces", "expressão" material e "conteúdo" significativo, simbólico, o espaço é um "espaço relacional, 'inventado' pelos homens" (Raffestin, 1993:48). Aqui o autor supera a diferenciação estanque proposta em outro momento entre espaço — "prisão original" — e território — a "prisão que os homens constroem para si" (Raffestin, 1993:144).

Podemos afirmar que o território é relacional não apenas no sentido de ser definido sempre dentro de um conjunto de relações histórico-sociais, mas também no sentido, destacado por Godelier, de incluir uma relação complexa entre processos sociais e espaço material, seja ele visto como a primeira ou a segunda natureza, para utilizar os termos de Marx. Além disto, outra conseqüência muito importante ao enfatizarmos o sentido relacional do território é a percepção de que ele não implica uma leitura simplista de espaço como enraizamento, estabilidade, delimitação e/ou "fronteira".

Justamente por ser relacional, o território é também movimento, fluidez, interconexão — em síntese e num sentido mais amplo, temporalidade. Como veremos nos capítulos finais, este ponto é decisivo na crítica a algumas posições recentes sobre o domínio dos processos de desterritorialização, especialmente aquela que dissocia rede — mais vinculada ao tempo, à mobilidade — e território — que estaria aí mais ligado à estabilidade, a uma noção estática de espacialidade.

Enquanto relação social, uma das características mais importantes do território é sua historicidade. Voltando a este atributo, mesmo que consideremos o território ou a territorialidade um constituinte inerente a todo grupo social, ao longo de toda sua história[22], é imprescindível diferenciá-lo na especificidade de cada período histórico. Esta é uma preocupação que, de formas diferentes, aparece em duas das interpretações mais consistentes sobre território, as dos geógrafos Claude Raffestin e Robert Sack, que, por sua importância, serão tratadas a seguir de forma mais detalhada.

Dentre as diversas definições de território, como já vimos, as mais difundidas e que marcam a tradição do conceito são aquelas que enfatizam sua ligação com relações de poder, ou seja, a sua dimensão política. Claude Raffestin, em *Pour une Géographie du Pouvoir* (editado na França em 1980 e em 1993 no Brasil), e Robert Sack, em *Human Territoriality* (editado na Inglaterra em 1986), são dois autores fundamentais dentro deste enfoque, mas que não restringem a dimensão política ao papel dos Estados, nem ignoram a interseção com as dimensões econômica e cultural da sociedade.

Raffestin, ao caracterizar o que entende por natureza do poder, sintetiza as proposições de Michel Foucault (1979, 1984, 1985):

1. *O poder não se adquire: é exercido a partir de inumeráveis pontos;*
2. *As relações de poder não estão em posição de exterioridade no que diz respeito a outros tipos de relações (econômicas, sociais etc.), mas são imanentes a elas;*
3. *O poder [também] vem de baixo; não há uma oposição binária e global entre dominador e dominados. (...)* (Raffestin, 1993:53).

Poderíamos enfatizar as características foucaultianas de que o poder não é um objeto ou coisa, mas uma relação, e que esta relação,

---

[22] Para Soja (1971), por exemplo, o homem é um "animal territorial", ao que Raffestin (1988) acrescenta também um "animal semiológico", na medida em que "a territorialidade é condicionada pelas linguagens, pelos sistemas de signos e pelos códigos" (p. 264).

ainda que desigual, não tem um "centro" unitário de onde emana o poder (como o Estado em algumas posições marxistas mais ortodoxas). Além disto, o poder é também "produtivo", como no poder disciplinar estudado pelo autor em relação às prisões, às fábricas, à sexualidade etc.

Baseada nesta leitura de poder, a concepção de território em Raffestin torna-se bastante ampla, o território como a "prisão" que os homens constroem para si, ou melhor, o espaço socialmente apropriado, produzido, dotado de significado. A idéia de controle do espaço está bastante evidente através do termo "prisão", mas a territorialidade não se restringe a um conjunto de relações de poder, ou melhor, a noção de poder de Raffestin é suficientemente ampla para incluir também a própria natureza econômica e simbólica do poder.

Citando Jean-William Lapierre, Raffestin afirma que "o poder se enraíza no trabalho. O trabalho seria esse vetor mínimo e original, definido por duas dimensões: a energia e a informação. O trabalho é a energia informada". Mas, mais do que energia, trabalho é "força dirigida, orientada, canalizada por um saber" (1993:56). Ao apropriar-se do trabalho, a sociedade capitalista o destrói, separando a energia da informação, o trabalho manual do trabalho intelectual, impedindo o homem de dispor de uma e de outra concomitantemente. Assim, "por esse mecanismo, os homens perderam sua capacidade original de transformação, que passou para as organizações", para as empresas:

> A destruição da unidade-trabalho se realizou pela alienação, isto é, pelo fato de que os produtos do trabalho se tornam output *cristalizados, de que se apropria uma organização específica que projeta seus trunfos estruturais para obter a equivalência forçada. (...) Contudo, os homens podem desejar a retomada do controle de seu poder original (...), o que significa entrar num universo conflitual, cuja natureza é puramente política. (...) Assim, a possibilidade do poder, e não o poder, se constrói sobre a apropriação do trabalho na sua qualidade de energia informada. O poder não pode ser definido pelos seus*

meios, mas quando se dá a relação no interior da qual ele surgiu (Raffestin, 1993:57-58).

Raffestin considera então como "trunfos" do poder a população, os recursos e o território. Aqui é melhor, retomando a crítica de Souza, adotar "materialidade do espaço" ao invés de "território", já que não há território sem recursos e, muito menos, sem "população"[23]. As "organizações", que são capazes de combinar energia e informação, pois se apropriaram da "unidade-trabalho", alienando o trabalhador, acabam por privilegiar a dimensão simbólica desses trunfos do poder:

Por sua ação, a organização que visa a extrema simplicidade, a expressão jamais alcançada do poder absoluto, tende a se interessar apenas pelos símbolos dos trunfos ["triunfos" na tradução brasileira]. *O ideal do poder é jogar exclusivamente com símbolos. É talvez o que, por fim, torna o poder frágil, no sentido de que cresce a distância entre trunfo real — o referencial — e trunfo imaginário — o símbolo* (Raffestin, 1993:60).

Na verdade, mais do que fragilidade, é de "força" que se trata, pois essa "distância" entre referente e símbolo, que hoje muitas vezes é indiscernível, confundindo-se completamente "realidade" e representação, transforma a dimensão "concreta" do poder e o insere num emaranhado de relações simbólicas em que o próprio território passa a "trabalhar" mais pelas imagens que dele produzimos do que pela realidade material-concreta, que nele construímos.

Robert Sack, ao contrário desta ênfase à "semiotização" do território (o domínio dos "territórios informacionais") feita por Raffestin, trabalha muito mais ao nível material. Para Sack, a noção de territorialidade (que ele utiliza de forma muito mais fre-

---

[23] Fato, por outro lado, reconhecido pelo próprio Raffestin, pois, "sem a população, ele [o território] se resume a apenas uma potencialidade, um dado estático (...)" (1993:58).

qüente do que território) é mais limitada: a territorialidade, esta "qualidade necessária" para a construção de um território, é incorporada ao espaço quando este media uma relação de poder que efetivamente o utiliza como forma de influenciar e controlar pessoas, coisas e/ou relações sociais — trata-se, simplificando, do controle de pessoas e/ou de recursos pelo controle de uma área. A fronteira e o controle do acesso, portanto, são atributos fundamentais na definição de territorialidade defendida pelo autor.

Por outro lado, Sack mantém igualmente uma escala muito ampla de território, que vai do nível pessoal, de uma sala, ao internacional, nunca restringindo-a, como fazem alguns cientistas políticos, ao nível do Estado nação. Tanto Sack quanto Raffestin propõem uma visão de territorialidade eminentemente humana, social, completamente distinta daquela difundida pelos biólogos, que a relacionam a um instinto natural vinculado ao próprio comportamento dos animais.

Apesar de Sack reconhecer que a territorialidade é uma "base de poder", não a encara como parte de um instinto, muito menos associa poder exclusivamente com agressividade. Outro aspecto importante é que nem toda relação de poder é "territorial" ou inclui uma territorialidade. A territorialidade humana envolve "o controle sobre uma área ou espaço que deve ser concebido e comunicado", mas ela é "melhor entendida como uma estratégia espacial para atingir, influenciar ou controlar recursos e pessoas, pelo controle de uma área e, como estratégia, a territorialidade pode ser ativada e desativada" (p. 1). O uso da territorialidade "depende de quem está influenciando e controlando quem e dos contextos geográficos de lugar, espaço e tempo". Apesar de centralizar-se na perspectiva política, Sack também reconhece as dimensões econômica ("uso da terra") e cultural ("significação" do espaço) da territorialidade, "intimamente ligada ao modo como as pessoas utilizam a terra, como elas próprias se organizam no espaço e como elas dão significado ao lugar".

Mais explicitamente, a territorialidade é definida por Sack como "a tentativa, por um indivíduo ou grupo, de atingir/afetar, influenciar ou controlar pessoas, fenômenos e relacionamentos, pela delimitação e afirmação do controle sobre uma área geográfica. Esta área será chamada território" (1986:6). Enquanto isso, Raffestin, numa visão bem mais ampla, considera territorialidade "o conjunto de relações estabelecidas pelo homem enquanto pertencente a uma sociedade, com a exterioridade e a alteridade através do auxílio de mediadores ou instrumentos" (1988:265).

Ao afirmar que a territorialidade pode ser ativada e desativada, Sack nos mostra a mobilidade inerente aos territórios, sua relativa flexibilidade. Ou seja, cai por terra a concepção tradicionalmente difundida de território como algo estático, ou dotado de uma grande estabilidade no tempo. Tal como ocorre com as identidades territoriais, a territorialidade vinculada às relações de poder, em Sack, é uma estratégia, ou melhor, um recurso estratégico que pode ser mobilizado de acordo com o grupo social e seu contexto histórico e geográfico.

As formas mais familiares de territorialidade humana são os territórios juridicamente reconhecidos, a começar pela propriedade privada da terra, mas a territorialidade se manifesta também em diversos outros contextos sociais. Em alguns momentos, Sack se aproxima de Raffestin; por exemplo, ao afirmar que "a territorialidade é uma expressão geográfica básica do poder social. É o meio pelo qual espaço e sociedade estão inter-relacionados" (1986:5). Embora haja efeitos territoriais universais, independentes do contexto histórico, outros são específicos de uma época. Na modernidade, por exemplo, a territorialidade tende a ser mais ubíqua e bastante mutável.

Um local, portanto, pode ser utilizado como um território num momento e não em outro — de forma bem distinta de Raffestin, aqui nem todo espaço socialmente apropriado/dominado se transforma em território, pois:

> *(...) circunscrever coisas no espaço, ou num mapa, como quando um geógrafo delimita uma área para ilustrar onde ocorre a cultura do milho ou onde está concentrada a indústria, identi-*

fica lugares, áreas ou regiões no sentido comum, mas não cria por si mesmo um território. Esta delimitação se torna um território somente quando suas fronteiras são usadas para afetar o comportamento pelo controle do acesso (Sack, 1986:19).

Uma região como o "Cinturão do Milho", nos Estados Unidos somente se torna um território caso, por exemplo, o governo a transforme numa região-programa de investimentos: "neste caso as fronteiras da região estão afetando o acesso aos recursos e ao poder. Elas estão moldando o comportamento e assim o lugar se torna território" (1986:19).

O autor reconhece também a existência de diversos níveis de territorialidade, conforme os diferentes graus de acesso às pessoas, coisas e relações, ou seja, seus níveis de permeabilidade, desde uma prisão de segurança máxima quase "impermeável" até a sala de espera de uma estação de trem, dia e noite acessível ao público.

Sack reconhece três relações interdependentes que estão contidas na definição de territorialidade:

— a territorialidade envolve uma forma de classificação por área (o que restringe sua noção de território ao que chamaremos aqui de territórios-zona, pautados numa lógica zonal ou areal, excluindo os territórios-rede ou de lógica reticular);
— a territorialidade deve conter uma forma de comunicação pelo uso de uma fronteira ("uma fronteira territorial pode ser a única forma simbólica que combina uma proposição sobre direção no espaço e uma proposição sobre posse ou exclusão" [1986:21]);
— a territorialidade deve envolver uma tentativa de manter o controle sobre o acesso a uma área e às coisas dentro dela, ou às coisas que estão fora através da repressão àquelas que estão no seu interior (1986:22).

Sintetizando, "a territorialidade deve proporcionar uma classificação por área, uma forma de comunicação por fronteira e uma forma de coação ou controle" (p. 28). O território se torna assim um dos instrumentos utilizados em processos que visam algum tipo de padronização — internamente a este território, e de classificação — na relação com outros territórios. Todos os que vivem dentro de seus limites tendem assim, em determinado sentido, a ser vistos como "iguais", tanto pelo fato de estarem subordinados a um mesmo tipo de controle (interno ao território) quanto pela relação de diferença que, de alguma forma, se estabelece entre os que se encontram no interior e os que se encontram fora de seus limites.

Por isso, toda relação de poder espacialmente mediada é também produtora de identidade, pois controla, distingue, separa e, ao separar, de alguma forma nomeia e classifica os indivíduos e os grupos sociais. E vice-versa: todo processo de identificação social é também uma relação política, acionada como estratégia em momentos de conflito e/ou negociação. Voltaremos a este ponto mais à frente.

Enquanto os "primitivos" usavam a territorialidade para delimitar e defender a terra como abrigo e como fonte de recursos (mas raramente utilizando-a para definir a si próprios, ressalta um pouco apressadamente o autor), no mundo moderno a competição acirrada se dá ora sobre o próprio espaço (na expansão colonial, por exemplo), ora sobre as coisas e relações efetivadas neste espaço. O Estado nação surge para promover tanto uma territorialidade, no sentido de controle do acesso, quanto no sentido de classificar e mesmo nomear as pessoas conforme seu lugar de nascimento. Toda existência "legal" dos indivíduos dependerá de sua condição territorial nacional.

É importante lembrar que, mesmo enfatizando sempre o território como instrumento concreto de poder, Sack não ignora sua dimensão simbólica. Ele não ignora o papel da cultura na definição da territorialidade, especialmente ao comparar os contextos sociais do Primeiro e do Terceiro Mundos. Pede cautela contra a total associação de mudanças territoriais com mudanças econômicas e políticas. "Assim como a cultura, a tradição e a história mediam a mudança econômica", afirma ele, "elas também mediam o modo como as pessoas e os lugares estão ligados, o modo como as pessoas usam a territorialidade e o modo como elas valorizam a terra."

Assim, mesmo na sociedade norte-americana são criadas "paisagens históricas" que fortalecem a idéia de pátria e de nação e o cotidiano das pessoas não envolve apenas um "espaço esvaziável", "frio e abstrato", onde o próprio ato de consumir "propõe criar contextos de afeto e significação". Em síntese, "a territorialidade, como um componente do poder, não é apenas um meio para criar e manter a ordem, mas é uma estratégia para criar e manter grande parte do contexto geográfico através do qual nós experimentamos o mundo e o dotamos de significado" (p. 219).

Tal como em Raffestin, trata-se aqui de uma visão ampliada de poder que apreende, pelo menos de um modo indireto, a concepção de poder simbólico na ótica de Bourdieu (1989). Entretanto, esta relação, digamos, indireta, entre poder num sentido mais material e poder num sentido simbólico, envolvendo a chamada "semiosfera" ou esfera da produção de significados, aparece de maneira mais explícita em Raffestin (1988). Este autor se refere a uma modernidade mais "temporalizada" do que "espacializada" onde "o território concreto tornou-se menos significativo do que o território informacional em matéria de territorialidade" (p. 183). Raffestin não vê uma "materialidade neutra", mas mergulhada em nossos sistemas de significação:

> *O território é uma reordenação do espaço na qual a ordem está em busca dos sistemas informacionais dos quais dispõe o homem enquanto pertencente a uma cultura. O território pode ser considerado como o espaço informado pela semiosfera* (p. 177). *(...) O acesso ou o não-acesso à informação comanda o processo de territorialização, desterritorialização das sociedades* (p. 272). *É a teoria da comunicação que comanda nos nossos dias a ecogênese territorial e o processo de T-D-R* (p. 182).

Esta discussão que muitas vezes contrapõe uma dimensão material e uma dimensão imaterial do território é muito relevante. Podemos dizer que há duas leituras possíveis: primeiro, dentro da esfera ontológica, entre aqueles que admitem uma existência efetiva do território — seja na visão materialista de um espaço geográfico concreto, empiricamente delimitável, seja na visão idealista de território como representação presente na consciência de determinada cultura ou grupo social; segundo, numa perspectiva epistemológica, entre os que promovem a noção de território, basicamente enquanto instrumento analítico para o conhecimento[24]. Neste caso, é claro, o território não é "a" realidade, não podendo ser delimitado nem no "terreno", materialmente falando, nem na "cultura", em sua realidade simbólica. Constitui-se apenas num apoio ou instrumento, ainda que indispensável, utilizado pelo geógrafo no caminho de entendimento da realidade (como na abordagem de região proposta por Hartshorne, 1939).

No nosso ponto de vista, o território não deve ser visto nem simplesmente como um objeto em sua materialidade, evidência empírica (como nas primeiras perspectivas lablacheanas de região), nem como um mero instrumento analítico ou conceito (geralmente *a priori*) elaborado pelo pesquisador. Assim como não é simplesmente fruto de uma descoberta frente ao real, presente de forma inexorável na nossa vida, também não é uma mera invenção, seja como instrumento de análise dos estudiosos, seja como parte da "imaginação geográfica" dos indivíduos.

Mesmo se focalizarmos nossa análise sobre essas "invenções" ou representações espaciais, elas também são instrumentos/estra-

---

[24] Lévy (Lévy e Lussault, 2003) fala da "opção epistemológica" como uma das nove definições possíveis de território: "procura-se aqui distinguir o real do conceito. O 'território' corresponde ao espaço socializado, ao 'espaço geográfico', à construção intelectual que permite pensá-lo. O objetivo é ao mesmo tempo o de afirmar o caráter social do objeto e de evitar confundir o real com o discurso que tenta construir a inteligibilidade" (Lévy e Lussault, 2003:907).

tégias de poder, na medida em que muitas vezes agimos e desdobramos relações sociais (de poder, portanto) em função das imagens que temos da "realidade". Como afirma Raffestin:

> (...) a imagem ou modelo, ou seja, toda construção da realidade, é um instrumento de poder e isso desde as origens do homem. Uma imagem, um guia de ação, que tomou as mais diversas formas. Até fizemos da imagem um "objeto" em si e adquirimos, com o tempo, o hábito de agir mais sobre as imagens, simulacros dos objetos, do que sobre os próprios objetos (1993:145).

Há quem diga que o caráter simbólico do território está se tornando cada vez mais presente, em detrimento de sua dimensão material, mais objetiva. Trata-se de um dos principais argumentos em favor dos processos ditos de desterritorialização, como se o território e, por extensão, o próprio poder que o envolve, pudessem ser definidos única e exclusivamente pela sua dimensão mais concreta.

Enquanto a economia globalizada torna os espaços muito mais fluidos, a cultura, a identidade, muitas vezes re-situa os indivíduos em micro ou mesmo mesoespaços (regiões, nações) em torno dos quais eles se agregam na defesa de suas especificidades histórico-sociais e geográficas. Não se trata apenas de que estamos, genericamente, "agindo mais sobre as imagens, os simulacros dos objetos, do que sobre os próprios objetos", como afirma Raffestin. A exclusão social que tende a dissolver os laços territoriais acaba em vários momentos tendo o efeito contrário: as dificuldades cotidianas pela sobrevivência material levam muitos grupos a se aglutinarem em torno de ideologias e mesmo de espaços mais fechados visando assegurar a manutenção de sua identidade cultural, último refúgio na luta por preservar um mínimo de dignidade.

De qualquer forma, uma noção de território que despreze sua dimensão simbólica, mesmo entre aquelas que enfatizam seu caráter eminentemente político, está fadada a compreender apenas uma parte dos complexos meandros dos laços entre espaço e poder. O poder não pode de maneira alguma ficar restrito a uma leitura materialista, como se pudesse ser devidamente localizado e "objetificado"[25]. Num sentido também aqui relacional, o poder como relação, e não como coisa a qual possuímos ou da qual somos expropriados, envolve não apenas as relações sociais concretas, mas também as representações que elas veiculam e, de certa forma, também produzem. Assim, não há como separar o poder político num sentido mais estrito e o poder simbólico.

Criar novos recortes territoriais — novos Estados ou municípios, por exemplo, é ao mesmo tempo um ato de poder no sentido mais concreto e o reconhecimento e/ou a criação de novas referências espaciais de representação social. Pode-se, com um novo recorte ou "fronteira", legitimar certas identificações sociais previamente existentes ou, o que é mais comum, ao mesmo tempo criar ou fortalecer outras. Como todo processo de representação territorial é altamente seletivo, somente alguns espaços serão "representativos" da(s) identidade(s) que eles ajudam a produzir ou reforçar.

Assim, podemos afirmar que o território, relacionalmente falando, ou seja, enquanto *mediação espacial do poder,* resulta da interação diferenciada entre as múltiplas dimensões desse poder, desde sua natureza mais estritamente política até seu caráter mais propriamente simbólico, passando pelas relações dentro do chamado poder econômico, indissociáveis da esfera jurídico-política. Em certos casos, como o de grandes conflitos territoriais de fundo étnico e religioso, a dimensão simbólico-cultural do poder se impõe com muita força, enquanto em outras, provavelmente as dominantes, trata-se mais de uma forma de territorialização, a fim de regular conflitos dentro da própria esfera política ou desta com determinados agentes econômicos.

Por isso, com base na distinção entre domínio e apropriação do espaço de Lefebvre (1986), propusemos que:

---

[25] Para uma rica análise das concepções de poder e sua relação com o espaço, a Geografia, ver Allen, 2003.

O território envolve sempre, ao mesmo tempo (...), uma dimensão simbólica, cultural, através de uma identidade territorial atribuída pelos grupos sociais, como forma de "controle simbólico" sobre o espaço onde vivem (sendo também, portanto, uma forma de apropriação), e uma dimensão mais concreta, de caráter político-disciplinar [e político-econômico, deveríamos acrescentar]: *a apropriação e ordenação do espaço como forma de domínio e disciplinarização dos indivíduos* (Haesbaert, 1997:42).

Lefebvre (1986) caracteriza a dominação do espaço a partir da transformação técnica, prática, sobre a natureza. Segundo ele, para dominar um espaço, especialmente na sociedade moderna, em geral a técnica impõe formas retilíneas, geométricas, "brutalizando" a paisagem. A dominação, que nasce com o poder político, vai cada vez mais se aperfeiçoando. Mas o conceito de dominação só adquire sentido quando contraposto, de forma dialética, ao conceito de apropriação — distinção que o próprio Marx, apesar de haver diferenciado apropriação de propriedade, não teria definido com clareza.

Com relação à *apropriação* do espaço, Lefebvre afirma:

De um espaço natural modificado para servir às necessidades e às possibilidades de um grupo, pode-se dizer que este grupo se apropria dele. A possessão (propriedade) não foi senão uma condição e mais freqüentemente um desvio desta atividade "apropriativa" que alcança seu ápice na obra de arte. Um espaço apropriado assemelha-se a uma obra de arte, o que não significa que seja seu simulacro (p. 192, destaques do autor).

Em outro momento, a relação entre apropriação e dimensão simbólica fica ainda mais evidente quando Lefebvre se refere aos espaços mais efetivamente "apropriados" como aqueles ocupados por símbolos: "(...) os jardins e os parques que simbolizam a natureza absoluta, ou os edifícios religiosos que simbolizam o poder e o saber, ou seja, o absoluto puro e simples" (1986:423).

Ao longo de *La Production de l'Espace*, encontramos várias associações entre dominação e apropriação e outros binômios, como quantidade e qualidade, diferença induzida e diferença produzida, Logos e Eros (desejo) e, especialmente, troca e uso. Sobre estes últimos, Lefebvre comenta:

> *O uso reaparece em acentuado conflito com a troca no espaço, pois ele implica "apropriação" e não "propriedade". Ora, a própria apropriação implica tempo e tempos, um ritmo ou ritmos, símbolos e uma prática. Tanto mais o espaço é funcionalizado, tanto mais ele é dominado pelos "agentes" que o manipularam tornando-o unifuncional, menos ele se presta à apropriação. Por quê? Porque ele se coloca fora do tempo* vivido, *aquele dos usuários, tempo diverso e complexo* (Lefebvre, 1986:411-412, destaque do autor).

Outra luta acirrada é identificada pelo autor entre as forças racionalizadoras do "Logos", vinculado à dominação, e as forças mais subjetivas do "Eros", vinculado à apropriação. Enquanto o Logos "inventoria, classifica", associando saber e poder, Eros ou "o grande desejo nietzschiano" tenta superar as separações entre obra e produto, repetitivo e diferencial, necessidade e desejo. Do lado do Logos se apresentam as forças que visam controlar e dominar o espaço: "a empresa e o Estado, as instituições e a família, o *estabelecimento* e a ordem estabelecida, as corporações e os corpos constituídos". Do lado de Eros estão "as forças que tentam a apropriação do espaço: as diversas formas de autogestão das unidades territoriais e produtivas, as comunidades, as elites que querem mudar a vida e que tentam sobrepujar as instituições políticas e os partidos" (p. 451) e que se colocam francamente ao lado da idéia de criação de contra-espaços efetivamente autônomos.

Poderíamos dizer que o território, enquanto relação de dominação e apropriação sociedade-espaço, desdobra-se ao longo de um *continuum* que vai da dominação político-econômica mais "concreta" e "funcional" à apropriação mais subjetiva e/ou "cultural-simbólica". Embora seja completamente equivocado separar estas esferas, cada grupo social, classe ou instituição pode "territorializar-se" através de processos de caráter mais funcional (econômico-político) ou mais simbólico (político-cultural) na relação que desenvolvem com os "seus" espaços, dependendo da dinâmica de poder e das estratégias que estão em jogo. Não é preciso dizer que são muitos os potenciais conflitos a se desdobrar dentro desse jogo de territorialidades.

Para Lefebvre, dominação e apropriação do espaço deveriam andar juntas, "mas a história (aquela da acumulação) é também a história da sua separação, da sua contradição. Quem vence é o *dominante*" (1986:193). Embora inicialmente tenha havido apropriação sem dominação, gradativamente, com o papel crescente dos exércitos, da guerra e do poder político do Estado, aumentam as contradições e os conflitos entre esses dois processos, e é a dominação que finalmente se impõe, reduzindo drasticamente os espaços efetivamente "apropriados". Assim, de acordo com o grupo e/ou a classe social, o território pode desempenhar os múltiplos papéis de abrigo, recurso, controle e/ou referência simbólica. Enquanto alguns grupos se territorializam numa razoável integração entre dominação e apropriação, outros podem estar territorializados basicamente pelo viés da dominação, num sentido mais funcional, não apropriativo.

O fato de considerarmos o território num sentido amplo, multidimensional e multiescalar, jamais restringindo-o a um espaço uniescalar como o do Estado nação, não implica menosprezar suas especificidades geo-históricas, sua diferenciação de acordo com os contextos históricos e geográficos em que é produzido.

Mesmo se privilegiarmos a definição mais estrita de Sack, do território como controle de processos sociais pelo controle da acessibilidade através do espaço, é imprescindível verificar o quanto este "controle" muda de configuração e de sentido ao longo do tempo. Enquanto nas sociedades modernas "clássicas", ou sociedades disciplinares, como afirmou Foucault, dominavam os territórios-zona que implicavam a dominação de áreas (a expansão imperialista pelo mundo até "fechar" o mapa-múndi em termos de um grande mosaico estatal é o exemplo de maior amplitude), o que vemos hoje é a importância de exercer controle sobre fluxos, redes, conexões (a "sociedade de controle" tal como denominada por Deleuze, que focalizaremos no Capítulo 6).

Territorializar-se, desta forma, significa criar mediações espaciais que nos proporcionem efetivo "poder" sobre nossa reprodução enquanto grupos sociais (para alguns também enquanto indivíduos), poder este que é sempre multiescalar e multidimensional, material e imaterial, de "dominação" e "apropriação" ao mesmo tempo. O que seria fundamental "controlar" em termos espaciais para construir nossos territórios no mundo contemporâneo? Além de sua enorme variação histórica, precisamos considerar sua variação geográfica: obviamente territorializar-se para um grupo indígena da Amazônia não é o mesmo que territorializar-se para os grandes executivos de uma empresa transnacional. Cada um desdobra relações com ou por meio do espaço de formas as mais diversas. Para uns, o território é construído muito mais no sentido de uma área-abrigo e fonte de recursos, a nível dominantemente local; para outros, ele interessa enquanto articulador de conexões ou redes de caráter global.

Voltemo-nos então para a especificidade histórica do território e, mais propriamente, da territorialidade contemporânea, onde, afirma-se, estão proliferando mais os processos de desterritorialização do que de (re)territorialização. O que mudou em relação ao mundo moderno e em relação às sociedades mais tradicionais? Haveria, afinal, uma "desterritorialização pós-moderna" a superar a "territorialização moderna", ou seria mais propriamente uma nova forma de territorialização, convivendo lado a lado com diversas outras formas, distintas e historicamente cumulativas?

Uma das propostas mais interessantes é aquela que coloca a possibilidade, hoje, da construção de territórios no e pelo movimento, "territórios-rede" descontínuos e sobrepostos, superando em parte a lógica político-territorial zonal mais exclusivista do mundo moderno. As propostas inovadoras de território e de desterritorialização na filosofia de Deleuze e Guattari, apesar das restrições que fazemos à sua fundamentação pós-estruturalista e às vezes excessiva abrangência de suas conceituações, podem trazer algumas pistas para a articulação dessas novas leituras.

3

Território e Desterritorialização em Deleuze e Guattari[1]

> *(...) construímos um conceito de que gosto muito, o de desterritorialização. (...) precisamos às vezes inventar uma palavra bárbara para dar conta de uma noção com pretensão nova. A noção com pretensão nova é que não há território sem um vetor de saída do território, e não há saída do território, ou seja, desterritorialização, sem, ao mesmo tempo, um esforço para se reterritorializar em outra parte.*
> (Deleuze no vídeo "L'abécédaire de Gilles Deleuze", filmado em 1988 por Claire Parnet.)

Falar em desterritorialização leva obrigatoriamente à obra dos filósofos franceses Gilles Deleuze e Félix Guattari. Como afirma Deleuze nesta citação introdutória, eles precisaram inventar uma "palavra bárbara" para identificar um processo com "pretensão nova", a entrada e saída do território. Embora tenhamos dúvidas se foram eles, efetivamente, os "inven-

---

[1] Uma versão prévia e resumida deste capítulo foi publicada originalmente como artigo (Haesbaert, R. e Bruce, G. [2002]. "A desterritorialização na obra de Deleuze e Guattari." *Revista Geographia*, n? 7, Niterói), juntamente com o geógrafo Glauco Bruce, com quem compartilho a autoria e a quem agradeço a imprescindível contribuição.

tores" do termo, é fato que a maior ênfase ao território como processo, como permanente "tornar-se" e desfazer-se, foi dada por eles[2]. Não se trata, portanto, de buscar paternidades, mas de reconhecer a importância de Deleuze e Guattari como os principais teóricos da des-territorialização, tanto no sentido onto-epistemológico, por um território em constante fazer-se, quanto axiológico, de um certo "elogio" da desterritorialização.

Como afirma Kaplan (2000), com seu "pensamento nômade", Deleuze e Guattari estão entre os grandes "teóricos europeus pós-estruturalistas do deslocamento [*displacement*]" (p. 86). Embora nem todas as análises dêem a mesma ênfase a esta noção, desterritorialização é um de seus conceitos-chave. "Toda a prática do pensamento deleuziano", diz Antonioli (1999:53), "é um processo de 'desterritorialização', de passagem perpétua de um território ao outro", rompendo os limites entre estética, ética e política.

Nossa análise irá se concentrar basicamente nas obras *O Anti-Édipo* (Deleuze e Guattari, s/d; publicação original: 1972), *Dialogues* (Deleuze e Parnet, 1987 [1977]), *Mil Platôs* (Deleuze e Guattari, 1980) e *O que É a Filosofia?* (Deleuze e Guattari, 1991), fazendo alguma referência, também, a *Kafka, pour une littérature mineure* (Deleuze e Guattari, 1975). Pela análise destes trabalhos pode-se afirmar que houve uma gradativa ampliação no uso do conceito, começando por uma associação com o sentido psicológico lacaniano de "territorialização", nas primeiras alusões de Guattari ao termo, nos anos 1960, passando pela análise das des-territorializações na máquina de produção desejante do capitalismo, nos

---

[2] Deleuze, em *Dialogues* (Deleuze e Parnet, 1987:134), afirma que foi Félix Guattari quem inventou as palavras territorialização e desterritorialização. Segundo Bogue (1999), Guattari começou a fazer uso dos conceitos de des-re-territorialização em discussões de psicologia de grupo, a propósito da identificação das massas com um líder carismático, "uma territorialização imaginária, uma corporificação de grupo fantasmática que encarna subjetividade", e da tendência do capitalismo como força decodificadora e desterritorializadora (F. Guattari em *Psychanalyse et transversalité* [1972: 164]; *apud* Bogue, 1999:86).

anos 1970, até a vasta concepção natural, sociológica e filosófica de território em *Mil Platôs* e *O que É a Filosofia*, nos anos 1980-90.

É necessário destacar a forte vinculação da obra dos autores com a Geografia, principalmente (mas não apenas) através do conceito de desterritorialização[3]. Devemos antes de tudo pensar a territorialização e a desterritorialização como processos concomitantes, fundamentais para compreender as práticas humanas. Não são poucos, contudo, os mal-entendidos na tradução dos sentidos em que a expressão é utilizada. Nosso objetivo primeiro é, assim, elucidar um pouco mais a concepção de des-re-territorialização tal como eles nos apresentam, cientes do grande potencial que ela nos reserva para novas explorações no campo da Geografia. O caminho que iremos trilhar para o entendimento desta noção passa primeiro por uma breve abordagem da filosofia deleuze-guattariana em sua relação com a Geografia, segue depois pela noção de território, e, enfim, pela concepção de desterritorialização propriamente dita (tanto em seu sentido absoluto quanto relativo).

3.1. Conceitos para a Geografia?

A relação entre Deleuze-Guattari e a Geografia pode ser vista em duas perspectivas: a primeira, através da presença de questões ou de uma abordagem geográfica na sua própria obra, mesmo que sem alusões explícitas ao discurso dos geógrafos; a segunda, pelo discurso geográfico que faz uso da filosofia de Deleuze e Guattari. Começaremos pela segunda abordagem: o olhar geográfico sobre a obra destes autores.

Cabe lembrar, de saída, o quanto é relativamente recente o diálogo da Geografia com a obra destes filósofos. Mesmo na literatura anglo-saxônica, que é fundamentalmente onde eles se encontram presentes, o dicionário de maior referência (Johnston *et al.*,

---

[3] Para uma visão mais ampla da "leitura espacial" em Deleuze e Guattari, ver Casey (1996, especialmente as pp. 301-308).

2000)[4] e trabalhos marcantes, tidos por seus autores como partilhando um pensamento "pós-moderno", em especial os de Harvey (1992[1989]) e Soja (1993[1989]), trazem uma leitura de autores pós-estruturalistas, como Foucault, e destacam sua contribuição para o diálogo com a Geografia, mas pouca ou nenhuma referência fazem às obras de Deleuze e Guattari. Apenas *O Anti-Édipo* é citado por Harvey e nenhuma citação dos autores é feita por Soja[5].

O mesmo crivo dialético histórico-materialista com que os autores leram Foucault poderia, com as reconhecidas limitações, ser utilizado para a leitura de Deleuze e Guattari. Apesar das sérias divergências com o materialismo dialético, é possível traçar vários pontos de conexão entre o marxismo e o chamado pós-estruturalismo. Para Hardt (1993), por exemplo, o pós-estruturalismo não deve ser avaliado pelas oposições que cria, pois o que ele propõe são "nuanças e alternativas", sendo da sua natureza não se colocar em oposição binária ou contraditória com outras formas de pensamento.

Uma das melhores revelações da profunda perspectiva sociocrítica de Félix Guattari encontra-se no intenso diálogo travado com o Partido dos Trabalhadores brasileiro, reproduzido principalmente na obra escrita com Suely Rolnik nos anos 1980 (Guattari e

---

[4] A única referência a Deleuze e Guattari nesse dicionário ocorre no verbete "rizoma", escrito por Nigel Thrift. Gostaríamos de ressaltar que, diferentemente, o dicionário francês de Geografia *Dictionnaire de la Géographie et de l'espace* (Lévy e Lussault, 2003) introduziu os verbetes "Deleuze e Guattari" (Thierry Paquot) e "desterritorialização" (de nossa autoria).

[5] Mesmo em seus últimos livros, *Thirdspace* e *Postmetropolis*, Soja (1996 e 2000, respectivamente) faz referências pontuais a Deleuze e a Guattari, ora em meio a outros autores, ora em citações rápidas, com destaque apenas para esta, reproduzida de forma idêntica nas duas obras: "Henri Lefebvre sugere que o poder sobrevive pela produção do espaço; Michel Foucault sugere que o poder sobrevive pelo espaço disciplinar; Gilles Deleuze e Félix Guattari sugerem que, para reproduzir o controle social, o Estado deve reproduzir o controle espacial. O que eu espero sugerir é que o espaço do corpo humano é talvez o local mais crítico para observar a produção e reprodução do poder" (1996:114 e 2000:361).

Rolnik, 1986), bem como em sua obra *Revolução Molecular: Pulsações Políticas do Desejo* (Guattari, 1987). Apesar de ter uma perspectiva bastante crítica em relação a Deleuze, Jameson (1999) é enfático no reconhecimento de suas ligações com o marxismo:

> *Penso que Deleuze está sozinho entre os grandes pensadores do assim chamado pós-estruturalismo, tendo concedido a Marx um papel absolutamente fundamental na sua filosofia — ao descobrir neste encontro com Marx o evento mais energizante de seus últimos trabalhos* (p. 15).

Para Patton (2000), "embora eles não fossem marxistas em nenhum sentido doutrinal, uma temática anticapitalista impregna todos os seus escritos (...). Deleuze afirma sua simpatia por Marx e descreve o capitalismo como um fantástico sistema de fabricação de grande riqueza e de grande sofrimento" (p. 6). Esta ligação com o marxismo fica clara nas próprias palavras de Deleuze:

> *Creio que Félix Guattari e eu, talvez de maneiras diferentes, continuamos ambos marxistas. É que não acreditamos numa filosofia política que não seja centrada na análise do capitalismo e de seu desenvolvimento. O que mais nos interessa em Marx é a análise do capitalismo como sistema imanente que não pára de expandir seus próprios limites, reencontrando-os sempre numa escala ampliada, porque o limite é o próprio Capital* (Deleuze, 1992:212).

Embora autores como Antonio Negri proponham uma "renovação" do marxismo a partir da filosofia de Deleuze e Guattari, Patton destaca suas profundas divergências:

> *Apesar de sua adoção de aspectos da teoria social e econômica de Marx, existem pontos significativos nos quais Deleuze e Guattari abandonam as visões marxistas tradicionais. Eles rejeitam a filosofia marxista da história em favor de uma tipo-*

logia diferencial dos macro e microagenciamentos que determinam o caráter da vida social. Rejeitam a idéia de que a contradição é o motor do progresso histórico e argumentam que a sociedade é definida menos pelas suas contradições do que por suas linhas de fuga ou desterritorialização[6]*. Rejeitam qualquer consideração interna ou evolucionista sobre as origens do Estado (...) [e] rejeitam o determinismo econômico (...)* (p. 6).

Mais recentemente, os geógrafos têm assumido explicitamente posições ditas pós-estruturalistas (ou, mais comumente, de forma homóloga, pós-modernistas[7]), dirigindo um outro olhar para trabalhos como os de Derrida e Deleuze, curiosamente muito mais no Reino Unido e nos Estados Unidos do que na França, terra dos dois filósofos.

Um rápido balanço (não exaustivo) dos geógrafos que se posicionam frente ao pensamento deleuze-guattariano permitiu-nos identificar três vertentes:

— aqueles amplamente favoráveis à abordagem deleuziana, e que a incorporam plenamente, destacando-se Thrift (1995, 1997) e, de uma forma mais radical, o trabalho de Doel

---

[6] A este respeito, encontramos a seguinte afirmação do próprio Deleuze: "uma sociedade nos parece definir-se menos por suas contradições do que por suas linhas de fuga, ela foge por todos os lados, e é muito interessante tentar acompanhar em tal ou qual momento como as linhas de fuga se delineiam" (Deleuze, 1992:212). Ele considera também "as minorias [que não são obrigatoriamente minorias em sentido quantitativo] de preferência às classes" (p. 212).

[7] Peters (2000) propõe uma distinção entre as duas correntes, enfatizando "a peculiaridade filosófica do pós-estruturalismo como um movimento que começa na França no início dos anos 1960 e que tem fontes específicas de inspiração no trabalho de (...) Nietzsche e Heidegger. O pós-modernismo, em contraste, desenvolve-se a partir do contexto do alto modernismo estético, da história da *avant-garde* artística ocidental que se seguiram à crise de representação que culminou com o cubismo, o dadaísmo e o surrealismo" (p. 17).

(1999), cujo livro *Geografias Pós-estruturalistas* encontra-se em parte inspirado (de forma exagerada, na nossa opinião) no "nomadismo", na "esquizoanálise", nas "dobras" e na desterritorialização de Deleuze e Guattari;
— os que reconhecem e defendem a perspectiva pós-estruturalista de Deleuze e Guattari, mas mantêm um maior distanciamento crítico, não a abraçando com tanta ênfase e realizando cruzamentos, seja com o marxismo (como em Schurmer-Smith e Hannam [1994] e Gibson-Graham [1996, 1997]) ou com a teoria da rede-ator (Whatmore, 2002);
— os que se colocam explicitamente contrários a Deleuze e a Guattari, geralmente a partir de uma fundamentação marxista, como Peet (1998).

Seguindo a lógica do pensamento de Deleuze e Guattari, Doel vê o espaço como algo sempre em processo, um permanente "tornar-se" (ou "devir", segundo a tradução brasileira). Para ele, "se algo existe, é apenas enquanto confluência, interrupção e coagulação de fluxos". Em conseqüência, não há "última instância" ou estrutura primeira, solidez e fluidez nunca estão separadas, "a permanência é um efeito especial da fluidez" (p. 17). Por isso, o espaço é, antes de tudo, um processo, uma "espacialização" (*spacing*).

Thrift (1995) é outro autor que defende as posições de Deleuze e Guattari e um dos que mais aprofunda esta leitura. Buscando uma "teoria da prática", ele parte da análise de duas correntes que distingue dentro do pós-estruturalismo. A primeira, "representacional-referencial", e que envolve autores como Derrida e Lyotard, ainda se encontraria envolvida por um "espírito sistemático" iluminista, enquanto na segunda, vinculada a autores como Foucault e Deleuze-Guattari e com a qual o autor se identifica, há ecos de outros "teóricos da prática" que ele admira, como Bruno Latour.

Para Thrift, "Deleuze indica modos de escrever o mundo que são contínuos, que não se estabilizam num conceito de quadro do mundo (...)" (p. 28). Trata-se, assim, de uma leitura de mundo que valoriza os contextos, que nunca são totalmente explicados ou determinados. E trata-se sobretudo de contextos espaciais — como comenta Casey (1998), Deleuze e Guattari têm uma "extrema sensibilidade" para "questões concretas de situação [*implacement*]", o que se manifesta por "sua convicção de que *onde algo está situado* tem tudo a ver com o *como ele está estruturado*" (p. 302, grifos do autor).

Por fim, Thrift acredita que, no vazio de tratamento espacial que caracteriza o pós-estruturalismo, Deleuze e Guattari seriam as exceções[8]. O mais importante é que esta espacialidade seria antes de tudo movimento e encontro:

> *No mundo de Deleuze e Guattari há somente direção e movimento, nunca alguma estação fixa ou lugares finais. A espacialidade também exerce uma pressão extra: o espaço se torna um contínuo encontro, e o pensamento é uma conseqüência do estímulo do encontro (e não vice-versa)* (Thrift, 1997:133).

Schurmer-Smith e Hannam (1994), embora de modo bem mais sutil, assumem de forma muito explícita sua fundamentação teórica pós-estruturalista. Logo na Introdução do livro, destacam a admiração que têm por Deleuze e Guattari, por "sua rejeição de estruturas simples, seu questionamento da racionalidade e sua priorização do desejo na interpretação do mundo" (p. 1). Adotando esta filosofia, os autores, tal como Doel, dão mais importância ao "devir" (*becoming*) do que ao "ser", tudo parecendo "negociável, contingente, incompleto" (p. 2). Whatmore (2002), por sua vez, em suas *Geografias Híbridas,* faz uma das utilizações ao nosso ver mais sensatas da filosofia de Deleuze e Guattari, inclusive da sua "desterritorialização" num sentido aplicado, investigando fenômenos concretos e aliando em seu raciocínio a teoria da rede-ator, a bio-filosofia e outras propostas teóricas pós-estruturalistas.

---

[8] Pode-se discordar desta afirmação a partir da leitura de Casey (1998), especialmente o Capítulo 12 (pp. 285-330), intitulado *Giving a Face to Place in the Present: Bachelard, Foucault, Deleuze and Guattari, Derrida, Irigaray.*

Uma análise recente da história do pensamento geográfico, talvez a primeira que dá destaque ao papel de Deleuze em relação à Geografia, e de modo amplamente favorável, é a de Hubbard *et al.* (2002). Os autores reservam três páginas e um "*box*" à obra de Deleuze, considerada "repleta de extraordinárias metáforas e passagens muitas vezes impenetráveis"[9], mas também — certamente enfatizando a obra *O Anti-Édipo* — uma "tentativa marcante de retrabalhar as idéias de duas das mais importantes influências do século XX — Marx e Freud — para desenvolver uma filosofia materialista verdadeiramente revolucionária e crítica" (p. 90).

Numa outra leitura, oposta à dos autores até aqui comentados, Peet (1998), nas duas páginas do item de seu livro sobre o pensamento geográfico que dedica à "esquizoanálise" de Deleuze e Guattari, faz uma crítica contundente, mas no nosso ponto de vista apressada, a um trabalho que considera "anárquico", "uma geografia nietzscheana de forças e intensidade levadas para além de todos os limites" (p. 212).

Tudo isto permite perceber a polêmica que está envolvida na obra dos dois autores. Bem se pode perceber, a partir da análise destas abordagens geográficas da filosofia deleuze-guattariana, o quanto ela está sujeita a interpretações divergentes e até mesmo diametralmente opostas, entre o estruturalismo e o pós-estruturalismo, o materialismo e o idealismo, a "revolução" e o conservadorismo. Isto já nos prepara para as dificuldades que iremos enfrentar ao encararmos o pensamento dos autores sobre a desterritorialização.

Embora a concepção de desterritorialização seja central na obra de Deleuze e Guattari, nenhum dos geógrafos que trataram

---

[9] Esta idéia de "abuso das metáforas", relativamente freqüente entre os intérpretes de Deleuze e Guattari, é contestada por Patton (1997), que afirma que se tratam efetivamente de novos conceitos, tese que é defendida pelo próprio Deleuze ao distinguir entre dois tipos de noções científicas, aquelas "exatas" em natureza, que o filósofo só pode usar metaforicamente, e aquelas "essencialmente inexatas" e que pertencem assim "igualmente a cientistas, filósofos e artistas".

destes autores concentrou sua análise neste tema. Somente autores fora da Geografia, como Holland (1991), Kaplan (2000) e Patton (2000), enfatizaram especificamente a desterritorialização. Por isso, ainda que não comunguemos da mesma forma com as posições filosóficas de nossos dois autores, consideramos este trabalho uma contribuição importante, enquanto leitura centrada na sua percepção de território e sua dinâmica de destruição e reconstrução.

De uma outra perspectiva, a da "geografia" na própria obra de Deleuze e Guattari, podemos dizer que, de várias maneiras, ela encontra-se amplamente presente. Roberto Machado (1990) dá ênfase à "geograficidade" da genealogia deleuzeana, afirmando:

> *Sua característica mais elementar é o fato de ela se propor mais como uma geografia do que propriamente como uma história, no sentido em que, para ela, o pensamento, não apenas e fundamentalmente do ponto de vista do conteúdo, mas de sua própria forma, em vez de constituir sistemas fechados, pressupõe eixos e orientações pelos quais se desenvolve. O que acarreta a exigência de considerá-lo não como uma história linear e progressiva, mas privilegiando a constituição de espaços, de tipos* (p. 9).

Machado fala então de uma "geografia do pensamento" deleuzeana, "profundamente dualista", baseada em dois espaços heterogêneos e antagônicos, propriedade não apenas da filosofia, mas do pensamento em geral. Deleuze chega até mesmo "a utilizar a expressão 'dualidade primordial' para situar a relação entre dois tipos de espaço: o espaço liso (vetorial, projetivo, topológico) e o espaço estriado (métrico)" (1990:11)[10].

---

[10] Machado comenta aqui o Capítulo 14 de *Mil Platôs*, "O Liso e o Estriado", um dos mais geográficos dos autores. Este "dualismo" é questionado por outros autores; Mengue (2003), por exemplo, ao comentar a "dupla face do social", molar ou segmentaridade rígida e molecular ou segmentaridade flexível e mutante, afirma que as dualidades, enquanto oposições binárias, formam a dimensão "dura" das instituições de poder, inseparável, porém, da dimensão plural e múltipla, "rizomática", alheia a todo tipo de dualismo.

Uma das principais dificuldades em se trabalhar com um conceito na obra de Deleuze e Guattari, seja ele a desterritorialização, o duo molar-molecular ou o rizoma, é que conceito para eles é algo fugidio, literalmente "rizomático" e múltiplo ("articulação, corte e superposição"), fazendo sempre referência a outros conceitos[11] (tanto em seu passado quanto em seu presente e em seu devir [Deleuze e Guattari, 1992]). Mas, o que é ainda mais relevante, o conceito é criado e pensado pela filosofia, não se trata do conceito científico:

O conceito é o contorno, a configuração, a constelação de um acontecimento por vir. Os conceitos, neste sentido, pertencem de pleno direito à filosofia, porque é ela que os cria, e não cessa de criá-los. O conceito é evidentemente conhecimento, mas conhecimento de si, e o que ele conhece é o puro acontecimento, que não se confunde com o estado de coisas no qual se encarna. Destacar sempre um acontecimento das coisas e dos seres é a tarefa da filosofia quando cria conceitos, entidades. Erigir o novo evento das coisas e dos seres, dar-lhes sempre um novo acontecimento: o espaço, o tempo, a matéria, o pensamento, o possível como acontecimentos... (1992:46).

Poderíamos alegar que há um "potencial idealista" nesta proposição (o conceito como conhecimento, mas conhecimento do conhecimento). Mas isto seria reduzir o pensamento deleuzeano a um sentido clássico, representacional. Para eles, o próprio conceito é um acontecimento, "o novo evento das coisas e dos seres". Eles

---

[11] Alliéz (1993) afirma que "o conceito do conceito é o conceito dando a *perceber* a modalidade de sua aparição na descrição de suas operações e de sua organização interna de multiplicidade processual (neste sentido, criar conceitos é fazer de todo conceito o conceito de seu próprio conceito: o conceito como criação, processo singular, não-universal: autoposição do conceito. Teremos percebido que os 'grandes' conceitos criados por Deleuze e Guattari são todos conceitos de conceito?)" (p. 100, grifo do autor).

ressaltam freqüentemente que não se trata de separar o conteúdo da expressão, a natureza da história, o material do imaterial.

Deleuze "considera o campo que é o conceito como sendo *absolutamente real*. É absoluto no sentido de que não está em lugar algum nas coordenadas de extensão de espaço-tempo, e é também perspectivo, pois a variação do campo aborda sempre, sob um certo ângulo, uma singularidade da sua própria co-presença" (Massumi, 1996:39).

A filosofia oscilaria entre um "ignorar tudo a respeito do conceito" (que seria então delegado ao âmbito da ciência) e um "conhecimento de pleno direito e de primeira mão, a ponto de nada dele deixar para a ciência, que, aliás, não tem nenhuma necessidade dele e que só se ocupa de estado de coisas e de suas condições". O conceito da filosofia seria uma espécie de "conceito primeiro", talvez pudéssemos dizer, e a grandeza da filosofia "avalia-se pela natureza dos acontecimentos aos quais seus conceitos nos convocam, ou que ela nos torna capazes de depurar em conceitos" (Deleuze e Guattari, 1992:47)[12].

A criação de conceitos seria "um problema de vizinhança, de conexão de um com o outro, um problema de repartição de conceitos e não de atribuição de um conceito a um domínio da realidade", diz Antonioni (1999:56). O pensamento e o seu devir seriam uma questão referente a grupos humanos, meios, territórios, tratando-se "mais de geografia do que de história". Holland (1996) utiliza o termo "transformadores" (*transformers*) para enfatizar o poder de transformação desses conceitos. Ao contrário da ciência, que busca especificar e estabilizar domínios específicos do real, os conceitos na filosofia intervêm em problemáticas para desestabilizar, criando novas conexões não só com outros conceitos como com o próprio

---

[12] Para um maior aprofundamento, sugerimos a leitura do livro *O que É a Filosofia?* (1992), onde os autores vão distinguir conceitos filosóficos de conceitos científicos (que eles vão chamar de funções), assim como a interpretação feita por Patton (2000), especialmente no Capítulo 2, "Concept and Image of Thought".

contexto histórico-geográfico. Trata-se, pois, de saber mais como o conceito "funciona" ou o que se pode "fazer" com ele do que propriamente explicar seu significado. Assim, os conceitos "não possuem um conteúdo independente, autônomo, a não ser o que eles adquirem através do uso num contexto" (Holland, 1996:240).

Esta valorização dos contextos ou daquilo que Deleuze e Guattari denominam de *"milieu"* dá à Geografia um papel central na obra dos autores. O novo paradigma, diz Eric Alliéz, envolve pensar em termos de devir e não de evolução, em qualidades expressivas e não em funções, um pensamento processual, "novo paradigma estético implicando o gesto experimental de uma razão contingente, mais geográfica e etológica do que histórica (...)" (p. 94). É, no mínimo, curioso como, num pensamento centrado no movimento, nas conexões, a dimensão geográfica, e não a histórica, emerja com tamanha força. Trata-se, por certo, da valorização das simultaneidades, dos devires e de um tipo específico de conexão, o do "rizoma", ou seja, muito mais os contextos e interações do que as filiações e as sucessões.

Isto se deve, em grande parte, ao fato de Deleuze e Guattari distinguirem devir (a criação do novo) e história. Nas próprias palavras de Deleuze, "devires pertencem à geografia, são orientações, direções, entradas e saídas" (Deleuze e Parnet, 1987, *apud* Gibson-Graham, 1996:84). Segundo Mengue (2003), uma análise puramente histórica omite o "essencial", que é a criação, o "intempestivo", o inesperado e o surpreendente:

O devir deleuzeano necessita da história (dos estados de coisas) para não permanecer indeterminado (ele não é separável), mas ele escapa da história, nunca coincide nem se reduz ao que é empiricamente constatável, observável numa sucessão histórica centrada nos três momentos do passado, do presente e do futuro. O devir irrompe no tempo, mas não provém dele, não se reduz a ele (pp. 26-27).

Por mais polêmicas que sejam estas proposições, devemos reconhecer que há muitas pontes a serem construídas sob a inspiração da "des-reterritorialização" deleuze-guattariana, incluindo sem dúvida a possibilidade de, à luz da geograficidade dos eventos, reconstruí-la, recriá-la, reconduzindo-a por outros caminhos. Em síntese, nosso objetivo é enriquecer o pensamento geográfico através do desvendamento da concepção de desterritorialização em Deleuze e Guattari, sobretudo enquanto questão filosófica, mas também pelo seu potencial, muitas vezes implícito, na construção de um projeto político e de um espaço efetivamente criativo-transformador. Patton (2000) afirma que a idéia de filosofia de Deleuze e Guattari, como formuladora de conceitos que são inseparáveis da realidade vivida, implica que "o teste desses conceitos" seja "fundamentalmente pragmático: no final, seu valor é determinado pelos usos que se pode fazer deles, tanto no interior quanto no exterior da filosofia" (p. 6).

3.2. As multiplicidades, o rizoma e as segmentaridades

A filosofia de Deleuze e Guattari é denominada pelos próprios autores uma "teoria das multiplicidades", colocando-se assim entre os polêmicos autores ligados às chamadas filosofias da diferença, que tanto marcam a chamada pós-modernidade. Embora eles nunca tenham utilizado o termo "pós-moderno" para caracterizar suas obras (Guattari chegou mesmo a condenar a noção de pós-modernidade), não há dúvida de que eles se situam, no mínimo, no limiar da modernidade. Para Mengue (2003), "o pensamento deleuzeano ocupa uma posição dupla, ambivalente, um pé situado no ocaso da modernidade e da vanguarda revolucionária, outro no surgimento da pós-modernidade que vela a Revolução" (p. 14).

As multiplicidades constituem a própria realidade, propondo assim superar as dicotomias entre consciente e inconsciente, natureza e história, corpo e alma. Embora os autores reconheçam que subjetivações, totalizações e unificações são "processos que se produzem e aparecem nas multiplicidades", estas "não supõem nenhuma unidade, não entram em nenhuma totalidade e tampouco remetem a um sujeito" (Deleuze e Guattari, 1995a:8). Seu "modelo de realização", portanto, não é a hierarquia da árvore-raiz, mas a pluralidade do rizoma.

Deleuze e Guattari, assim, constroem seu pensamento através do modelo do rizoma. Neste, os conceitos não estão hierarquizados e não partem de um ponto central, de um centro de poder ou de referência aos quais os outros conceitos devem se remeter. O rizoma funciona através de encontros e agenciamentos, de uma verdadeira cartografia das multiplicidades. O rizoma é a cartografia, o mapa das multiplicidades. Enquanto o modelo da árvore-raiz é "decalque", reprodução ao infinito, o rizoma-canal é "mapa", "voltado para uma experimentação ancorada no real", aberto, desmontável, reversível, sujeito a modificações permanentes, sempre com múltiplas entradas, ao contrário do decalque, que "volta sempre 'ao mesmo'" (Deleuze e Guattari, 1995a:22).

Esta proposta rizomática do pensamento busca se contrapor, mas sem negar, o pensamento arborescente[13]. O pensamento arborescente, ou simplesmente em árvore, é aquele que opera por hierarquização e pela centralidade, ou seja, estabelece um centro de origem (uma genealogia), como os autores exemplificam:

---

[13] Não podemos entender esta contraposição como uma oposição onde um termo tenta eliminar o outro, mas sim devemos perceber uma relação de tensão e de complementaridade, como veremos mais adiante. Também é importante ressaltar que não se trata simplesmente de um novo dualismo ou conjunto de modelos (árvore-raiz x rizoma-canal): "Nem outro nem novo dualismo. Problema de escrita: são absolutamente necessárias expressões anexatas para designar algo exatamente. (...) a anexatidão não é de forma alguma uma aproximação; ela é, ao contrário, a passagem exata daquilo que se faz. Invocamos um dualismo para recusar um outro. Servimo-nos de um dualismo de modelos para atingir um processo que se recusa todo modelo" (Deleuze e Guattari, 1995a:32).

qualquer ponto de um rizoma pode ser conectado a qualquer outro e deve sê-lo. É muito diferente da árvore ou da raiz que fixam um ponto, uma ordem. A árvore lingüística à maneira de Chomsky começa ainda num ponto S e procede por dicotomia. Num rizoma, ao contrário, cada traço não remete necessariamente a um traço lingüístico: cadeias semióticas de toda natureza são aí conectadas a modos de codificação muito diversos, cadeias biológicas, políticas, econômicas etc., colocando em jogo não somente regimes de signos diferentes, mas também estatutos de estados de coisas (1995a:15).

A árvore remete-se a centros de poder, a hierarquia, estruturas e relações binárias e biunívocas. Os autores afirmam que "a lógica binária e as relações biunívocas dominam ainda a psicanálise (...), a lingüística e o estruturalismo, e até mesmo a informática" (1995a:13). Instituições e aparelhos de poder como o Estado, a escola e a fábrica também se organizam de forma arborescente.

Deleuze e Guattari irão chamar a atenção para a relação entre o rizoma e a árvore. Apesar de criticar a árvore, afirmam que existe uma relação entre os dois, que um transpassa o outro, modificando mutuamente sua natureza:

O que conta é que a árvore-raiz e o rizoma-canal não se opõem como dois modelos: um [a árvore] *age como modelo e como decalque transcendentes, mesmo que engendre suas próprias fugas; o outro* [o rizoma] *age como processo imanente que reverte o modelo e esboça um mapa, mesmo que constitua suas próprias hierarquias, e inclusive ele suscite um canal despótico* (Deleuze e Guattari, 1995a:31).

Isto significa dizer que, mesmo no rizoma, podem existir segmentos que vão endurecer e tornar-se árvore, ao mesmo tempo em que na árvore pode se dar a constituição de um rizoma. Os autores vão afirmar, por exemplo, que "as sociedades primitivas têm núcleos de dureza, de arborificação, que tanto antecipam o Estado quanto o conjuram. Inversamente, nossas sociedades continuam banhando num tecido flexível sem o qual os segmentos duros não vingariam" (1996:90). Na obra dos autores, as sociedades primitivas remetem-se ao rizoma; no entanto, podemos perceber que elas próprias têm arborescências dentro de si, ao passo que as sociedades capitalistas, identificadas mais com a arborescência, necessitam do rizoma (o tecido flexível) para existirem.

Em outras palavras, o par rizoma-árvore se relaciona fortemente com outro, central na obra dos autores, as "segmentaridades" rígida e flexível, ou molar e molecular: "Toda sociedade, mas também todo indivíduo, é atravessado pelas duas segmentaridades ao mesmo tempo: uma molar e outra *molecular*. (...) sempre uma pressupõe a outra. Em suma, tudo é político, mas toda política é ao mesmo tempo *macropolítica* e *micropolítica*" (Deleuze e Guattari, 1996:90, grifos dos autores).

Em *Dialogues*, Deleuze se refere a "linhas" de distintas naturezas que constituem os indivíduos ou grupos, e acrescentam às linhas de segmentaridade molar e molecular as chamadas linhas de fuga ou de desterritorialização efetiva, abstratas, as "de maior gradiente", que permitem ultrapassar segmentos e limiares, rumo ao desconhecido, ao inesperado e ao ainda não existente (Deleuze e Parnet, 1987:125). Nem todos os indivíduos vivenciam os três tipos de linhas, as da segmentaridade rígida ou molar (segmentos claramente definidos, ligados à família, à escola, ao trabalho), as da segmentaridade flexível ou molecular (reino do "devir" e da desterritorialização relativa) e as linhas de fuga, consideradas primordiais, pelo poder de transformação que carregam — a "desterritorialização absoluta" que enfocaremos mais adiante.

Deleuze afirma que o estudo destas três linhas é o objetivo central de seu trabalho, seja ele chamado de esquizoanálise, micropolítica, pragmática, diagramatismo, rizomática ou cartografia. A distinção e, ao mesmo tempo, a imbricação (na forma de conjugação ou de conexão) entre estas linhas devem ser destacadas. Trata-se de temática que será retomada nos capítulos finais, relacionada às nossas conceituações de território, rede e aquilo que denominamos "aglomerados humanos de exclusão". A relação que Deleuze faz com as figuras do sedentário (linha molar), do migrante (linha molecular) e do nômade (linha de fuga ou desterritorialização) permite visualizar, já aqui, a força que ele concede à idéia de movimento e, de certa forma, à sua enorme positividade[14]. Em certo momento do texto ele destaca em letras maiúsculas, ao citar Kierkegaard, "Só movimentos me interessam" (Deleuze e Parnet, 1987:127).

A linha de fuga ou de desterritorialização é considerada o elemento essencial da política, mas ela é imprevisível. Política "é experimentação ativa", pois não podemos pré-delinear seu caminho (Deleuze e Parnet, 1987:137). Uma sociedade, antes de ser definida por suas contradições, como na linguagem marxista, é definida pelas linhas de fuga que afetam massas de todo tipo[15], pelos pontos ou fluxos de desterritorialização.

A obra dos autores é marcada por esse movimento de relações múltiplas, coexistentes e, de certa forma, complementares. Como já vimos, não há um pensamento binário, de simples oposição entre os termos; não há oposição entre molar e molecular, rizoma e árvore. Os autores procuram pensar e criar por rizoma, buscando os encontros, os acontecimentos e os agenciamentos.

Por agenciamento, Guattari e Rolnik se referem a uma "noção mais ampla do que a de estrutura, sistema, forma etc. Um agenciamento comporta componentes heterogêneos, tanto de ordem bioló-

---

[14] Muitas vezes, os autores desenvolvem uma visão demasiado positiva dos processos de desterritorialização, como se eles, moldados pela multiplicidade de posições e alheios a qualquer regulação centralizada, pudessem garantir, através deste pluralismo, a proliferação de alternativas dentro de um poder não totalizante ou "molar", mas múltiplo, "molecular". Para uma crítica a estas posições políticas, ver Mengue, 2003.

[15] Para Deleuze, massa, que ele freqüentemente contrapõe a classe, é uma forma de ação, associada às segmentaridades moleculares, e não uma posição social claramente definida, de modo que desterritorialização das "massas" e reterritorialização das "classes" pode estar presente num mesmo movimento ou agente social.

gica quanto social, maquínica, gnosiológica, imaginária" (1986: 317). Ao contrário das estruturas, que "estão sempre ligadas a condições de homogeneidade", os agenciamentos são co-funcionais, uma simbiose (Deleuze e Parnet, 1987:52). O agenciamento é uma multiplicidade que inclui tanto linhas molares quanto moleculares; trata-se da "unidade real mínima" que ele propõe no lugar da palavra, do conceito ou do significante (Deleuze e Parnet, 1987: 51). Na definição muito simples dada por Goodchild (1996) em seu *Glossário*, trata-se de "um conjunto de partes conectadas que tem uma consistência" (p. 217).

Pensar estes agenciamentos é, sem dúvida, pensar em uma Geografia, uma Geografia das multiplicidades e das simultaneidades como condição para o próprio movimento, a própria História (ou o devir), pois o agenciamento é, antes de tudo, territorial. Não há História nem devir (criação) possível sem esses encontros, sem esses agenciamentos[16]. Desta forma, para discutirmos a desterritorialização e a reterritorialização, precisamos primeiro articular os

---

[16] Como enfatizam diversos autores: "Ao meio-espaço, caracterizado por mil fenômenos exteriores, é preciso acrescentar o meio-tempo, com suas transformações contínuas, suas repercussões sem fim. Se a História começa por ser 'toda geografia', como disse Michelet, a geografia se torna gradualmente 'história' pela reação contínua do homem sobre o homem" (Reclus, 1985:57); "A frase pode parecer extravagante, mas os seres humanos 'fazem sua própria geografia' não menos do que 'fazem sua própria história'. Isto significa que as configurações espaciais de uma vida social são uma questão de importância tão fundamental para uma teoria social como as dimensões da temporalidade, e, como já enfatizei com freqüência, para muitos fins é conveniente pensar em termos de um espaço-tempo ao invés de tratar tempo e espaço separadamente" (Giddens, 1991:28); "A expressão, por certo, causa um certo estranhamento, embora seja natural dizer-se que o espaço em que vivemos está impregnado de história. (...) Poderíamos, à guisa de provocação epistemológica, afirmar que se a história se faz geografia é porque, de alguma forma, a geografia é uma necessidade histórica, e, assim, uma condição de sua existência que, como tal, exerce uma coação que, aqui, deve ser tomada ao pé da letra, ou seja, como algo que co-age, que age com, é co-agente" (Gonçalves, 2002:229).

conceitos que nos permitem pensar estes processos. O primeiro conceito fundamental para discutir as questões propostas é o conceito de território.

3.3. O conceito de território e seus componentes

Através de Deleuze e Guattari é possível "fazer a leitura do social desde o desejo, fazer a passagem do desejo ao político, nos quadros dos modos de subjetivação" (Guattari e Rolnik, 1986:316). Eles propõem pensar o desejo como um construtivismo, renunciando ao par sujeito-objeto (aquele que deseja e aquilo que é desejado), e vendo o desejo como uma força ativa primária que requer uma máquina[17] ou agenciamento (Patton, 2000). Tal como o poder na abordagem de Foucault, que é produtivo (e não só repressivo) e constituinte de toda relação social, organizado em torno de dispositivos como a "máquina" panóptica, em Deleuze e Guattari trata-se do desejo, também agenciado por "máquinas" e tendo um sentido produtivo, construtivo.

Nunca desejamos só uma coisa, desejamos sempre um conjunto de coisas. Por exemplo, uma mulher não deseja apenas um vestido,

---

[17] Goodchild (1996) define "máquina" simplesmente como "um agenciamento de partes que trabalha e produz" (p. 218). Guattari e Rolnik (1986), por sua vez, afirmam: "as máquinas, consideradas em suas evoluções históricas, constituem (...) um *phylum* comparável ao das espécies vivas. Elas engendram-se umas às outras, selecionam-se, eliminam-se, fazendo aparecer novas linhas de potencialidades. (...) no sentido lato (isto é, não só as máquinas teóricas, sociais, estéticas etc.), nunca funcionam isoladamente, mas por agregação ou por agenciamento. Uma máquina técnica, por exemplo, numa usina, está em interação com uma máquina social, uma máquina de formação, uma máquina de pesquisa etc. O desejo é maquínico porque ele produz, é criativo, agencia elementos. Não podemos reduzir essa concepção de desejo ao simples maquinismo, como uma herança de algum tipo de racionalismo ou como uma metáfora de apologia ao mecânico como algo superior ao humano" (p. 320).

mas deseja também pessoas olhando para ela, deseja uma festa onde possa usar o vestido, deseja uma cor, uma textura; um músico não deseja apenas um bom instrumento, ele quer harmonia, sonoridade, uma platéia, um lugar etc. Desta forma, o desejo vem sempre agenciado. Nesta concepção, o desejo (mais do que o poder, na visão foucaultiana) cria territórios, pois ele compreende uma série de agenciamentos. E a territorialidade, como veremos, é central na construção desses agenciamentos. Como afirma Goodchild (1996):

> *Cada pessoa tem relações ecológicas com o seu ambiente: ao invés do pensamento dominar a natureza, ele é imanente à natureza e à sociedade, e seu conhecimento de tais relações é uma ecosofia* [Guattari]. *O pensamento somente se relaciona ao ser através de algo que se estende externamente aos dois: um plano de desejo* (pp. 65-66).

Como já vimos no Capítulo 2, embora de forma polêmica, a territorialização pode ser abordada inclusive no mundo dos animais. Deleuze e Guattari, utilizando o conceito numa perspectiva filosófica tão ampla, obviamente reconhecem que a importância de formar territórios aparece já no mundo natural, o homem podendo mesmo ser definido, de uma forma excessivamente genérica, como "animal desterritorializado" (Deleuze e Parnet, 1987:134).

Deleuze, no vídeo "L'abécédaire de Gilles Deleuze" (1988), comenta sobre a importância do território para os animais, afirmando que todo animal tem "um mundo específico", desde ambientes muito reduzidos, indispensáveis a sua reprodução, como o "território" dos carrapatos. Este "mundo específico" dos animais não seria extensível ao homem, que "não tem um mundo", mas "vive a vida de todo mundo". Trata-se, portanto, de uma primeira distinção entre as duas territorialidades.

Este espaço que constitui um "pequeno mundo" exige a definição de um contexto próprio, delimitado, por exemplo, por odores que os animais carregam e difundem, marcando seu território. Reconhecendo que diferentes espécies animais têm distintas relações com o território através de uma distinção relativa entre "animais de território" e "animais de meio", Deleuze afirma que "os animais com território são prodigiosos".

Genosko (2002) destaca o questionamento que Deleuze e Guattari fazem da leitura de Konrad Lorenz em relação ao território (da Etologia) como tendo base na agressividade, instinto cuja função é de preservar as espécies. O território animal seria também marca, sinal, um "devir expressivo", como ocorre com determinados tipos de peixes e pássaros, cujas cores e sons demarcam "esteticamente" seus territórios. O ponto-chave seria que "o território (posse) emerge com a expressão", o que leva os autores mais longe, associando-o, mesmo entre os animais, a um "resultado de arte":

Simplesmente, se o território é o resultado do devir expressivo dos componentes do meio, o que significa que qualidades expressivas (produzidas ou selecionadas) podem ser chamadas de arte, então o território é resultado de arte, o que fica muito distante de baseá-lo em agressividade (Genosko, 2002:50).

Assim como é possível visualizar (de forma polêmica) esta passagem da Etologia à arte, também é possível passar da Etologia à Psicologia. Günzel (já citado), considerando a leitura de Deleuze e Guattari, analisa a perspectiva etológica de território, destacando a relativa estabilidade e localização que ele garante ao coletivo de animais, e a partir daí considera o ambiente de uma pessoa, seu "espaço de vida pessoal", que acaba adquirindo a conotação de um território a nível psicológico.

Na verdade, apesar de alguns autores restringirem a visão deleuze-guattariana de território a um nível meramente psicológico (como Tomlinson, 1998[18]), ela é de tamanha amplitude que engloba

---

[18] O autor, comentando a diversidade de sentidos do termo desterritorialização (ao qual dedica um capítulo inteiro de seu livro), afirma que não seguirá a análise na linha de Deleuze e Guattari em *O Anti-Édipo* porque estes utilizam o termo "denotando os efeitos psicoculturais do capitalismo" (p. 213).

todas estas versões e ainda vai além: tudo é passível e está envolvido no movimento de territorialização e desterritorialização. Trata-se na verdade de uma vasta mudança de escala: iniciando com o território etológico ou animal (1), passamos ao território psicológico ou subjetivo (2) e daí ao território sociológico (3) e ao território geográfico (4) (que inclui a relação sociedade-natureza). Trata-se de distintas e às vezes sobrepostas interpretações cuja relação poderia ser visualizada da seguinte forma:

Deleuze e Guattari vão ainda mais longe, desenhando uma quinta esfera que, de certa forma, está por sobre e ao mesmo tempo para além de todas as outras: para eles, território é um conceito fundamental da Filosofia. Dizemos "de certa forma" porque não se trata, seguindo o raciocínio dos autores, de uma simples hierarquização, um conceito simplesmente englobando o outro numa diferença de grau ou de intensidade, nos termos de Bergson (Deleuze, 1999) — trata-se antes de tudo de uma diferença de natureza, pois o conceito de território em Deleuze e Guattari tem outro conteúdo. Como afirma Félix Guattari no livro *Micropolítica: Cartografias do Desejo*:

> *A noção de território aqui é entendida num sentido muito amplo, que ultrapassa o uso que fazem dele a etologia e a etnologia* [e a Geografia, deveríamos acrescentar]. *Os seres existentes se organizam segundo territórios que os delimitam e os articulam aos outros existentes e aos fluxos cósmicos. O território pode ser relativo tanto a um espaço vivido quanto a um sistema percebido no seio da qual um sujeito se sente "em casa". O território é sinônimo de apropriação, de subjetivação fechada sobre si mesma. Ele é o conjunto de projetos e representações nos quais vai desembocar, pragmaticamente, toda*

uma série de comportamentos, de investimentos, nos tempos e nos espaços sociais, culturais, estéticos, cognitivos (Guattari e Rolnik, 1986:323).

Busquemos então aprofundar a concepção de território nesta ótica. Como já indicamos, a territorialidade é uma característica central dos agenciamentos. Deleuze e Guattari afirmam que:

> *Todo agenciamento é, em primeiro lugar, territorial. A primeira regra concreta dos agenciamentos é descobrir a territorialidade que envolvem, pois sempre há alguma: dentro de sua lata de lixo ou sobre o banco, os personagens de Beckett criam para si um território. Descobrir os agenciamentos territoriais de alguém, homem ou animal: "minha casa". (...) O território cria o agenciamento. O território excede ao mesmo tempo o organismo e o meio, e a relação entre ambos; por isso, o agenciamento ultrapassa também o simples "comportamento" (...)* (1997:218).

É necessário, assim, entendermos de forma mais clara esta imbricação território-agenciamento. Para situar os processos de territorialização e desterritorialização no interior dos agenciamentos, reformulamos a síntese proposta por Patton (2000:44) e, com base na Conclusão de *Mil Platôs*, construímos o seguinte esquema:

Quadro 3.1. *Agenciamentos e seus "eixos".*

Eixo 1 — Territorialidade (campos de interioridade)	*Conteúdo* — *componentes não-discursivos sistema pragmático (ações e paixões) Agenciamentos maquínicos de corpos* *Expressão* — *componentes discursivos sistema semiótico (regime de signos) Agenciamentos coletivos de enunciação*
Eixo 2 — Desterritorialização (linhas de fuga)	*seguindo estas linhas, o agenciamento não apresenta mais conteúdo nem expressão distintas, "mas comumente matérias não formadas, forças e funções desestratificadas"*

Os agenciamentos são, assim, moldados nos movimentos concomitantes de territorialização e desterritorialização. Todo agenciamento é territorial e duplamente articulado em torno de um conteúdo e uma expressão, reciprocamente pressupostos e sem hierarquia entre si. Um território, portanto, pode ser visto como o produto "agenciado" de um determinado movimento em que predominam os "campos de interioridade" sobre as "linhas de fuga", ou, em outras palavras, um movimento mais centrípeto que centrífugo.

Os agenciamentos extrapolam o espaço geográfico. Por esse motivo, o conceito de território dos autores é extremamente amplo, pois como tudo pode ser agenciado, tudo pode ser também desterritorializado e reterritorializado. A construção do território, ou seja, o processo de territorialização, diz respeito, assim, ao movimento que governa os agenciamentos e seus dois componentes: os agenciamentos coletivos de enunciação e os agenciamentos maquínicos de corpos (ou de desejo).

Os agenciamentos maquínicos de corpos são as máquinas sociais, as relações entre os corpos humanos, corpos animais, corpos cósmicos. Os agenciamentos maquínicos de corpos dizem respeito a um estado de mistura e relações entre os corpos em uma sociedade:

> *Um regime alimentar, um regime sexual regulam, antes de tudo, misturas de corpos obrigatórias, necessárias ou permitidas. Até mesmo a tecnologia erra ao considerar as ferramentas nelas mesmas: estas só existem em relação às misturas que tornam possíveis ou que as tornam possíveis* (Deleuze e Guattari, 1995b:31).

Aqui é importante lembrar que, tal como na não-dicotomização geográfica entre Natureza e sociedade, não é possível ver o corpo social fora do corpo da Natureza, pois se trata de um só corpo de multiplicidades. Talvez por isso os autores comecem a discussão sobre o território a partir da própria Natureza, do mundo animal. Esta discussão nos reporta à noção de híbridos de Bruno Latour (1991), e, tal como na perspectiva deste autor, oferece pistas para pensar a "proliferação de híbridos" sociedade-natureza que os modernos produziram, mas que, ao contrário de pensá-los em seu hibridismo, continuaram sendo interpretados através dos binarismos e das lógicas identitárias.

Como o corpo sociotécnico vai se relacionar com os fluxos da Natureza? Nas sociedades tradicionais, por exemplo, esta relação se dava sem uma exterioridade ou dicotomia entre corpos. Um outro exemplo citado pelos autores e que nos ajuda a pensar este agenciamento é o agenciamento feudal. "Considerar-se-ão as misturas de corpos que definem a feudalidade: o corpo da terra e o corpo social, os corpos do suzerano (*sic*), do vassalo e do servo, o corpo do cavaleiro e do cavalo (...) — é tudo um agenciamento maquínico" (Deleuze e Guattari, 1995b:30).

Os agenciamentos coletivos de enunciação, por outro lado, remetem aos enunciados, a um "regime de signos, a uma máquina de expressão cujas variáveis determinam o uso dos elementos da língua" (1995b:32). Os agenciamentos coletivos de enunciação não dizem respeito a um sujeito, pois sua produção só pode se efetivar no próprio *socius*, já que dizem respeito a um regime de signos compartilhados, à linguagem, a um estado de palavras e símbolos.

Neste momento é preciso atenção e cuidado. Não podemos reduzir o estado de corpos aos enunciados coletivos. Deleuze e Guattari deixam muito claro que os agenciamentos maquínicos de corpos (conteúdo) têm uma forma, assim como os agenciamentos coletivos de enunciação (expressão) também têm uma forma; logo, não podemos dizer que os agenciamentos coletivos são a expressão dos agenciamentos maquínicos de corpos. Não há esta relação de reduzir um ao outro, ou uma relação dicotômica entre "regimes de signos" e "estatuto de estados de coisas"[19].

O que eles afirmam é que existe uma relação entre os dois agenciamentos, os dois percorrem um ao outro, intervêm um no outro, trata-se de um movimento recíproco e não hierárquico. Isto acontece porque os agenciamentos coletivos de enunciação fixam atributos aos corpos de forma a recortá-los, ressaltá-los, precipitá-los,

---

[19] "(...) as formas, tanto de conteúdo quanto de expressão, tanto de expressão quanto de conteúdo, não são separáveis de um movimento de desterritorialização que as arrebata. Expressão e conteúdo, cada um deles é mais ou menos desterritorializado, relativamente desterritorializado segundo o estado de sua forma. A este respeito, não se pode postular um primado da expressão sobre o conteúdo ou o inverso. Os componentes semióticos são mais desterritorializados que os componentes materiais, mas o contrário também ocorre. Por exemplo, um complexo matemático de signos pode ser mais desterritorializado do que um conjunto de partículas; mas as partículas podem, inversamente, ter efeitos experimentais que desterritorializam o sistema semiótico" (Deleuze e Guattari, 1995b:28).

retardá-los etc.[20]. Dentro deste movimento mútuo de agenciamentos, um território se constitui.

Uma aula é um território porque para construí-la reunimos de forma integrada um agenciamento coletivo de enunciação e um agenciamento maquínico de corpos. A mão cria um território na ferramenta de que faz uso, assim como a boca cria um território ao ser acopalhada ao seio. O conceito de território de Deleuze e Guattari ganha esta amplitude porque ele diz respeito ao pensamento e ao desejo — desejo entendido sempre como uma força "maquínica", ou seja, produtiva. Deleuze e Guattari articulam, assim, desejo e pensamento. Podemos nos territorializar em qualquer coisa, desde que este movimento de territorialização represente um conjunto integrado de agenciamentos maquínicos de corpos e agenciamentos coletivos de enunciação.

O território pode ser construído em um livro a partir do agenciamento maquínico das técnicas, dos corpos da natureza (as árvores), do corpo do autor e das multiplicidades que o atravessam; e do agenciamento coletivo de enunciação, neste caso um sistema sintático e semântico, por exemplo. Cria-se um território dos Krenak, onde agenciamentos maquínicos de corpos estão fixados diretamente na Terra, onde a circulação dos fluxos desejantes se inscreve diretamente na Terra. Criam-se agenciamentos coletivos de enunciação para recortar o Sol e a Lua, por exemplo, e fixar-lhes atributos.

Podemos afirmar, ampliando o raciocínio dos autores, que o território, por compor um agenciamento e ser assim, por sua vez, composto por agenciamentos maquínicos de corpos e agenciamen-

---

[20] Como este não é o objetivo do nosso trabalho, sugerimos ao leitor que busque a discussão na obra *Mil Platôs*, Vol. 2, Capítulo 4 ("Postulados da Lingüística"), onde os autores deixam muito claro que não podemos reduzir ou hierarquizar os agenciamentos, mas sim procurar seu relacionamento recíproco. Deve-se atentar também para a concepção bastante ampla que é proposta para termos fundamentais como "corpos" e "atos" (a este respeito, ver sobretudo a referência aos estóicos na p. 26).

tos coletivos de enunciação, carrega igualmente consigo o processo, a dinâmica fundamental de des-re-territorialização. Este ponto é fundamental na obra dos autores: *os territórios sempre comportam dentro de si vetores de desterritorialização e de reterritorialização*. Muito mais do que uma coisa ou objeto, o território é um ato, uma ação, uma *rel-ação*, um movimento (de territorialização e desterritorialização), um ritmo, um movimento que se repete e sobre o qual se exerce um controle.

3.4. Desterritorialização e reterritorialização: a criação e a destruição de territórios

> *O território pode se desterritorializar, isto é, abrir-se, engajar-se em linhas de fuga e até sair do seu curso e se destruir. A espécie humana está mergulhada num imenso movimento de desterritorialização, no sentido de que seus territórios "originais" se desfazem ininterruptamente com a divisão social do trabalho, com a ação dos deuses universais que ultrapassam os quadros da tribo e da etnia, com os sistemas maquínicos que a levam a atravessar, cada vez mais rapidamente, as estratificações materiais e mentais* (Guattari e Rolnik, 1986:323).

Simplificadamente, podemos afirmar que a desterritorialização é o movimento pelo qual se abandona o território, "é a operação da linha de fuga", e a reterritorialização é o movimento de construção do território (Deleuze e Guattari, 1997b:224); no primeiro movimento, os agenciamentos se desterritorializam e, no segundo, eles se reterritorializam como novos agenciamentos maquínicos de corpos e coletivos de enunciação.

O movimento concomitante e indissociável entre desterritorialização e reterritorialização está expresso no "primeiro teorema" da desterritorialização ou "proposição maquínica":

Jamais nos desterritorializamos sozinhos, mas no mínimo com dois termos: mão-objeto de uso, boca-seio, rosto-paisagem. E cada um dos dois termos se reterritorializa sobre o outro. De forma que não se deve confundir a reterritorialização com o retorno a uma territorialidade primitiva ou mais antiga: ela implica necessariamente um conjunto de artifícios pelos quais um elemento, ele mesmo desterritorializado, serve de territorialidade nova ao outro que também perdeu a sua. Daí todo um sistema de reterritorializações horizontais e complementares, entre a mão e a ferramenta, a boca e o seio (1996:41).

Deleuze esclarece melhor estes processos afirmando:

Quando nos dizem que o humanóide tirou suas patas dianteiras da terra e que a mão é antes de tudo locomotora, portanto preensível, estes são os limiares ou os quanta *de desterritorialização, mas cada vez com uma reterritorialização complementar: a mão locomotora como pata desterritorializada é reterritorializada nos galhos que usa para passar de uma árvore à outra; a mão preensível como locomoção desterritorializada é reterritorializada nos elementos tomados emprestados, desviados, chamados utensílios, que ela brande ou propulsiona. Mas o próprio utensílio "vara" é um galho desterritorializado; e as grandes invenções humanas implicam uma passagem à estepe como floresta desterritorializada; ao mesmo tempo o homem é reterritorializado na estepe* (Deleuze e Parnet, 1987:134).

Outra característica importante da desterritorialização aparece no segundo teorema, ao se questionar a relação comumente feita entre desterritorialização e velocidade:

De dois elementos ou movimentos de desterritorialização, o mais rápido não é forçosamente o mais intenso ou o mais desterritorializado. A intensidade da desterritorialização não deve ser confundida com a velocidade de movimento ou de desenvolvimento. De forma que o mais rápido conecta sua intensidade com a intensidade do mais lento, a qual, enquanto intensidade, não o sucede, mas trabalha simultaneamente sobre um outro estrato ou sobre um outro plano (1996:41).

Como sabemos através de exemplos geográficos muito concretos, não é simplesmente a velocidade do movimento que provoca ou intensifica a desterritorialização. Pode-se admitir, inclusive, não apenas uma desterritorialização na imobilidade, mas também uma territorialização na mobilidade, como desdobraremos em maior detalhe no Capítulo 6. É interessante lembrar que mesmo a figura "desterritorializada" por excelência, o nômade, tão celebrada por Deleuze e Guattari, ela própria, em suas trajetórias costumeiras, possui um território[21].

No terceiro teorema, Deleuze e Guattari irão relacionar as intensidades dentro do processo de des-reterritorialização e propor a distinção de dois tipos de desterritorialização: a desterritorialização relativa e a desterritorialização absoluta:

Pode-se mesmo concluir (...) que o menos desterritorializado se reterritorializa sobre o mais desterritorializado. Surge aqui um segundo sistema de reterritorializações, vertical, de baixo para cima. (...) Em regra geral, as desterritorializações relativas (transcodificação) se reterritorializam sobre uma desterritorialização absoluta (1996:41, destaques dos autores).

---

[21] Segundo Antonioli (1999), o que diferencia o nômade do sedentário não é o fato de não ter um território, mas de que este território não é fechado, constrói-se sobre "um espaço aberto e indefinido, segundo um modo de distribuição muito singular, sem divisão, sem fronteiras, marcado por traços provisórios que se deslocam e que se modificam segundo o trajeto" (p. 56). A enorme controvérsia em torno do uso extremamente positivo que Deleuze e Guattari fazem do termo "nômade" encontra uma crítica geográfica muito consistente em Creswell, 1997, retomado mais à frente neste trabalho.

A desterritorialização relativa diz respeito ao próprio *socius*. Esta desterritorialização é o abandono de territórios criados nas sociedades e sua concomitante reterritorialização. A desterritorialização absoluta remete-se ao próprio pensamento, à virtualidade do devir e do imprevisível. No entanto, como veremos mais adiante, os dois processos se relacionam, um perpassa o outro. Além disto, devemos ressaltar novamente que, para os dois movimentos, existem também movimentos de reterritorialização.

Segundo Patton (2000), a distinção feita por Deleuze e Guattari entre desterritorialização absoluta e relativa diz respeito à dupla dimensão dos eventos, ou "entre eventos enquanto realizados em corpos e estados e o puro evento, que nunca se esgota em tais realizações". Assim, a desterritorialização absoluta seria como "uma reserva de liberdade ou movimento, na realidade ou na terra, que é ativada onde quer que a desterritorialização relativa tenha lugar" (p. 136).

Primeiro, abordemos de maneira mais sucinta a desterritorialização absoluta, já que, como será observado, a desterritorialização relativa é que adquire maior vinculação com as preocupações do geógrafo. É importante começarmos por esclarecer o que os autores entendem por "absoluto". Segundo eles, "o absoluto nada exprime de transcendente ou indiferenciado, nem mesmo exprime uma quantidade que ultrapassaria qualquer quantidade dada (relativa). Exprime apenas um tipo de movimento que se distingue qualitativamente do movimento relativo" (1997b:225-226). O termo absoluto, portanto, é um atributo que vai diferenciar a *natureza* deste tipo de desterritorialização; ele não marca uma superioridade ou uma dependência da desterritorialização relativa em relação à absoluta, ao contrário, como já afirmamos e retomaremos adiante, os dois movimentos perpassam um ao outro.

A desterritorialização absoluta refere-se ao pensamento, à criação. Para Deleuze e Guattari, o pensamento se faz no processo de desterritorialização. Pensar é desterritorializar. Isto quer dizer que o pensamento só é possível na criação, e para se criar algo novo é necessário romper com o território existente, criando outro.

Desta forma, da mesma maneira que os agenciamentos funcionavam como elementos constitutivos do território, eles também vão operar uma desterritorialização. Novos agenciamentos são necessários. Novos encontros, novas funções, novos arranjos. No entanto, a desterritorialização do pensamento, tal como a desterritorialização em sentido amplo, é sempre acompanhada por uma reterritorialização: "a desterritorialização absoluta não existe sem reterritorialização" (1992:131). Esta reterritorialização é a obra criada, é o novo conceito, é a canção pronta, o quadro finalizado.

Deleuze e Guattari vão afirmar que "pensar não é nem um fio estendido entre o sujeito e o objeto, nem uma revolução de um em torno do outro. Pensar se faz antes na relação entre o território e a terra" (1992:113). Eles querem pensar os encontros, os agenciamentos que se dão entre os fluxos e as intensidades de desejo do *socius* e como eles se inscrevem na própria terra. De outra forma, afirmam que, para que o pensamento exista, é necessário um solo, um meio, a própria terra.

No limite, a terra é a grande desterritorializada, pois a terra "pertence ao Cosmo" (1997b:225), por onde os fluxos e as intensidades vão percorrer e se fixar:

> *(...) os corpos e o ambiente são atravessados por velocidades muito diferentes de desterritorialização, por velocidades diferenciais, cujas complementaridades formam* continuums *de intensidade, mas também dão origem a processos de reterritorialização. No limite, é a própria Terra a desterritorializada ("o deserto cresce..."), e é o nômade, o homem da terra, o homem da desterritorialização — embora ele seja também o que não se move, o que permanece ligado ao ambiente, deserto ou estepe* (Deleuze e Parnet, 1987:134).

Não podemos, portanto, nos esquecer do primeiro teorema da desterritorialização: nunca nos desterritorializamos sozinhos, mas pelo menos de dois em dois e, principalmente, toda desterritorialização é acompanhada de uma reterritorialização. Onde se dá a reterritorialização da terra? Esta reterritorialização se dá de duas formas: na construção de territórios sociais (referentes ao processo de desterritorialização relativa) e no plano de imanência de um pensamento. Segundo os autores, "a desterritorialização é *absoluta* quando a terra entra no puro plano de imanência de um pensamento-Ser, de um pensamento-Natureza com movimentos diagramáticos infinitos" (1992:117).

Através da Conclusão de *Mil Platôs*, em que os autores sintetizam alguns de seus conceitos básicos, é possível perceber a complexidade das dinâmicas de desterritorialização absoluta. Além da distinção entre desterritorializações relativa e absoluta, aparece a diferenciação entre um sentido negativo e um sentido positivo da desterritorialização. Assim, a desterritorialização relativa é negativa quando se encontra "recoberta por uma reterritorialização que a compensa", e positiva quando "se afirma através das reterritorializações, que jogam apenas um papel secundário". Na verdade, a desterritorialização relativa "de fato" é a negativa, pois nunca irá corresponder a uma "linha de fuga" no sentido proposto pelos autores.

A desterritorialização absoluta está relacionada à desterritorialização relativa num sentido positivo, "cada vez que ela realiza a criação de uma nova terra, isto é, cada vez que conecta as linhas de fuga, as conduz à potência de uma linha vital abstrata ou traça um plano de consistência" (Deleuze e Guattari, 1997b[1980]:226). Mas a desterritorialização absoluta também pode adquirir um sentido positivo ou negativo. A desterritorialização absoluta negativa é um "absoluto limitativo", quando "as linhas de fuga não são apenas bloqueadas ou segmentarizadas, mas convertem-se em linhas de destruição e de morte" (1997b:226).

A desterritorialização, tanto a relativa, em termos das linhas flexíveis, mas ainda segmentarizadas (moleculares), que comporta, quanto a absoluta, em suas linhas de fuga que cruzam limiares rumo à criação de realidades efetivamente novas, comportam assim o negativo e o positivo:

... não apenas podemos descobrir numa linha flexível os mesmos perigos que na rígida, apenas miniaturizados, dispersos ou sobretudo molecularizados: pequenas comunidades edipianas substituíram a família Édipo, relacionamentos móveis de força se apossaram dos mecanismos de poder (...). E o pior ainda pode vir: são as próprias linhas flexíveis que produzem ou encontram seus próprios perigos, um limiar cruzado demasiadamente rápido, uma intensidade se torna perigosa porque isto não poderia ser suportável. Você não tomou as precauções suficientes. Este é o fenômeno do "buraco negro": uma linha flexível cai num buraco negro do qual ela será incapaz de sair (Deleuze e Parnet, 1987:138).

Deleuze cita como exemplos destes "buracos negros" da desterritorialização os microfascismos analisados por Félix Guattari, que surgem mesmo fora do papel organizador do Estado e, no nível psicológico, a esquizofrenia. Outro perigo, por fim, que ele aponta para a linha de fuga, é o de cair em "linhas de abolição, de destruição, dos outros e de si mesmo" (p. 140).

Deleuze e Guattari mostram a intrincada inter-relação entre todos estes diferentes tipos de desterritorialização, cada um podendo desembocar no outro, na forma ou de simples conjugações, ou, mais enfaticamente, de conexões. Criação e destruição, contudo, são fundamentais para entender os sentidos positivo e negativo que podem decorrer da desterritorialização absoluta.

3.5. A desterritorialização relativa ou a desterritorialização do *socius*

Destacamos a desterritorialização relativa pela importância dos vínculos que ela permite fazer com a abordagem geográfica. Na verdade, ela mereceria um tratamento muito mais detalhado, mas como diz respeito a toda discussão subseqüente, e como não iremos adotar a perspectiva deleuze-guattariana em sentido estrito no decorrer deste trabalho, os comentários sucintos que se seguem são suficientes para os propósitos deste capítulo. Tomaremos como base o livro *O Anti-Édipo*, em que Deleuze e Guattari desenvolvem uma verdadeira geo-história da desterritorialização, das sociedades tradicionais à sociedade capitalista.

Deleuze e Guattari (s/d) vão dar ênfase a este processo de desterritorialização porque é assim que eles entendem a criação do Estado e a dinâmica do capitalismo. Eles afirmam que o Estado e o capital vão operar por desterritorialização e sobrecodificação[22]. Mas enquanto o Estado e as sociedades capitalistas se constituem pelo processo de desterritorialização, as sociedades pré-capitalistas são efetivamente territoriais, pois sua relação com a terra é totalmente distinta.

São identificados três grandes tipos de "máquinas sociais": a máquina territorial primitiva, a máquina despótica e a máquina capitalista. Embora não sejam vistas de modos excludentes e sucessivos (como na sucessão de modos de produção no sentido marxista mais tradicional), cada uma delas é dominante em determinado tipo de sociedade.

Percorrendo a construção de seu raciocínio, podemos dizer que os autores começam por se reportar à "unidade primitiva, selvagem, do desejo e da produção", que é a terra. Ela se constitui não apenas no "objeto múltiplo e dividido do trabalho, mas também [n]a entidade única indivisível, o corpo pleno que se rebate sobre as forças produtivas e se apropria delas como se fosse seu pressuposto natural ou divino" (Deleuze e Guattari, s/d:144). Esta "máquina territorial", afirmam, é "a primeira forma de *socius*, a máquina de

---

[22] A noção de sobrecodificação está associada à noção de código, que "é empregada numa acepção bem ampla: ela pode dizer respeito tanto aos sistemas semióticos quanto aos fluxos sociais e aos fluxos materiais. O termo 'sobrecodificação' corresponde a uma codificação de segundo grau" (Guattari e Rolnik, 1986:317-318).

inscrição primitiva, 'megamáquina' que cobre um campo social" (p. 144)[23]. Seu funcionamento "consiste em declinar a aliança e a filiação, declinar as linhagens sobre o corpo da terra, antes que aí apareça um Estado" (s/d: 150).

É interessante notar que Deleuze e Guattari vão qualificar as territorialidades pré-capitalistas como dotadas de certa flexibilidade, o que faz parte, poderíamos dizer, de seu discurso muitas vezes bastante condescendente com o *socius* pré-moderno:

> *os segmentos sociais têm neste caso uma certa flexibilidade, de acordo com as tarefas e as situações, entre os dois pólos extremos de fusão e cisão; uma grande comunicabilidade entre heterogêneos, de modo que o ajustamento de um segmento a outro se pode fazer de múltiplas maneiras; uma construção local que impede que se possa determinar de antemão um domínio de base (econômico, político, jurídico, artístico)* (1996:84-85).

Essa flexibilidade é um atributo dessas sociedades na medida em que não existe um aparelho de poder transcendente que delimita de forma rígida e despótica a organização social. Enquanto os autores atribuem uma flexibilidade às sociedades pré-capitalistas, eles afirmam que as sociedades capitalistas modernas possuem uma segmentaridade dura, onde a organização social é sobrecodificada por um aparelho despótico e transcendente do poder, uma máquina despótica que desterritorializa e disciplinariza os corpos (como na sociedade disciplinar de Foucault [1984]).

As territorialidades pré-capitalistas criam outras relações com a terra. Os agenciamentos maquínicos de corpos e os agenciamentos coletivos de enunciação estão fixados na terra. Não há uma

---

[23] "(...) a terra (...) é a superfície na qual todo o processo da produção se inscreve, onde os objetos, os meios e as forças de trabalho se registram e os agentes e produtos se distribuem. Ela aparece aqui como quase-causa da produção e objeto do desejo (...)" (Deleuze e Guattari, s/d:144).

exterioridade, uma separação entre os corpos sociais, técnicos, políticos, artísticos e os corpos da natureza. O que ocorre é que

> *a máquina primitiva subdivide a população, mas fá-lo numa terra indivisível onde se inscrevem as relações conectivas, disjuntivas e conjuntivas de cada segmento com os outros (por exemplo, a coexistência ou a complementaridade do chefe do segmento com o protetor da terra)* (s/d:150).

Trata-se, pois, de duas relações muito distintas com a terra — enquanto nas comunidades tradicionais a terra-divindade era quase um "início e um fim" em si mesma, formando um *corpus* com o homem, nas sociedades estatais a terra se transforma gradativamente num simples mediador das relações sociais, onde muitas vezes o "fim" último, como na leitura hegeliana, caberá ao Estado.

Isto significa que o Estado e o capital irão impor um intenso processo de desterritorialização das sociedades pré-capitalistas. No que se refere ao capitalismo, os autores afirmam:

> *(...) no* Capital, *Marx mostra o encontro de dois elementos 'principais': dum lado, o trabalhador desterritorializado, transformado em trabalhador livre e nu, tendo para vender sua força de trabalho; do outro, o dinheiro descodificado, transformado em capital e capaz de a comprar. Estes dois fluxos, de produtores e de dinheiro, implicam vários processos de descodificação e de desterritorialização com origens muito diferentes. Para o trabalhador livre: desterritorialização do solo por privatização; descodificação dos instrumentos de produção por apropriação; privação dos meios de consumo por dissolução da família e da corporação; por fim, descodificação do trabalhador em proveito do próprio trabalho ou da máquina. Para o capital: desterritorialização da riqueza por abstração monetária; descodificação dos fluxos de produção pelo capital mercantil; descodificação dos Estados pelo capital financeiro e*

pelas dívidas públicas; descodificação dos meios de produção pela formação do capital industrial etc. (s/d: 233-234).

Percebe-se aqui o poder desterritorializador do capital, seja num sentido extremamente negativo — para o trabalhador "livre e nu" reduzido à força física para a produção, seja num sentido positivo — para os capitalistas, que assim encontram os mecanismos abstratos agilizadores da acumulação.

Ao contrário da maioria das interpretações, que vêem o Estado como uma espécie de "fundador" da territorialização, pelo menos no seu sentido moderno, para Deleuze e Guattari o surgimento do Estado representa o primeiro grande movimento desterritorializador. Trata-se de uma perspectiva interessante, uma vez que a Geografia e a Ciência Política sempre trabalharam com a idéia de Estado territorial(izador), ligado ao controle político, jurídico, administrativo e militar, e articulado através de um determinado território. Este entendimento parece demonstrar uma ambigüidade da noção de territorialidade. A ambigüidade é desfeita se entendemos que, para Deleuze e Guattari,

> *quando a divisão se refere à própria terra devida a uma organização administrativa, fundiária e residencial, não podemos ver nisto uma promoção da territorialidade, mas, pelo contrário, o efeito do primeiro grande movimento de desterritorialização nas comunidades primitivas. A unidade imanente da terra como motor imóvel é substituída por uma unidade transcendente de natureza muito diferente que é a unidade do Estado: o corpo pleno já não é o da terra, mas o do Déspota, o Inengendrado, que se ocupa tanto da fertilidade do solo como da chuva do céu e da apropriação geral das forças produtivas* (s/d: 150).

A territorialidade do Estado se faz neste processo de desterritorialização (dentro da proposição do primeiro teorema). O Estado se reterritorializa no processo de sobrecodificação, ou seja, constrói novos agenciamentos, sobrecodifica os agenciamentos territoriais que constituíam as sociedades pré-capitalistas, configurando novos agenciamentos maquínicos de corpos e agenciamentos coletivos de enunciação.

Após a exposição destas organizações sociais distintas, onde os processos de desterritorialização e reterritorialização possuem naturezas e agenciamentos diferentes, podemos nos deter em exemplos mais concretos da desterritorialização e reterritorialização nas sociedades capitalistas contemporâneas. Conforme já destacamos, Deleuze e Guattari afirmam que a desterritorialização relativa diz respeito ao próprio *socius*. Isto significa dizer que a vida é um constante movimento de desterritorialização e reterritorialização, ou seja, estamos sempre passando de um território para outro, abandonando territórios, fundando novos. A escala espacial e a temporalidade é que são distintas.

No cotidiano, a dinâmica mais comum é que passemos constantemente de um território para outro. Trata-se de uma desreterritorialização cotidiana, onde se abandona, mas não se destrói o território abandonado. Por exemplo, o operário de uma fábrica de automóveis. No decorrer do dia, ele atravessa basicamente dois territórios — o território familiar e o território do trabalho. Em cada um deles existem agenciamentos maquínicos de corpos e agenciamentos coletivos de enunciação muito distintos. Na família os corpos estão dispostos nas figuras do Pai, da Mãe e do Filho. Um triângulo hierárquico, imerso na castração, no Édipo e nos decalques — o filho sendo decalcado e remetido ao pai; esquadrinhado e decalcado na cama e nos braços da mãe; o regime alimentar e o regime sexual a que nos referimos antes são agenciamentos que compõem a família — vergonha do corpo, sexualidade oprimida, hora do jantar, todos juntos à mesa. Na fábrica, os corpos são outros, os agenciamentos coletivos de enunciação são outros. É um corpo técnico-científico, um aparato disciplinar, controle do tempo e do corpo, hierarquia de funções; são enunciados diferentes — é a cor verde para aumentar a produção, é a sirene que avisa a hora de parar o trabalho.

Outro exemplo bastante rico é o do bóia-fria morador de periferias urbanas: este trabalhador está em constante processo de desterritorialização e reterritorialização. Enquanto a época da colheita não chega, ele habita a periferia urbana e está imerso em um imenso conjunto de agenciamentos maquínicos de corpos e coletivos de enunciação, totalmente diferentes dos agenciamentos que teria enquanto trabalhador rural assalariado. Enquanto morador urbano, ele possui uma determinada dinâmica em sua territorialidade. Na periferia, ele pode construir uma série de territórios e passar em cada um deles no decorrer do dia, como o operário da fábrica. É evidente que seus territórios serão outros, mas a dinâmica de passagem por vários territórios é semelhante. Existe seu território de morador, onde ele conhece os códigos territoriais e as relações de poder que compreendem sua "comunidade". Existe o território do trabalho, que é muito mais difícil de delimitar do que o do operário fabril. Em um dia, ele é pedreiro; no outro, porteiro, segurança etc. Quando chega a época da colheita, ele se desterritorializa, abre os agenciamentos e vai se reterritorializar no trabalho na lavoura. Quando este termina, ele novamente vivencia os agenciamentos da vida urbana.

Neste momento, devemos promover o encontro entre desterritorialização absoluta e desterritorialização relativa. Afirmamos anteriormente que ambas perpassam uma a outra e que o pensamento necessita de um meio — a própria terra. "Resta que a desterritorialização absoluta só pode ser pensada segundo certas relações, por determinar, com as desterritorializações relativas, não somente cósmicas, mas geográficas, históricas e psicossociais" (1992:117). Para o pensamento existir, é necessário um encontro. O maior exemplo citado pelos autores é o da Filosofia. Deleuze e Guattari argumentam que,

> *para que a filosofia nascesse, foi preciso um encontro entre o meio grego e o plano de imanência do pensamento. Foi preciso a conjunção de dois movimentos de desterritorialização muito diferentes, o relativo e o absoluto, o primeiro operando já na*

imanência. Foi preciso que a desterritorialização absoluta do plano de pensamento se ajustasse ou se conectasse diretamente com a desterritorialização relativa da sociedade grega (1992:122).

Este pensamento trabalha buscando identificar os encontros. É fundamental, aí, identificar o que foi preciso encontrar-se, conectar-se, romper-se, para que o pensamento e o *socius* como tais se constituíssem — em síntese, que territórios foi preciso destruir e que outros territórios foi preciso construir para que essa realidade emergisse.

Deleuze e Guattari vão afirmar que a Filosofia "é uma geofilosofia exatamente como a história é uma geo-história, do ponto de vista de Braudel" (1992:125). Estas afirmações são fruto de um pensamento que é produzido a partir dos encontros, dos agenciamentos maquínicos de corpos e coletivos de enunciação, da construção do plano de imanência do pensamento, que por sua vez também é povoado por conceitos.

Desta forma, os autores nos ajudam a construir tanto uma Geografia do *socius*, que nos interessa mais diretamente, quanto uma Geografia do pensamento, tendo a clareza de que ambas perpassam uma à outra, tal como a desterritorialização absoluta e a desterritorialização relativa. "Mas é em campos sociais concretos, em movimentos específicos", ressalta Deleuze, "que os movimentos comparativos de desterritorialização, os *continuums* de intensidade e a combinação de fluxos que eles formam, devem ser estudados" (Deleuze e Parnet, 1987:135).

Sem dúvida esta abordagem, por maiores que sejam nossas ressalvas em relação a alguns pressupostos filosóficos (e suas repercussões políticas) ou a noções como a de "desterritorialização absoluta" (porque geograficamente nunca "absoluta"), ajuda-nos a demonstrar a importância da Geografia, uma vez que, aí, ela se torna uma condição para a própria História e não uma mera disciplina "acessória".

Deleuze e Guattari afirmam que:

a geografia não se contenta em fornecer uma matéria e lugares variáveis para a forma histórica. Ela não é somente humana e física, mas mental, como a paisagem. Ela arranca a história do culto da necessidade, para fazer valer a irredutibilidade da contingência. Ela a arranca do culto das origens, para afirmar a potência de um "meio" (o que a filosofia encontra entre os gregos, dizia Nietzsche, não é uma origem, mas um meio, um ambiente, uma atmosfera ambiente: o filósofo deixa de ser cometa...). Ela a arranca das estruturas, para traçar as linhas de fuga que passam pelo mundo grego, através do Mediterrâneo. Enfim, ela arranca a história de si mesma para descobrir os devires, que não são a história mesmo quando nela recaem (...) (1992:125).

Assim como a História foi predominantemente "escrita do ponto de vista dos sedentários, e em nome de um aparelho unitário de Estado, (...) inclusive quando se falava sobre nômades" (1995a: 35), a Geografia menosprezou as dinâmicas des-re-territorializadoras como centro de sua análise. Deleuze e Guattari, na radicalidade de seu pensamento, na riqueza (e ambivalência) de suas metáforas-conceitos, no mínimo são um alerta para esta guinada necessária. Ainda que tenhamos de retirar o "nomadismo" de sua condição metafórica algo romântica e a-histórica (Kaplan, 2000; ver o Capítulo 6), ele é indicativo de uma indubitável centralidade requisitada pelos estudos espaciais em torno dos fenômenos de deslocamento e das des-conexões, especialmente diante da nossa nova experiência "pós-moderna" de espaço-tempo.

4

Pós-modernidade, "Desencaixe", Compressão Espaço-tempo e Geometrias do Poder

Para entender a desterritorialização, propusemos num primeiro momento refletir sobre as abordagens conceituais ligadas à sua "raiz", o território, na medida em que ela só se define, como enfatizam Deleuze e Guattari, em relação à sua contraparte indissociável, a territorialização. Concluímos percebendo que, mesmo que adotemos uma conceituação genérica de território, ligada à idéia de "controle" social do movimento no e pelo espaço, em sentido lato, isto é, ao mesmo tempo como domínio concreto e como apropriação simbólica, nos termos de Lefebvre (ou nos sentidos funcional e expressivo, conforme Deleuze e Guattari), este tipo de controle deve ser sempre histórica e geograficamente contextualizado, ou seja, deve ser visto em sua especificidade espaço-temporal. Trabalhamos aqui com a idéia de que o que denominamos hoje de desterritorialização, muito mais do que representar a extinção do território, relaciona-se com uma recusa em reconhecer ou uma dificuldade em definir o novo tipo de território, muito mais múltiplo e descontínuo, que está surgindo.

Concretamente, podemos dizer que a desterritorialização como a "outra metade" da dinâmica de territorialização é uma constatação banal, já que sempre esteve presente ao longo de toda a história humana. Ocorre que a utilização do termo e mesmo o debate sobre a transformação territorial, ou do território envolvido no movimento da sociedade, são relativamente recentes. Ainda que alguns dos pressupostos para o debate tenham raízes bastante antigas, como vimos através da obra de Émile Durkheim na passagem do século XIX para o XX, o discurso sobre a desterritorialização só efetivamente tomou vulto nas últimas décadas, em especial nos anos 1990, relacionado ao que muitos denominaram de advento de uma "condição da pós-modernidade", e frente à qual filosofias pós-estruturalistas como a de Deleuze e Guattari são, muitas vezes, consideradas fundadoras.

Situar historicamente a concepção de desterritorialização significa assim pautá-la dentro de debates mais amplos, especialmente aquele da experiência espaço-tempo entre a modernidade e a pós-modernidade. Tanto mais porque, como ficará mais nítido no próximo capítulo, diversos autores associam o caráter "desterritorializado" da sociedade contemporânea à sua condição "pós-moderna". As ambigüidades do discurso sobre a pós-modernidade, no entanto, dão origem a interpretações as mais díspares, e o saco de gatos em que se transformou o pós-modernismo acaba muitas vezes se tornando mais um empecilho do que um instrumento útil para compreender o nosso espaço-tempo. O quadro a seguir (Haesbaert, 1998) oferece uma síntese didática dessas diversas posições teórico-filosóficas e político-ideológicas sobre a pós-modernidade, a partir da filiação de alguns de seus principais mentores.

Quadro 4.1. *A modernidade/pós-modernidade em suas múltiplas perspectivas.*

Crise atual		Posição política			
Amplitude	Valor	Conservadora		Crítica	
		Negativa	Positiva	Positiva	Negativa
PÓS-MODERNOS	Total			"Anarquistas" Vattimo, Lyotard	Baudrillard (?)
				Maffesoli	Guattari (?)
	Parcial*	"Neoconservadores" A. Gellen		Yudice	S. Lash
MODERNOS	Parcial*			Octavio Paz (?)	D. Harvey Castoriadis (?) Jameson Giddens (?) Chesnaux
	Total	Daniel Bell Fukuyama			Habermas (?)

* Mudanças parciais, numa única dimensão social, geralmente cultural.
FONTE: Haesbaert, R. (1997b).

Para muitos, o pós-modernismo, ao romper com uma época, inaugura uma nova sensibilidade, uma nova leitura e uma nova experiência de mundo, diretamente vinculada aos novos paradigmas tecnológicos que balançam as antigas certezas e os antigos laços da sociedade com o espaço. Ocorreria assim um descentramento do indivíduo em relação a comunidades bem delimitadas, os contatos se fariam cada vez mais a distância, prescindindo da contigüidade física. Este descentramento e esta instabilidade "des-localizada" são, para alguns, uma marca essencial da pós-modernidade.

Para outros, contudo, que entendem a pós-modernidade não a partir da idéia de ruptura (como o fazem Lyotard, 1986[1979] e Vattimo, 1990), mas de continuidade e mesmo dentro de uma radicalização das características da modernidade (como Habermas, 1990 [1985] e Giddens, 1991), estes traços já estavam sendo gestados pela modernidade, esta era onde, desde a Revolução Industrial, "tudo que é sólido" tende a se "desmanchar no ar", como enfatizou Berman (1986) retomando a famosa expressão cunhada por Marx. Para Balandier, por exemplo, o discurso pós-moderno acentua os traços fundamentais da modernidade, que se define pelo "movimento mais a incerteza":

> *O movimento se realiza em múltiplas formas, vistas por muitos tanto como armadilhas ou como máscaras da desordem. O vocabulário pós-moderno ajusta-se a esse inventário especulador da "desconstrução" e das simulações. Há alguns anos forma-se progressivamente a lista dos desaparecimentos: do campo à cidade, dos grupos de relações entre indivíduos, destes aos espaços da cultura e do poder, tudo foi condenado ao apagamento, à realidade mínima. (...) As aparências, as ilusões e as imagens, o "ruído" da comunicação desnaturada e efêmera tornaram-se pouco a pouco os elementos constitutivos de um real que não é uno, mas que é percebido e aceito sob esses aspectos* (Balandier, 1997:11).

Mas enquanto a modernidade estava politicamente marcada pelo mito da Revolução, ou, pelo menos, da inovação permanente, da mudança, a pós-modernidade estaria ligada à repetição (ou "replicação"), ao anti-histórico, ao presente contínuo, enfim, na ótica severamente crítica de Cornelius Castoriadis (1990), a uma "era do conformismo generalizado".

O projeto de autonomia individual (o "indivíduo-sujeito", produto central da modernidade) e de secularização-imanência (implicando a não-subordinação a uma ordem superior ou [sobre]natural), associado ao sentido "desterritorializador" da dessacralização da natureza e do mundo, nunca foi completamente realizado. Mesmo que estas características tenham sido amplamente difundidas e que elas estejam carregadas dessa perspectiva desterritorializadora, não há dúvida de que, mesmo rompendo com as territorializações tradicionais, de marca comunitária, a modernidade funda sua própria reterritorialização.

Para alguns autores, como Michel Maffesoli (2001 [1997]), o próprio indivíduo pode ser o elemento central dessa reterritorialização: "é possível (...) que o indivíduo, sustentado pela ideologia individualista, seja a 'territorialização' por excelência da modernidade" (p. 81), e que "numa perspectiva universalista, querendo ultrapassar os diversos 'territórios' comunitários, a modernidade exacerbou o 'território' individual", estigmatizando o nomadismo (p. 83).

Se há de fato uma marca da modernidade em relação à temática central deste trabalho, esta é a de sua constante des-re-territorialização, num ritmo nunca antes percebido. Isto está associado, acima de tudo, ao seu caráter inerentemente reflexivo (Beck, Giddens e Lash, 1997) e ambivalente[1].

Nas palavras de Kumar:

A modernidade em geral é concebida como um conceito aberto. Implica a idéia de continuação ininterrupta das coisas. Isto está implícito em sua rejeição ao passado como fonte de inspi-

---

[1] Castoriadis (1990) define o período moderno como aquele da luta e imbricação mútua entre duas "significações imaginárias": a autonomia, de um lado; a expansão ilimitada do 'domínio racional', de outro". Hoje, com a crise do projeto de autonomia e da oposição ao capitalismo, a chamada pós-modernidade não seria senão uma "época de conformismo generalizado". Apesar dos graus muito distintos de suas críticas ao capitalismo, autores como Castoriadis, Habermas e Giddens partilham a mesma idéia da ambivalência da modernidade, uma "faca de dois gumes" entre autonomia e heteronomia, razão instrumental e razão crítica. Para Giddens, a modernidade representa, de um lado, segurança, oportunidade e confiança; de outro, perigo e risco. Enquanto para Habermas (1990[1985]) ela ainda é um projeto inacabado, para Castoriadis (1990) trata-se, intrinsecamente, de um projeto que nunca será finalizado, na medida em que deve estar sempre aberto a reformular (em outras palavras, refletir sobre) seus princípios, reavaliar seus pressupostos.

ração ou como exemplo. A modernidade não é apenas fruto da Revolução — em especial da americana e da francesa mas é em si, basicamente, revolucionária, uma revolução permanente de idéias e instituições (Kumar, 1997:92).

Este caráter "revolucionário" da modernidade, porém, em seu sentido desestruturador/desestabilizador dos espaços — em uma palavra, desterritorializador, também se revelou ambíguo. Para Baudrillard (1989), a modernidade, "mesmo articulada sobre as revoluções, não é a revolução. Ela é, como diz Lefebvre, 'a sombra da revolução frustrada, sua paródia'". Já na visão de Octavio Paz, a revolução, mito moderno por excelência, enquanto fundação unilateral do novo, tem uma outra face: ao mesmo tempo que "rompe com o passado e estabelece um regime racional e justo, radicalmente diferente do antigo", é vista como "um retorno ao início", "ao momento da origem, antes da injustiça" ou ao momento em que, como diz Rousseau, "um homem marcou os limites de um pedaço de terra e disse: 'isso é meu'" (Paz, 1989:8). No fundo, um processo único de des-re-territorialização.

Ao mesmo tempo em que imagina destruir ou transformar toda a territorialidade previamente existente, a "revolução" moderna elabora um território mítico fundado em origens comunitárias, "um momento do tempo cíclico" que tenta resgatar uma igualdade e uma fraternidade atemporais, como no Paraíso de uma visão teológica de mundo. Para Deleuze e Guattari (1991:97), "a revolução é a desterritorialização absoluta no próprio ponto onde esta apela à nova terra, ao novo povo"[2].

A crescente racionalização veio assim acompanhada pela criação de novos mitos, tanto o da revolução quanto o do domínio técnico-racional do mundo. Na prática, a padronização e a mercantilização alcançaram um grau nunca visto, atingindo pratica-

---

[2] Sobre a concepção de desterritorialização absoluta (e relativa), ver o capítulo anterior.

mente todas as esferas da vida, tendo sido radicalizadas na chamada pós-modernidade pela ampliação inédita nas esferas estética e simbólico-cultural. Paralela a uma crescente exclusão socioeconômica aliada a processos como a financeirização do capital (Chesnais, 1996) ocorre uma "inclusão simbólica", com grande parte dessa massa de excluídos dividindo os mesmos anseios, a mesma ideologia da sociedade de consumo efetivamente acessível apenas às camadas mais privilegiadas.

Vinculado por muitos com a força das transformações tecnológicas, o sentido revolucionário da modernidade aparece também associado às mudanças de padrão tecnológico. Para Habermas (1983 [1968]), no atual estágio da sociedade capitalista (ele se referia ao final dos anos 1960), em que "ciência e técnica tornam-se a principal força produtiva" (p. 330), "o desenvolvimento do sistema social *parece* ser determinado pela lógica do progresso técnico-científico" (p. 331). Neste, vulnerável à reflexão, tornada "*apenas* ideologia", a consciência tecnocrática não só justifica um interesse de dominação e oprime a necessidade de emancipação, como atinge o próprio interesse emancipatório humano como um todo (p. 335).

Assim, a desterritorialização, associada ao mito da revolução e ao domínio do universo científico-tecnológico inerente à reprodução capitalista, seria uma marca da sociedade moderna e não simplesmente um traço fundamental da pós-modernidade contemporânea[3]. Como afirma Ortiz (1996), "a modernidade é talvez a primeira civilização que faz da desterritorialização seu princípio. É des-centrada (o que não quer dizer fragmentada, como pretendem alguns autores)" (p. 67).

Latouche (1994 [1989]) talvez tenha sido o autor que levou mais longe a tese de uma modernidade desterritorializada. Para ele, a configuração de uma "sociedade-mundo" se deu graças, em primeiro lugar, a um "mecanismo" (não exclusivamente econômico)

---

[3] Embora minoritários, há autores que defendem a idéia de uma pós-modernidade profundamente reterritorializadora, como no neotribalismo de Michel Maffesoli (1987), comentado no próximo capítulo.

de trocas cada vez mais intensificado. "Como única 'sociedade' baseada no indivíduo, ela não tem fronteiras verdadeiras. O projeto civilizatório da modernidade não tem sujeito próprio, nem base territorial definida de maneira estrita", e o móvel deste universalismo é "a concorrência dos indivíduos e a busca da *performance*" (p. 53). A desterritorialização seria da própria "natureza e essência" da acumulação do capital, sem ligação com uma "pátria". Exagerando, ele fala mesmo de um "paradigma desterritorializado" (p. 46) produzido pelo Ocidente e com o qual este profundamente se identificaria.

Ortiz também defende o caráter desterritorializador da modernidade através da figura do Estado nação. Ele entende a modernidade como "organização social à qual corresponde um estilo de vida, um modo de ser", em que o mundo técnico-industrial desloca as relações sociais "dos contextos sociais de interação" e as reestrutura "por meio de extensões indefinidas de tempo-espaço. Os homens se desterritorializam, favorecendo uma organização racional de suas vidas", o que só se efetiva porque o "sistema técnico" da sociedade "permite um controle do espaço e do tempo" (p. 45).

Esta tese, entretanto, não é isenta de contraposições. Para Giddens (1991),

As sociedades modernas (Estados-nações), sob alguns aspectos, de qualquer maneira, têm uma limitação claramente definida. Mas todas essas sociedades são também entrelaçadas com conexões que perpassam o sistema sócio-político do Estado e a ordem cultural da "nação". Nenhuma das sociedades pré-modernas, virtualmente, era tão claramente limitada como os Estados-nações modernos. As civilizações agrárias tinham fronteiras, no sentido que os geógrafos atribuem ao termo, embora comunidades agrícolas menores e sociedades de caçadores e coletores normalmente se diluíssem em grupos em torno delas e não fossem territoriais no mesmo sentido que as sociedades baseadas no Estado (Giddens, 1991:23).

Em certo sentido, portanto, a sociedade moderna seria a mais territorializada, uma verdadeira "sociedade territorial", ou seja, com fronteiras mais definidas e um mesmo padrão de ordenamento territorial, o do Estado-nação, efetivamente universalizado, ao contrário da multiplicidade e da flexibilidade territorial (às vezes bastante relativa) das sociedades pré-modernas. Como veremos, esta crise do domínio de uma territorialidade universal e padronizada é uma das marcas fundamentais da assim chamada desterritorialização "pós-moderna" contemporânea.

Contudo, deve-se ressaltar que o Estado territorial teve, desde seu nascimento, um papel ambíguo: controlar e classificar, através do espaço, mas não simplesmente para reter entre suas fronteiras (cujo caráter é sobretudo funcional-instrumental, ou seja, são dotadas de uma flexibilidade controlada). Trata-se sempre de uma contenção relativa na medida em que o Estado sempre foi um gestor fundamental do capitalismo, detendo os meios mais eficazes de ação militar e constituindo o principal veículo implementador (ainda que de forma extremamente parcial) dos ideais universalistas de autonomia e cidadania. Dada a importância da "desterritorialização estatal" no discurso da pós-modernidade, esta questão será retomada no item 5.2 (p. 194).

Por outro lado, é importante lembrar que, apesar de dominante, a lógica territorial estatal não é, obviamente, a única grande marca do caráter territorial da sociedade moderna. Por exemplo, na concepção de sociedade moderna como sociedade disciplinar, Foucault (1984) se reporta aos "espaços disciplinares", moldados pela lógica dos micropoderes (não redutíveis ao poder hierarquizado a partir do Estado e das classes dominantes), na construção do controle e da vigilância sociais.

Neste caso, o controle "territorial" visa principalmente a disciplinarização dos corpos, procedendo para isso a uma disposição ordenada no tempo e no espaço. Trata-se de um princípio de vigilância, pautado na figura arquitetônica do Panóptico de Jeremy Bentham (ver, a este respeito, Silva [org.], 2000). A passagem, hoje dessa sociedade disciplinar, espaço-temporalmente ordenada, para uma sociedade de controle, organizada sobretudo em termos informacionais, pode muito bem, como veremos no Capítulo 6, ser outro argumento em favor dos discursos da desterritorialização.

"Modernidade radicalizada", "sociedade pós-industrial", "sociedade de controle"... seja qual for o termo que utilizarmos para caracterizar a época contemporânea, precisamos enunciar os elementos da mudança. Partilhamos assim da interpretação de pós-modernidade como uma condição ou lógica cultural vinculada, de diversas formas, com a "modernidade radicalizada" e, pelo viés econômico, com o capitalismo pós-fordista ou flexível, tal como enfatizado por autores como Jameson (1984) e Harvey (1989). Não se trata, contudo, em hipótese alguma, de um simples "resultado" de condições materiais, numa perspectiva filosófica estritamente materialista, pois esta "lógica cultural" é também responsável por uma série de transformações na sociedade.

Harvey, numa posição materialista mais pronunciada, faz uma associação muito nítida entre pós-modernidade e capitalismo de acumulação flexível. Jameson confirma sua tese do pós-modernismo como "a lógica cultural do capitalismo tardio", associando as correntes culturais do realismo, modernismo e pós-modernismo com as três fases do capitalismo de Ernst Mandel: capitalismo mercantil, capitalismo monopolista ou imperialista e capitalismo multinacional ou "tardio" — este, até aqui, sua forma mais pura, moldado pela sociedade de consumo, que é denominada por alguns — equivocadamente, na visão do autor — "sociedade pós-industrial".

Deste modo, para Jameson, "(...) o que vimos chamando de espaço pós-moderno (ou multinacional) não é meramente uma ideologia cultural ou uma fantasia, mas é uma realidade genuinamente histórica (e socioeconômica), a terceira grande expansão original do capitalismo pelo mundo (...)" (p. 75). Nesta lógica econômico-cultural pós-moderna, habitamos mais a sincronia do que a diacronia, o espaço, e não mais o tempo, se torna nossa referência fundamental, o presente (o "novo", o moderno) e não mais o passado (o "antigo", a tradição). Diz ele:

Penso que é possível argumentar, ao menos empiricamente, que nossa vida cotidiana, nossas experiências psíquicas, nossas linguagens culturais, são hoje dominadas pelas categorias de espaço e não de tempo, como o eram no período anterior do alto modernismo (Jameson, 1996[1984]:43).

O presente se torna, assim, reificado, na ausência de uma relação coerente entre passado, presente e futuro. Trata-se de uma "esquizofrenia" onde se vivencia uma série de "puros presentes, não relacionados no tempo", rompendo-se a cadeia de significação em puros significantes materiais presentificados (Jameson, 1996: 53). Harvey (1992[1989]) acrescenta que "o caráter imediato dos eventos, o sensacionalismo do espetáculo (político, científico, militar, bem como de diversão) se tornam a matéria de que a consciência é forjada" (p. 57).

Daí o peso contemporâneo dos processos de diferenciação em detrimento dos processos de unificação. Rejeitada a idéia de progresso e ordem temporal, a história é "pilhada" e reunida em pedaços aparentemente desconectados, de que o ecletismo da arquitetura, enquanto linguagem estética privilegiada na pós-modernidade, é um dos exemplos mais contundentes. Aí, "os reflexos distorcidos e fragmentados de uma superfície de vidro a outra podem ser considerados como paradigmáticos do papel central do processo e da reprodução na cultura pós-moderna" (Jameson, 1996:63). O próprio planejamento urbano não é visto mais enquanto totalidade, a cidade é tratada em seus múltiplos fragmentos, em sua "polifonia" parcelada, em seus constantes processos de diferenciação interna.

Por fim, uma questão central e muito problemática deste espaço fragmentado, ou, em outras palavras, "des-locado", é sua representação: o mundo globalizado se tornaria irrepresentável (mas não incognoscível, ressalta Jameson). As transformações do "hiperespaço pós-moderno" transcendem "definitivamente a capacidade do corpo humano individual de autolocalizar-se, para organizar perceptivamente o espaço de suas imediações, e para cartografar cognitivamente sua posição num mundo exterior representável"

(p. 97). A nova máquina pós-moderna "não representa o movimento, mas pode somente representar-se *em movimento*" (p. 100).

Vivemos numa "confusão espacial e social (...). A forma política do pós-modernismo, se houver uma, terá como vocação a intervenção e o desenho de mapas cognitivos globais, tanto em uma escala social quanto espacial" (Jameson, 1996:121). Assim, a concepção de espaço desenvolvida pelo autor "sugere que um modelo de cultura política apropriado a nossa própria situação terá necessariamente que levantar os problemas do espaço como sua questão organizativa fundamental" (p. 76).

Esta crise nas representações espaciais pode, também, de alguma forma, ser associada à desterritorialização. Mas, tal como na nossa crítica da desterritorialização muito mais como "mito", aqui também podemos dizer que a "não-representabilidade" do mundo é outro mito, no sentido de que se trata, isto sim, de perceber com que nova "cartografia" (ou geografia) estamos trabalhando, ou melhor, de que nova experiência de espaço-tempo estamos falando.

Massey (1993a) parte da idéia de espaço como uma "dimensão" (em hipótese alguma estática ou se opondo ao movimento) dotada dos três "momentos" identificados por Lefebvre (espaços percebido ou "praticado", concebido ou representado e vivido através de suas imagens e símbolos) e de sua indissociável relação com a dimensão temporal, uma (re)definindo a outra. A partir desta concepção, a autora atenta para a despolitização do discurso pós-moderno, o que inclui uma crítica ao sentido "irrepresentável" do espaço proposto por Jameson. Enquanto alguns autores, como Ernest Laclau (1990), vêem o espaço como estático e, portanto, uma regularidade sem movimento ou "deslocamento", impedindo assim a emergência do novo ou "a possibilidade do político", Jameson identifica no aspecto oposto, no "caos" ou no "des-locamento" espacial contemporâneo, as dificuldades do político.

Para Massey, o espaço como o "caos irrepresentável", em Jameson, traduz uma velha questão geográfica que discute a dificuldade de se trabalhar com a justaposição de fenômenos no espaço, ao contrário da maior facilidade que se teria em se tratando de justaposições no tempo. Isto seria devido "em parte, porque no espaço pode-se seguir em qualquer direção e, em parte, porque no espaço coisas que estão próximas não estão, necessariamente, conectadas" (Massey, 1993a:158). Mas o tempo também não se reduz "à segurança confortadora de uma história que é possível ser contada". Coerência e lógica não são específicas da temporalidade, a não ser daquela temporalidade que Jameson gostaria que fosse restaurada, o "tempo/História na forma de Grande Narrativa" (p. 158).

O problema se refere ainda à concepção de tempo como "coerência seqüencial", pois o histórico de fato coloca problemas semelhantes aos da representação geográfica. Assim:

> (...) tanto para Laclau quanto para Jameson, tempo e espaço são fechamento/representabilidade causal, por um lado, e irrepresentabilidade por outro. (...) O que os une e que considero que deve ser questionado, é a real contraposição entre espaço e tempo. Trata-se de uma contraposição que torna difícil pensar o social em termos das reais multiplicidades do espaço-tempo (Massey, 1993a:158).

Daí o paradoxo: em plena "era do espaço", temos também a era da "desterritorialização", neste caso significando, de forma mais ampla, "desespacialização". Seguindo o raciocínio de Jameson e de outros autores, não é porque o espaço "desapareceu", mas sim porque ele adquiriu um peso tal que, visto de maneira desproporcional e dicotomizada, "suplantou o tempo". Tempo e espaço teriam sido de tal forma dissociados que o que domina, na verdade, é um espaço des-historicizado, um espaço sem tempo: "(...) vivemos a pura sincronia", diz Jameson, um presente perpétuo — o "puro" espaço que, por não existir nunca como tal[4], quando isolado do tempo simplesmente desaparece. Dominados pelo espaço

---

[4] Moreira (1993) utiliza a interessante metáfora do espaço como "o corpo do tempo" para definir essa indissociabilidade.

sem tempo — ou, na perspectiva inversa, pelo tempo sem espaço —, perdemos o "verdadeiro" espaço, que é o espaço densificado pela história e aberto às novas possibilidades do futuro.

4.1. O desencaixe espaço-temporal

A "superabundância" de espaço na sociedade pós-moderna, tal como referido por Jameson, contrasta com a outra ponta do mesmo discurso dissociativo espaço-tempo, o do "esvaziamento" do espaço, da sua "supressão" pelo tempo, pela velocidade. Ao falar-se da "aniquilação do espaço pelo tempo", como dizia Marx, fala-se mais, na verdade, de uma extensão ou "distanciamento" maior do espaço no tempo (acontecimentos "em tempo real" afetando áreas extremas ao redor do mundo, por exemplo) do que do desaparecimento de um sob o domínio do outro. Em outras palavras, o espaço — ou o território — não desaparece, mas muda de "localização", ou melhor, adquire outro sentido relacional. O que antes fazia parte de um aqui e agora conjugado ("encaixado", diria Giddens), passa a se dissociar espacialmente (se "distanciar" ou "se alongar", ainda nos termos de Giddens). Mais uma vez se trata aqui da interpretação, equivocada, que resgata o debate sobre a espacialidade — ou a territorialidade — para decretar sua dissolução.

Ainda que raciocinássemos na leitura idealista kantiana, em que espaço e tempo não são realidades empíricas, mas categorias da consciência, representações ou idéias *a priori* para o entendimento do mundo, com certeza o espaço teria um importante papel a jogar. É o que se observa nos estudos de viés neokantiano do geógrafo suíço-alemão Benno Werlen. Para ele, "o sujeito conhecedor e agente" é que deve estar no centro da visão geográfica de um mundo globalizado, e "não mais o espaço ou as regiões" (Werlen, 2000:21). Cada sujeito está permanentemente "regionalizando o mundo através de suas ações" (p. 23). O foco no sujeito e não no espaço é a proposta de sua geografia com base na teoria da ação social.

Embora não concordemos com um certo idealismo presente na geografia da ação "espaço-descentrada" de Werlen, partilhamos de sua ênfase ao caráter "desencaixado" da sociedade globalizada, da alta modernidade contemporânea. Werlen, com base nas proposições de Anthony Giddens, distingue as sociedades tradicionais ou "regionais", espaço-temporalmente "encaixadas", das sociedades modernas, espaço-temporalmente "desencaixadas". Nas sociedades tradicionais, a interação face a face é praticamente a única forma possível de se realizar a comunicação. A economia encontra-se muito dependente das condições físicas onde a produção se instala e "a significação aparece como uma qualidade das coisas profundamente enraizada e encaixada no território de uma dada cultura" (Werlen, 2000:15)[5].

Nas sociedades modernas e, mais notadamente, nas sociedades globalizadas da modernidade tardia ou radicalizada, ocorre o fenômeno do "desencaixe"[6], definido por Giddens como "o 'deslocamento' [*lifting out*] das relações sociais de contextos locais de interação e sua reestruturação através de extensões indefinidas de espaço-tempo" (1991:29). Devemos, contudo, considerar esta disjunção espaço-tempo de forma relativa, na medida em que, por serem indissociáveis, espaço e tempo, ou melhor, o espaço-tempo, estão na verdade sofrendo uma mutação, aparentemente representada, no momento atual, por esta espécie de "desencaixe". Tal como

---

[5] Aqui é importante lembrar, contudo, que esta idéia mais ampla de "encaixe" tempo-espaço em termos de experiência da vida cotidiana não implica uma perfeita justaposição espacial em termos de fronteiras territoriais. Na verdade, muitas sociedades tradicionais enfrentavam uma superposição territorial maior do que muitas sociedades modernas. Talvez pudéssemos afirmar que estamos hoje, com a crise do Estado nação, retomando uma situação mais múltipla e multiterritorial.

[6] Tradução problemática para o português do termo original em inglês *disembedding*, já que *to embed*, segundo o *Moderno Dicionário Michaelis Inglês-Português*, significa, além de "encaixar", "enterrar", "embutir, engastar, fixar, incrustar", o que indica que o termo pode também ser traduzido como "desembutir" ou "desincrustar".

a desterritorialização, que é apenas uma face de uma dinâmica conjunta de reterritorialização, o desencaixe espaço-temporal representa uma das faces do processo de reencaixe, em novas bases histórico-geográficas.

Um dos traços fundamentais que caracterizam a modernidade radicalizada (nos termos de Giddens) é a base tecnológica, fundada pela informatização, que teria "desencaixado" espaço e tempo de tal forma que não podemos mais delimitar grupos sociais e culturais a partir de uma base territorial bem definida. O contato multiescalar, do local ao global, complexificou muito as relações sociais e fez com que escalas tradicionalmente bem definidas e dominantes, como a do Estado-nação e a da "região", se tornassem mais patamares de intermediação do que escalas centrais de referência.

Segundo Giddens, haveria hoje dois tipos de mecanismos de desencaixe. O primeiro é o das "fichas simbólicas", meios de intercâmbio que circulam sem considerar ambientes de características específicas de grupos ou conjunturas particulares, como o dinheiro e os cartões de crédito. O segundo é o dos "sistemas peritos" (ou *experts*), em que um conjunto de conhecimentos e/ou técnicas permite que se usufrua de inúmeras tecnologias e serviços pela simples confiança no "conhecimento perito" dos *experts* que os concebem.

Em ambos os mecanismos, a confiança é o elemento fundamental, já que ninguém tem conhecimento efetivo das técnicas ou dos sistemas de informações frente aos quais é colocado. Fichas simbólicas e sistemas peritos "são mecanismos de desencaixe" porque:

(...) removem as relações sociais das mediações de contexto. Ambos os tipos de mecanismos de desencaixe pressupõem, embora também promovam, a separação entre tempo e espaço como condição do distanciamento tempo-espaço que eles realizam. Um sistema perito desencaixa da mesma forma que uma ficha simbólica, fornecendo "garantias" de expectativas através do tempo-espaço distanciados (Giddens, 1991:136).

Segundo Giddens, esta problemática dissociação, este "alongamento" ou este distanciamento tempo-espaço é fundamental para o dinamismo da modernidade pelo menos por três motivos:

1) É a principal condição do que Giddens denomina processo de desencaixe: "A separação entre tempo e espaço e sua formação em dimensões padronizadas, 'vazias', penetram as conexões entre a atividade social e seus 'encaixes' nas particularidades dos contextos de presença" (Giddens, 1991:28).
2) Este distanciamento proporciona a base dos mecanismos para a organização racionalizada, capaz de conectar local e global, o que era impensável nas sociedades ditas mais tradicionais.
3) "(...) a historicidade radical associada à modernidade depende de modos de 'inserção' no tempo e no espaço que não eram disponíveis para as civilizações precedentes" (p. 28). Faz-se uma apropriação unitária do passado, e este passado uno, com o mapeamento planetário, torna-se passado mundial: "tempo e espaço são recombinados para formar uma estrutura histórico-mundial genuína de ação e experiência" (o tempo-espaço mundial).

Assim, pode-se ler aí uma desterritorialização como dinâmica de "esvaziamento" do espaço em relação ao tempo ou vice-versa: não há mais, obrigatoriamente, a necessidade de que o contexto, em seu sentido tradicional de entorno imediato ou condições ambientais diretas, seja o principal elemento para compreendermos as relações sociais (ou socioespaciais) — na verdade, é a própria concepção de "contexto" que está sendo alterada. Cada vez mais a dinâmica social se efetiva em relação com outros níveis espaciais, outros pontos de referência, muitas vezes completamente alheios às circunstâncias locais ou de contato face a face.

Isto tudo significa, no entanto, que não se trata propriamente nem de um "esvaziamento" nem de uma separação, como o termo "desencaixe" supõe, mas sim de uma espécie de "alongamento", nos termos do próprio Giddens, de inter-relações mais extensas porque descontínuas, podendo associar espaços muito distantes numa mesma temporalidade. Trata-se, enfim, de espaço-tempos mais múltiplos, combinações muito mais imprevisíveis e espacialmente mais fragmentadas.

As relações que antes se faziam "aqui e agora", conjugadas num mesmo tempo-espaço, podem ser espacialmente dissociadas, "desencaixadas", para se "reencaixarem" em outra configuração e/ou escala espacial. Se "desencaixe" pode ser associado com desterritorialização, então o "reencaixe" seria a reterritorialização. Segundo Giddens:

> *O correlativo do deslocamento é o reencaixe* [reembedding]. *Os mecanismos de desencaixe tiram as relações sociais e as trocas de informação de contextos espaço-temporais específicos, mas ao mesmo tempo propiciam novas oportunidades para a sua reinserção. (...) O mesmíssimo processo que leva à destruição das vizinhanças mais antigas da cidade e à sua substituição por enormes edifícios de escritórios e arranha-céus permite com freqüência o enobrecimento de outras áreas e a re-criação da localidade. (...) O próprio significado do transporte que ajuda a dissolver a conexão entre a localidade e o parentesco fornece a possibilidade para o reencaixe, tornando fácil visitar parentes "próximos" que estão bem longe* (p. 142).

4.2. Compressão tempo-espaço

É interessante perceber que, enquanto Giddens fala de um distanciamento ou "alongamento" espaço-temporal em relação aos contextos locais de interação, Harvey (1989 [1992 na edição brasileira]) se reporta a uma "compressão tempo-espaço" para se referir a um encolhimento do espaço pelo tempo (ou pela velocidade). É como se tivéssemos duas perspectivas diferentes dentro de um mesmo fenômeno — enfocado, portanto, sob ângulos distintos: no primeiro caso, o local se "alonga" ou se "desencaixa" em direção ao global; no segundo, o global se estreita ou se encolhe, se comprime, aproximando-se do nível local (o que fica visível na ilustração que Harvey utiliza de um anúncio publicitário em que a Terra vai se encolhendo ao longo do tempo). Para Giddens, o foco inicial é o local, as "relações de co-presença" que se tornam relações sem rosto, "alongadas" ou globalizadas; para Harvey, o foco primeiro é o global, a compressão do tempo-espaço por inovações tecnológicas crescentes que "encolhem" o mundo de modo que até mesmo no nível local ele pode, de alguma forma, ser reproduzido.

Harvey (1989) discute a compressão tempo-espaço a partir de uma perspectiva histórica, mostrando como os novos sistemas de transporte e comunicação ao longo da história do capitalismo revolucionaram nossas experiências espaço-temporais. Ele faz a primeira referência a este processo ao comentar as bases do pós-fordismo ou capitalismo de acumulação flexível. Sua flexibilidade estaria intimamente associada a um novo "*round*" de compressão tempo-espaço no mundo capitalista:

> *os horizontes de tempo tanto da tomada de decisões pública quanto privada se reduziram, enquanto a comunicação por satélite e o declínio dos custos de transporte tornaram cada vez mais possível expandir imediatamente aquelas decisões sobre um espaço cada vez mais amplo e diversificado* (p. 147).

Assim, repetindo de modo amplificado formas de "compressão" já presentes em outros momentos do capitalismo (como o início do século XX em Viena, por exemplo), a chamada pós-modernidade, no sentido de estar acompanhada pela mudança no padrão de acumulação fordista para o pós-fordista, viu acelerarem-se fenômenos como o ciclo produtivo, a racionalização das técnicas de distribuição e, conseqüentemente, o consumo — incluindo o crescente consumo de serviços. Por isso, nossa "condição pós-moderna" seria um momento inédito de intensificação da compressão tempo-espaço:

Embora as respostas econômicas, culturais e políticas possam não ser exatamente novas, o seu âmbito difere, em certos sentidos importantes, das que foram dadas antes. A intensidade da compressão do espaço-tempo no capitalismo ocidental a partir dos anos 60, com todos os seus elementos congruentes de efemeridade e fragmentação excessivas no domínio político e privado, bem como social, parece de fato indicar um contexto experiencial que confere à condição da pós-modernidade o caráter de algo um tanto especial (Harvey, 1992:276).

O pano de fundo que Harvey utiliza para sua interpretação da compressão espaço-tempo é o materialismo histórico. Desta forma, tal como Jameson, ele argumenta que nossa atual experiência "pós-moderna" de compressão espaço-tempo, como parte da histórica sucessão de outras "ondas" de acumulação, na busca por "aniquilar o espaço" e reduzir o tempo de rotação dos produtos, permite entender a crise cultural de representação do espaço e do tempo:

Se há uma crise de representação do espaço e do tempo, têm de ser criadas novas maneiras de pensar e de sentir. Parte de toda trajetória para sair da condição da pós-modernidade tem de abarcar exatamente esse processo (1992:288).

Há, entretanto, algumas limitações teóricas que devem ser registradas. Às vezes, parece haver uma dissociação entre o concreto e o representado, que é justamente o pressuposto de uma opção pelo materialismo, e, dentro dele, pela base econômica da sociedade. Os "movimentos estéticos" da pós-modernidade acabam sempre explicados, "em última instância", pela crise de acumulação capitalista sob condições do pós-fordismo e seu momento perturbador de compressão tempo-espaço.

Há pouca margem para o múltiplo, o imprevisível ou o inexplicável nesta teia lógico-dialética onde as "respostas" à compressão são completamente desacreditadas, seja o desconstrutivismo (reduzindo "o conhecimento e o significado a um monte desordenado de significantes" [p. 315]), as ações micropolíticas (paroquialismos "estreitos e sectários") ou as linguagens "frenéticas" que refletem essa compressão tempo-espaço, como os escritos de Baudrillard e Virilio ("eles parecem diabolicamente inclinados a fundir-se com a compressão do espaço-tempo e a reproduzi-la em sua própria retórica extravagante" [p. 316]).

Não se trata, obviamente, de criticar a perspectiva filosófica materialista *tout court*, mas de questionar o tipo de análise que, ao tomar partido *a priori* pelo mundo material, acaba muitas vezes diminuindo ou menosprezando o poder do campo "ideal", ou, para Harvey, das "representações". Além disto, ao colocar o material como "base" *a priori*, acaba escorregando, aqui e ali, para interpretações que dicotomizam as relações material-ideal, o que resulta muitas vezes em conseqüências involuntárias, como a separação "moderna" entre espaço e tempo (de alguma forma inaugurada por Kant) e seus correlatos, como fixação e movimento. A realidade social em que construímos nossos espaços (e territórios) não é nem "material" nem "ideal", "em última [ou primeira] instância", ou seja, defendemos uma filosofia (assim como uma concepção de território) não-materialista *e* não-idealista, mas material *e* "ideal" ao mesmo tempo. Empreitada difícil, mas que convém tentar percorrer. Como já afirmava Cornelius Castoriadis em relação à dialética:

> *Uma dialética "não espiritualista" deve ser também uma dialética "não materialista" no sentido de que ela se recusa a estabelecer um ser absoluto, quer seja como espírito, como matéria ou como a totalidade, já dada de direito, de todas as determinações possíveis. Ela deve eliminar o fechamento e a totalização, rejeitar o sistema completo do mundo. Deve afastar a ilusão racionalista, aceitar com seriedade a idéia de que existe o infinito e o indefinido, admitir, sem entretanto renunciar ao trabalho, que toda determinação racional é tão essencial quanto o que foi analisado, que necessidade e contingência estão continuamente imbricadas uma na outra, que a natureza, fora de nós e em nós, é sempre outra coisa e mais do que a consciência constrói* (Castoriadis, 1982:70).

O alongamento e a compressão do espaço-tempo "pós-modernos" priorizam, como já destacamos, dois jogos de escalas ou dois caminhos geográficos possíveis, o que vai do local ao global e o que faz o trajeto inverso, do global ao local, comprovando que os dois movimentos são concomitantes e configurando, de certa forma, aquilo que alguns autores (como Robertson, 1995, e Swyngedouw, 1997) denominam processos de "glocalização", processos estes que não somente relacionam e imbricam dinâmicas locais e globais como criam novas condições, nem locais nem globais em sentido estrito, mas uma conjugação singular, o "glocal".

Não se trata, portanto, de simples "diferenciação combinada", nem de perspectiva nem de direção, em que o mesmo processo que permite ao local se "alongar" no global admite a "compressão" do global no local. Com um pouco mais de atenção, percebemos que as duas expressões podem incorporar sentidos próprios. "Desencaixe" ou "alongamento" indica, ou, de certo modo, é sinônimo de dissociação e de "estiramento", enquanto "compressão" pode indicar uma maior proximidade, uma associação mais íntima, uma condensação. Por outro lado, o "desencaixe" parece mais fácil de ser revertido do que a "compressão", já que esta indica não apenas uma associação, mantidas as características originais, como no termo "desencaixe", mas uma transformação de natureza. Talvez por isso é que encontramos o termo "reencaixe" em Giddens mas não "descompressão" em Harvey.

Palavras são sempre simplificações extremas para nossos conceitos, mas elas podem estar repletas de significados. "Desencaixar" e "alongar" (devemos tomar as duas expressões conjuntamente) significam a possibilidade de "desprender-se", liberar-se, no caso, dos constrangimentos locais, acessando outros espaços, em outras escalas ou situações completamente diferentes da nossa. "Comprimir", espacialmente falando, significa a possibilidade de traduzir em áreas menores fenômenos geograficamente muito mais amplos. O que une estas duas possibilidades é a multiplicidade de espaços-territórios que elas envolvem.

Como se trata na verdade, sempre, não de um espaço separado do tempo, mas de um único espaço-tempo, podemos inverter os fatores e teremos resultados análogos: o tempo também "se alonga" no espaço, na medida em que um mesmo instante se projeta pela Terra inteira, por exemplo, ou "se comprime", no sentido de que um tempo "global" pode instantaneamente se transformar num tempo "local". Vista como a "quarta dimensão" do espaço, na visão einsteiniana, a maior velocidade do tempo (com a proliferação de fenômenos "em tempo real") permite falar num alongamento e encolhimento tanto do espaço quanto do tempo.

O que podemos perceber pelos discursos de Giddens e Harvey é que tanto um quanto outro estão falando, para brincar com as palavras, de uma dissociação-associada entre tempo e espaço, ou melhor, de um espaço-tempo que se dissocia para se reconfigurar em novas bases, em novas "localizações" em sentido amplo. Isto, para aqueles que relacionam desespacialização com desterritorialização, seria o mesmo que falar em uma desterritorialização que implica sempre uma nova territorialização. Mas, como veremos no próximo item, trata-se na verdade de uma leitura muito simplificada da desterritorialização, associada apenas aos processos de compressão e/ou desencaixe espaço-tempo, envolvidos sobretudo com a questão da distância física, ou, nos termos de Shields (1992), com a forma espacial da ausência-presença.

4.3. Geometrias de poder e diferentes formas espaciais

Uma crítica importante à concepção de compressão espaço-tempo é levantada por Massey (1993b), para quem o conceito de Harvey carece de precisão. Embora não critique o pano de fundo materialista do autor ("defender sua maior complexidade não é de modo algum ser antimaterialista") (p. 61), Massey rejeita seu economicismo que, centralizado no "capital", oculta múltiplas influências como aquelas ligadas à etnicidade e ao gênero. Ela também argumenta em favor de uma maior diferenciação social em relação a como a compressão tempo-espaço é vivenciada por diferentes indivíduos em distintas espacialidades e condições sociais. A partir da noção de espaço como "teia complexa de relações de dominação e subordinação, de solidariedade e cooperação", repleto de poder e simbolismo (Massey, 1993a:157), ela desenvolve um de seus conceitos centrais, o de geometrias de poder, as "geometrias de poder da compressão espaço-tempo" (*the power-geometries of time-space compression*).

Para Massey, diferentes indivíduos e grupos sociais estão situados de forma muito distinta com relação aos fluxos e interconexões que a compressão tempo-espaço supõe. A questão é explicitar, portanto, os distintos meandros do poder em que estão situados. Certamente não se trata de um desconhecimento por parte do materialismo histórico de Harvey, inerente que é a este pensamento a crítica às profundas desigualdades sociopolíticas engendradas pelo capitalismo. A questão é que o autor, ao não precisar o conceito, deixa de explicitar este importante elemento de sua análise. Assim, afirma Massey:

> *Esse ponto concerne não simplesmente à questão de quem se desloca e quem não se desloca, embora este seja um de seus elementos importantes; diz respeito também ao poder em relação aos fluxos e ao movimento. Diferentes grupos sociais têm distintas relações com esta mobilidade igualmente diferenciada: alguns são mais implicados do que outros; alguns iniciam fluxos e movimentos, outros não; alguns estão mais na extremidade receptora do que outros; alguns estão efetivamente aprisionados por ela* (Massey, 1993b:61).

Além desta enorme desigualdade dos atores envolvidos, devemos salientar também a diferenciação entre os distintos setores da sociedade e da própria economia. Enquanto o capital pode usufruir de uma espécie de "compressão total", circulando em "tempo real" ao redor do mundo, mercadorias de consumo cotidiano ainda precisam de um tempo razoável para serem transportadas de um país para outro. Alguns objetos se movem muito mais rapidamente do que outros, afetando a vida de todos que dependem dessa "mobilidade". Enquanto alguns produtos efetivamente se libertam do constrangimento distância, outros adquirem novo valor justamente por dependerem dessas distâncias e se tornarem, assim, relativamente menos acessíveis.

Além deste reconhecimento da complexidade da compressão tempo-espaço a partir da diferenciação dos seus sujeitos e objetos, e das relações de poder profundamente desiguais que estão em jogo, como destaca Massey, é importante focalizar uma outra questão teórica, tão ou mais relevante. Referimo-nos ao reconhecimento de que a compressão espaço-tempo diz respeito a apenas uma das "formas" com que o espaço social se manifesta, aquela que se refere mais diretamente ao que Shields (1992) denomina relação de *presença e ausência*, um dos três componentes "paradigmáticos" da espacialização da sociedade, juntamente com a *diferenciação* ou contraste e a *inclusão e exclusão* ou dentro e fora. Na verdade, preferimos denominar mais simplesmente estas três características de *presença, desigualdade* (aquilo que Bergson denomina diferenças de grau) *e exclusão* (relacionada a uma leitura da "diferença" em sentido estrito ou diferença de natureza).

O que Shields argumenta é que, na análise das mudanças provocadas pela chamada pós-modernidade, o que efetivamente se pode demonstrar empiricamente são apenas mudanças ocorridas na espacialização da presença e ausência. Segundo o autor, "inclusão e exclusão e diferenciação espacial continuam aparentemente imutáveis" (p. 187). As desigualdades e a exclusão socioespacial, diríamos nós, foram mesmo intensificadas. Assim, se uma ruptura entre as experiências de tempo-espaço da modernidade para a pós-modernidade ocorreu, ela se deu antes de tudo na esfera da presença e ausência: "é a diferença na espacialização de presença e ausência que justifica fazer uma distinção entre modernidade e pós-modernidade" (p. 181).

Partindo da concepção de estrangeiro de Simmel (Simmel, 1971[1908]), Shields coloca a questão da síntese aparentemente paradoxal entre distância e presença, lembrando que, apesar de comumente associarmos presença e proximidade, ausência e distância, o estrangeiro é sempre o distante-presente. Num sentido temporal, há uma relação entre presença e agora [*nowness*], o presente. Mas se o passado é visto como "uma série de 'agoras' em contínua passagem", ele é "um agora que passou", tornando-se, assim, uma ausência "concebida como um tipo de presença" (p. 187). Com mais razão ainda, o espacialmente distante pode se fazer "presente", numa dissociação entre presença aqui (espacial) e presença agora (temporal). Ausência, assim, torna-se simplesmente uma não-presença, definida que é, sempre, em sua relação com a presença[7].

Desterritorialização como "fim das distâncias", por exemplo, nada mais seria do que um enfoque muito parcial que, além de confundir territorialidade e espacialidade, vê o espaço tão-somente a partir dos processos de compressão tempo-espaço, ou seja, da sua "forma" ligada à presença-ausência. Ela nada nos diz da intensificação dos processos de diferenciação ("desigualização") e de exclusão socioespacial em curso.

Em síntese, portanto, "o pós-modernismo desestabiliza a estrutura metonímica que relaciona presença e ausência com proximidade e distância. Uma união sintética de distância e presença, do estrangeiro e do íntimo, torna-se concebível e praticável" (Shields, 1992:192). De forma aparentemente contraditória, podemos dizer que o próximo-presente (o aqui e agora) passa a ter maior importância, ou maior "visibilidade" e valor estratégico, justamente pelo sentido contrastivo, ou seja, pela emergência do seu antípoda, o distante-presente. As próprias fronteiras teriam mudado de sentido:

> (...) *fronteiras podem ter-se tornado mais do que linhas que definem o que está cercado daquele que não está, o ordenado do não-ordenado, ou o conhecido do desconhecido. Fronteiras*

---

[7] "A ausência permanece contida na rede da presença de modo muito semelhante àquele em que a pós-modernidade permanece dentro da órbita da modernidade e é definida por ela" (Shields, 1992:188).

marcam o limite onde a ausência se torna presença. Mas tais fronteiras parecem estar se dissolvendo. Elas aparecem menos como barricadas impermeáveis e mais como limiares, "limen" através dos quais tomam lugar as comunicações e onde coisas e pessoas de diferentes categorias — local e distante, nativo e estrangeiro etc. — interagem (Shields, 1992:195).

Trata-se tanto da compressão tempo-espaço, no sentido mais abstrato de um distante que se torna próximo através dos recursos tecnológicos de que dispomos, quanto de uma experiência de contato com o outro, o estrangeiro, este "distante próximo" praticamente a cada esquina das grandes cidades.

Como veremos no curso de nossa argumentação, se a chamada desterritorialização, ou melhor, des-reterritorialização, está fortemente vinculada com o fenômeno da compressão tempo-espaço, obviamente ela também está, e de modo ainda mais enfático, envolvida neste emaranhado de "geometrias de poder" (no plural) de uma sociedade complexa altamente desigual e diferenciada.

Em outras palavras e num sentido mais amplo, assim como não há "um" processo de compressão espaço-tempo, mergulhado que está em múltiplas geometrias de poder, também não há "uma" territorialização, mas múltiplas formas de (re)territorialização, seja no sentido de muitas, diferentes e lado a lado (o que iremos associar à noção de "múltiplos territórios"), seja como uma efetiva experiência "multiterritorial" conjunta e indissociável (a que denominaremos de "multiterritorialidade"). A multiterritorialidade, portanto, enquanto fenômeno proporcionado de maneira mais efetiva pela chamada condição da pós-modernidade, está intimamente ligada a essa nova experiência e concepção de espaço-tempo.

5

Múltiplas Dimensões da Desterritorialização

Ainda que nosso objetivo não seja exatamente o de fazer uma "desconstrução" dos discursos sobre a desterritorialização, tomaremos como base, neste capítulo, suas principais vertentes interpretativas a partir de autores que entraram de forma mais direta neste debate. Assim, com base nesses trabalhos, distinguimos pelo menos três grandes dimensões sociais a partir das quais a desterritorialização é tratada: a econômica, menos comum (pela própria tradição predominante que focaliza o território a partir de sua natureza política, como vimos no Capítulo 2), a dimensão política e a perspectiva simbólica ou cultural em sentido mais estrito.

A distinção entre uma desterritorialização de "matriz" predominantemente econômica, outra de matriz política e uma terceira de matriz cultural não significa adotarmos uma posição estruturalista que distingue de forma clara esses componentes, na verdade dimensões ou perspectivas do social, assim identificadas fundamentalmente porque os discursos sobre a desterritorialização, na maioria das vezes, assumem essa separação.

Explícita ou implicitamente, essas dimensões estão vinculadas a diferentes concepções de território. Podemos ampliar a questão afirmando que se trata de respostas diferentes a um mesmo processo de des-territorialização. Se entendermos território no seu sentido amplo de dominação e/ou apropriação do espaço, nos termos de Lefebvre para a produção do espaço, podemos afirmar que os objetivos ou as razões desta produção e controle (ou des-controle, no caso de incluir a desterritorialização) podem ser os mais diversos, envolvendo fatores de ordem econômica, política e/ou cultural.

É surpreendente como a dimensão mais propriamente social da desterritorialização encontra-se praticamente ausente nesses discursos. E são justamente os vínculos entre desterritorialização e exclusão socioespacial aqueles que situamos entre os mais relevantes para sua análise (ver o Capítulo 7). Provavelmente isto se explica porque o território e a territorialização são sempre focalizados num sentido mais restrito, pelo qual se busca responder problemáticas específicas ligadas a questões econômicas, políticas ou culturais, mais do que a problemáticas sociais que envolveriam uma noção de território mais integradora — implícita quando se fala em processos de exclusão social, já que exclusão será vista aqui como um fenômeno amplo e complexo, ao mesmo tempo de natureza econômica, política e cultural.

Para alguns, a problemática que se coloca é a mobilidade crescente do capital e das empresas — a desterritorialização seria um fenômeno sobretudo de natureza econômica; para outros, a grande questão é a crescente permeabilidade das fronteiras nacionais —, e a desterritorialização seria assim um processo primordialmente de natureza política; enfim, para os mais "culturalistas", a desterritorialização estaria ligada, acima de tudo, à disseminação de uma hibridização de culturas, dissolvendo os elos entre um determinado território e uma identidade cultural que lhe seria correspondente.

5.1. A desterritorialização numa perspectiva econômica

No âmbito específico da economia que, como já vimos, não é o campo de maior tradição nos debates sobre território, podemos observar que o fenômeno da desterritorialização aparece em várias análises, porém, na maioria das vezes, de forma implícita ou sob outros rótulos. A fragmentação e fragilização que atingiram o campo do trabalho e da produção nas últimas décadas podem ser consideradas, entretanto, componentes essenciais para configurar aquilo que a maioria dos autores denomina como processos de desterritorialização, mesmo em seu sentido extra-econômico.

Tal como vimos em relação ao debate sobre a (pós)modernidade, também em relação ao tema da globalização muitos autores o associam, direta ou indiretamente, a processos de desterritorialização. Assim, seria sobretudo através das relações econômicas, capitalistas, especialmente no que se convencionou chamar de globalização econômica e, mais enfaticamente, no campo financeiro e nas atividades mais diretamente ligadas ao "ciberespaço", que se dariam os principais mecanismos de destruição de barreiras ou de "fixações" territoriais. Podemos identificar pelo menos três perspectivas da desterritorialização sob o ponto de vista econômico:

— Num sentido mais amplo, a desterritorialização é vista praticamente como sinônimo de globalização econômica ou, pelo menos, como um de seus vetores ou características fundamentais, na medida em que ocorre a formação de um mercado mundial com fluxos comerciais, financeiros e de informações cada vez mais independentes de bases territoriais bem definidas, como as dos Estados nações.
— Numa interpretação um pouco mais restrita, a ênfase é dada a um dos momentos do processo de globalização — ou ao mais típico —, aquele do chamado capitalismo pós-fordista ou capitalismo de acumulação flexível, flexibilidade esta que seria responsável pelo enfraquecimento das bases territoriais ou, mais amplamente, espaciais, na estruturação geral da economia, em especial na lógica locacional das empresas e no âmbito das relações de trabalho (precarização dos vínculos entre trabalhador e empresa, por exemplo); daí também a proposta de desterritorialização

como sinônimo de "deslocalização", enfatizando o caráter "multilocacional" das empresas, cada vez mais autônomas em relação às condições locais/territoriais de instalação.

— Num sentido ainda mais restrito, desterritorialização seria um processo vinculado notadamente a um setor específico da economia globalizada, o setor financeiro, onde a tecnologia informacional tornaria mais evidentes tanto a imaterialidade quanto a instantaneidade (e a superação do entrave distância) nas transações, permitindo assim a circulação de capital (puramente especulativo) em "tempo real"[1].

Se formos nos reportar à História, há referências indiretas ao fenômeno da desterritorialização desde antes da chamada modernidade ocidental. Mas é no período moderno, dentro de uma dinâmica capitalista cada vez mais acelerada, que o processo efetivamente ganha destaque. Assim, para discutir a desterritorialização do ponto de vista daqueles que a priorizam enquanto fenômeno de ordem econômica, podemos partir, em primeiro lugar, do debate sobre a globalização, já que não são poucos os autores que fazem uma associação direta entre globalização (ou "ordem global", como se referiu Milton Santos) e desterritorialização.

Provavelmente, o primeiro grande autor que deu uma ênfase clara à fundamentação econômica do processo global-desterritorializador foi Karl Marx. Em seu discurso, a ausência do termo não impede a profunda análise das formas com que o modo de produção capitalista "desterritorializa" os modos de produção pré-existentes para reterritorializar segundo sua própria dinâmica. A expropriação do campesinato, transformado em trabalhador "livre" em meio a fenômenos como a apropriação privada da terra e a concentração fundiária, e, no outro extremo da pirâmide social,

---

[1] Poderíamos inserir aqui, também, aqueles setores da economia (serviços, especialmente) estruturados cada vez mais em torno do chamado teletrabalho, que pode até mesmo prescindir da própria sede física da empresa (a este respeito, ver Ferreira, 2003).

a velocidade com que os estratos mais privilegiados da burguesia destroem e reconstroem o espaço social, sob o famoso dito de que "tudo que é sólido desmancha no ar, tudo que é sagrado é profanado", seriam as referências mais marcantes do movimento de des-re-territorialização capitalista.

A noção marxista de "trabalhador livre" envolve, de várias formas, uma noção implícita de desterritorialização na medida em que esses "vendedores da própria força de trabalho" são:

> (...) *trabalhadores livres no duplo sentido, porque não pertencem diretamente aos meios de produção, como os escravos, os servos etc., nem os meios de produção lhes pertencem, como, por exemplo, o camponês economicamente autônomo etc., estando, pelo contrário, livres, soltos e desprovidos deles.* (...) *A assim chamada acumulação primitiva é, portanto, nada mais que o processo histórico de separação entre produtor e meio de produção* [leia-se: desterritorialização] (Marx, 1984:262).

Em outras palavras, na ótica do materialismo histórico podemos dizer que a primeira grande desterritorialização capitalista relaciona-se à sua própria origem, seu "ponto de partida", que é a chamada acumulação primitiva de capital, separando produtor e meios de produção. Trata-se da "expropriação do povo do campo de sua base fundiária" e sua transformação em trabalhador livre rumo ao assalariamento nas cidades. A dissociação entre trabalhador e "controle" (domínio e apropriação) dos meios de produção (da terra para cultivar à fábrica ou aos instrumentos para produzir) é a grande desterritorialização, imprescindível, de qualquer modo, à construção e à reprodução do capitalismo.

Negri e Hardt (2001:348) reconhecem três aspectos primários já presentes no próprio Marx e que marcam o caráter "desterritorializante e imanente" do capitalismo:

— a liberação de populações de seus territórios na realização da acumulação primitiva, criando um "proletariado 'livre'";
— unificação do valor em torno do dinheiro, seu equivalente geral, referência quantitativa frente à qual praticamente tudo passará a ser avaliado;
— estabelecimento de um conjunto de leis "historicamente variáveis imanentes ao próprio funcionamento do capital", como as leis de taxas de lucro, taxas de exploração e de realização da mais-valia.

Estes foram como que pré-requisitos para o gradativo processo de globalização que vai se definir, antes de tudo, pela ruptura de fronteiras, de limites e condicionamentos locais, pela expansão de uma dinâmica de concentração e acumulação de capital a nível mundial, numa integração e num cosmopolitismo generalizados. Como profetizavam Marx e Engels:

> *Impelida pela necessidade de mercados sempre novos, a burguesia invade todo o globo terrestre. Necessita estabelecer-se em toda parte, explorar em toda parte, criar vínculos em toda parte. Pela exploração do mercado mundial, a burguesia imprime um caráter cosmopolita à produção e ao consumo em todos os países. (...) As velhas indústrias nacionais foram destruídas e continuam a ser destruídas diariamente. São suplantadas por novas indústrias, cuja introdução se torna uma questão vital para todas as nações civilizadas — indústrias que já não empregam matérias-primas nacionais, mas sim matérias-primas vindas das regiões mais distantes, e cujos produtos se consomem não somente no próprio país, mas em todas as partes do mundo. (...) No lugar do antigo isolamento de regiões e nações auto-suficientes, desenvolvem-se um intercâmbio universal e uma universal interdependência das nações. E isto se refere tanto à produção material como à produção intelectual. As criações intelectuais de uma nação tornam-se patrimônio comum* (Marx e Engels, 1998:43).

Entretanto, mesmo com toda sua vocação global, tão bem retratada neste trecho de O Manifesto Comunista, o capitalismo não alimenta apenas uma dinâmica desterritorializadora. Fica evidente que, ao criar a nova "interdependência" e ao conectar, econômica e culturalmente, as regiões mais longínquas, está-se estruturando uma nova organização territorial, uma espécie de "território-mundo" globalmente articulado.

Podemos dizer que o capitalismo já nasce virtualmente global, ou seja, sem uma base territorial restrita, bem definida, mas que, para realizar efetivamente sua vocação globalizadora, ele recorre a diferentes estratégias territoriais, especialmente aquela que faz apelo ao ordenamento geográfico estatal. A interferência "cíclica" do Estado, sempre como uma faca de dois gumes, na contradição que lhe é inerente entre a defesa de interesses públicos e privados, atua no mínimo como um sério complicador neste jogo entre abertura e (relativo) fechamento de fronteiras.

Hirst e Thompson (1998), por exemplo, questionam a passagem de uma economia inter-nacional para uma economia globalizada. Para eles, grandes potências, em especial os Estados Unidos, "permanecem como o único avalista possível do sistema de livre comércio mundial (...) e, portanto, a abertura dos mercados globais depende da política americana", com o dólar continuando a ser "o intermediário do comércio mundial" (p. 33). No confronto entre uma economia internacional e uma economia globalizada, que para eles ainda não se manifestou em sentido estrito,

> (...) o oposto de uma economia globalizada não é uma economia voltada para dentro, mas um mercado mundial aberto, baseado nas nações comerciais e regulado, em maior ou menor grau, pelas políticas públicas dos Estados nação e pelas agências supranacionais. Uma economia assim tem existido de uma forma ou de outra desde os anos 1870, e continua a reemergir, apesar de grandes contratempos, sendo o mais sério a crise dos anos 30. A questão é que isso não deveria ser confundido com uma economia global (p. 36).

Assim, apesar de alguns exageros de generalização nas interpretações de Hirst e Thompson, a máxima de que "o capital não tem pátria" deve ser relativizada. Embora, mesmo com seu papel redistributivo, nunca tenha se colocado como um verdadeiro empecilho à realização da acumulação em escala mundial, o Estado sempre atuou, em sucessivos ciclos de interferência, a fim de regular a dinâmica dos mercados, em geral como um parceiro e/ou uma "escala de gestão" indispensável ao bom desempenho dos fluxos comerciais e financeiros. O discurso da desterritorialização e, conseqüentemente, de uma globalização irrestrita num mundo efetivamente "sem fronteiras" vincula-se hoje, em grande parte, aos argumentos políticos daqueles que defendem o chamado projeto neoliberal.

Um dos poucos autores que estruturam uma teoria em torno da relação entre capital e território (que é basicamente um território estatal) na reprodução capitalista é Giovanni Arrighi, especialmente em seu livro *O Longo Século XX* (Arrighi, 1996 [1994]). Arrighi propõe uma distinção e mesmo uma oposição entre um processo que podemos denominar de mais desterritorializado e mais estritamente "capitalista" e outro mais territorializado e de natureza "estatista". O autor interpreta o confronto entre a dinâmica do capital (espaço econômico) e a "organização relativamente estável do espaço político" a partir de dois "modos opostos de governo ou de lógica do poder", duas estratégias geopolíticas, poderíamos dizer, que ele denomina de "capitalismo" e "territorialismo".

> *Os governantes territorialistas identificam o poder com a extensão e a densidade populacional de seus domínios, concebendo a riqueza/o capital como um meio ou um subproduto da busca de expansão territorial. Os governantes capitalistas, ao contrário, identificam o poder com a extensão de seu controle sobre os recursos escassos e consideram as aquisições territoriais um meio e um subproduto da acumulação de capital* (p. 33).

Arrighi se pauta na regra geral marxista DMD' para definir as fórmulas TDT' e DTD' em relação às duas lógicas, a capitalista e a territorialista:

> Segundo a primeira fórmula, o domínio econômico abstrato, ou o dinheiro (D), é um meio ou um elo intermediário num processo voltado para a aquisição de territórios adicionais (T'-T = + delta T). De acordo com a segunda fórmula, o território (T) é um meio ou um elo intermediário num processo voltado para a aquisição de meios de pagamento adicionais (D'-D = + delta D) (p. 33).

Assim, enquanto no "territorialismo" o objetivo da gestão estatal é "o controle do território e da população", sendo o controle do capital circulante um meio, no "capitalismo" a relação se inverte: "o controle do capital circulante" é o fim, "o controle do território e da população é o meio" (p. 34). Aqui fica claro o caráter mais desterritorializador do "capitalismo" na medida em que sua preocupação com as bases territoriais de reprodução decresce, em favor da circulação e dos fluxos. Arrighi destaca, contudo, que é muito importante tomar as duas lógicas, capitalista e territorialista, como historicamente funcionando em conjunto, "relacionadas entre si num dado contexto espaço-temporal" (p. 34).

A origem da dialética entre capitalismo e territorialismo estaria no "subsistema regional de cidades-Estados capitalistas do Norte da Itália", na Idade Média, "'enclaves anômalos' que se multiplicaram no espaço político do sistema de governo medieval" (p. 36). "O Estado mais poderoso do subsistema, Veneza, é o verdadeiro protótipo do Estado capitalista", onde o poder estatal estava nas mãos de uma poderosa oligarquia mercantil capitalista e onde "as aquisições territoriais eram submetidas a criteriosas análises de custo-benefício" (p. 37).

Para os geógrafos, o problema básico nas reflexões de Arrighi é que, ao mesmo tempo em que ele se preocupa em discutir teoricamente a concepção de "capital" que se encontra por trás de sua "lógica de poder" capitalista, numa perspectiva sistêmica de inspiração marxista, o conceito de território ou mesmo de sua proposição mais explícita, territorialismo, parece pairar acima de qualquer imbróglio teórico. O território, como é comum em discussões fora do ambiente geográfico, aparece como uma espécie de dado, espaço físico, base material da atividade humana. Ocorre que, neste caso, ele não é simplesmente "mais um" conceito no interior da proposta teórica do autor, mas sim um de seus componentes fundamentais, estruturais. Mesmo que Arrighi considerasse deficientes os debates sobre território, deveria se reportar aos autores que mais se empenharam na sua discussão. Ou, no mínimo, explicitar a conceituação na qual se apoiou, mesmo que fosse sua própria formulação.

Somos obrigados, também aqui, a deduzir de que "território" o autor está falando. Ou, mais ainda, a que "territorialismo" ele está se referindo, já que, pelo menos na Geografia, esta concepção tem um sentido bastante negativo e que não se refere, ou se refere apenas em parte, à interpretação proposta pelo autor. Prévert (*in* Brunet *et al.*, 1993), por exemplo, define territorialismo como "mau uso da territorialidade, derivação pela qual sobrevaloriza-se um território de pertencimento, a ponto de pretender excluir toda pessoa considerada como estrangeira, e eventualmente de estendê-lo em detrimento dos vizinhos: o territorialismo tem a ver com terrorismo". Trata-se de um território naturalizado, a-histórico, "animalizado", como se tivéssemos naturalmente um "direito ao solo" (p. 481).

Quando Arrighi afirma, criticando Schumpeter, que a lógica estritamente territorialista (como na China imperial) não é "mais nem menos 'racional' do que uma lógica de poder estritamente capitalista", mas apenas uma "lógica diferente", esta diferença está pautada no fato de que "o objetivo das atividades de gestão do Estado e da guerra" é "o controle do território e da população" (p. 36). Ora, território, aqui, parece ter sua conotação mais banal e do senso comum ligada a "terra", "pedaço de chão", e como se o território pudesse aparecer separado da população.

Em um determinado momento de sua reflexão, Arrighi complexifica sua leitura espacial (mas não propriamente "territorial") ao propor o binômio espaço-dos-lugares e espaço-dos-fluxos, termos muito caros, também, a Manuel Castells (1999) em sua análise da sociedade em rede:

> (...) *historicamente, o capitalismo, como sistema mundial de acumulação e governo, desenvolveu-se simultaneamente nos dois espaços. No espaço-de-lugares (...) ele triunfou ao se identificar com determinados Estados. No espaço-de-fluxos, em contraste, triunfou por não se identificar com nenhum Estado em particular, mas por construir organizações empresariais não territoriais que abrangiam o mundo inteiro* (p. 84, grifo do autor).

Mais uma vez, deparamo-nos com uma espécie de dicotomia entre lugar e fluxo, ou, em outras palavras, território e "não-território" (ou rede), processos (implícitos, no caso) de territorialização e desterritorialização. Arrighi, entretanto, faz questão de demonstrar, inclusive com exemplos de temporalidades muito distintas (genoveses no século XVI, empresas norte-americanas no final do século XX), como o capitalismo conviveu sempre com esses dois espaços. Se levarmos em conta nossa tese, desenvolvida mais à frente, de que são na verdade duas concepções distintas de territorialidade, não se trata tão simplesmente de contrapor território e rede, ou "organizações territoriais" e "não-territoriais", mas de entender as diferentes formas com que elas se estruturam territorialmente ao longo do tempo.

Em outro ponto, Arrighi distingue a lógica das companhias de comércio e navegação dos séculos XVII e XVIII e as multinacionais do século XX. Um dos aspectos fundamentais é justamente sua base territorial:

> (...) *as primeiras eram organizações parcialmente governamentais e parcialmente empresariais, que se especializavam territorialmente, excluindo todas as outras organizações similares. As empresas multinacionais do século XX, em contraste, são*

organizações estritamente comerciais, que se especializam funcionalmente em linhas de produção e distribuição específicas, em múltiplos territórios e jurisdições, em cooperação e em concorrência com outras organizações similares (p. 73, grifos do autor).

Assim, enquanto as companhias de comércio e navegação eram restritas em número, pois tinham territórios de atuação exclusivos onde não toleravam concorrência, as multinacionais admitem o princípio da "transterritorialidade". Aqui a concepção de território parece se complexificar, e as "organizações empresariais não territoriais" globais (p. 84) passam a se organizar em "múltiplos territórios" (a "multiterritorialidade" a que aludimos na conclusão deste trabalho), ou, numa concepção mais polêmica, "transterritorialmente".

Na verdade, o "território" que aparece na maior parte do tempo ao longo das reflexões de Arrighi não é nem o território-terra do senso comum, nem o território-rede das empresas transnacionais, mas o território estatal ou de exercício da soberania do Estado, sua concepção a mais tradicional e restrita. Por isso é possível distinguir territorialismo e capitalismo. Há sempre, implícita ou explicitamente colocada, uma lógica política e/ou estatal por trás do conceito de territorialismo.

Latouche (1989) é um dos autores que destaca de maneira muito explícita a força do capital ou da dinâmica econômica nos processos de desterritorialização. Ele afirma, por exemplo, que "o mais importante dos fenômenos geradores do crescimento, a acumulação do capital, em sua natureza e essência, não tem ligação com uma pátria. O território e a nação dos atores têm pouca importância para o capital" (p. 100). Acrescenta, porém, que o conluio do capital e do Estado-nação nunca foi simplesmente um pacto selado entre dois personagens. "Transnacional em essência", o capital nasceu para desterritorializar. Hoje, "uma política de nacionalismo econômico baseada no espaço nacional perde todo o sentido", numa "época de desterritorialização da economia" (p. 101). Segundo o autor,

(...) a "desterritorialização" da economia não se limita ao crescimento das empresas multinacionais. (...) Ao lado do movimento dos únicos investimentos estrangeiros diretos e dos investimentos em carteira, há as joint ventures, *as vendas diretas de fábricas, os contratos de licenciamento, os acordos de divisão da produção, as subcontratações internacionais. (...) Outros fenômenos como o "fim dos camponeses" e a mundialização das telecomunicações contribuem também para a ruptura dos vínculos entre a economia e a base territorial* (p. 103).

Estas múltiplas faces da dimensão econômica do discurso sobre a desterritorialização mostram ainda sua vinculação indissociável com processos de natureza mais estritamente política e cultural. É ainda Latouche quem destaca o poder que as mudanças culturais ou de "transculturação" têm sobre a economia global, ajudando a desacelerar o peso da territorialização nacional no controle da dinâmica econômica:

A "desterritorialização" não é somente um fenômeno econômico que esvazia de sua substância a nacionalidade econômica, ela tem impactos políticos e culturais, enquanto que fenômenos autônomos de "transculturação" têm, por sua vez, um efeito econômico e contribuem para acelerar o declínio da nacionalidade econômica (p. 103). *Com os satélites de telecomunicação e a informática, a mundialização é imediata. A padronização dos produtos culturais (...) escapa a qualquer enraizamento. (...) A perda da identidade cultural (...) contribui para desestabilizar política e economicamente a identidade nacional* (p. 105, grifos nossos).

Ao lado de uma desterritorialização centralizada em torno de uma concepção genérica de globalização econômica, encontramos uma segunda perspectiva, mais delimitada, que leva em conta, fundamentalmente, o tipo de acumulação "flexível" instaurado a partir dos anos 1980, através do chamado capitalismo pós-fordista.

Como vimos no capítulo anterior, sua importância é clara nas interpretações materialistas da pós-modernidade, principalmente naqueles autores que, como Harvey e Jameson, consideram a pós-modernidade a "lógica cultural" do capitalismo tardio ou de acumulação flexível. Harvey constrói até mesmo um quadro no qual fica explícita a correlação entre o pós-fordismo e a desterritorialização e que pode ser sintetizado a seguir (Quadro 5.1).

Quadro 5.1. *"Modernidade Fordista" e "Pós-modernidade Flexível".*

Modernidade Fordista	Pós-modernidade Flexível
Economias de escala	*Economias de escopo*
Hierarquia/homogeneidade	*Anarquia/diversidade*
Habitação pública	*Desabrigados*
Capital produtivo/universalismo	*Capital fictício/localismo*
Poder estatal/sindicalismo	*Poder financeiro/individualismo*
Estado do bem-estar social	*Neoconservadorismo*
Ética/mercadoria-dinheiro	Estética/*dinheiro contábil*
Produção/originalidade	*Reprodução/pastiche*
Operário/vanguardismo	Administrador/comercialismo
Centralização/totalização	*Descentralização/desconstrução*
Síntese/negociação coletiva	Antítese/contratos locais
Produção em massa	Produção em pequenos lotes
Política de classe	Movimentos sociais, grupos de interesse
Trabalhador especializado	*Trabalhador flexível*
Indústria/ética protestante do trabalho	*Serviços/contrato temporário*
Reprodução mecânica	*Reprodução eletrônica*
Intervencionismo/industrialização	*Neoliberalismo/desindustrialização*

FONTE: Harvey (1992:304, adaptado).

No Quadro 5.1, assinalamos no grifo, entre as características associadas à "pós-modernidade flexível", aquelas que dizem respeito mais diretamente a processos que, em diferentes leituras, podem estar associados à desterritorialização. Simplesmente não há nenhuma das características da modernidade que seja utilizada para corroborar discursos sobre a desterritorialização. Assim, fica claro que pode se tratar de um fenômeno "pós-moderno" também na sua abordagem econômica.

Storper (1994) é um dos poucos geógrafos que desenvolve explicitamente um conceito de desterritorialização de base econômica, onde destaca principalmente o fator "localização":

Uma atividade pode ser definida como territorializada quando sua efetivação econômica depende da localização (dependência do lugar) e quando tal localização é específica de um lugar, isto é, tem raízes em recursos não existentes em muitos outros espaços ou que não podem ser fácil e rapidamente criados ou imitados nos locais que não os têm.

Em conseqüência, a diminuição desta dependência das atividades econômicas em relação às suas localizações ou aos recursos e às especificidades do "lugar" (tomado aqui num sentido locacional) levaria à desterritorialização. O autor destaca, porém, que "a internacionalização não está eliminando a territorialização, mas pode, ao contrário, ser sustentada por ela em certos aspectos", não havendo nenhuma correspondência automática entre internacionalização e desterritorialização. Para ele, "parece que certas atividades produtivas-chave, notadamente as de maiores conteúdos de especialização, conhecimento ou tecnologia, continuam fortemente enraizadas em áreas territoriais centrais (...)" (p. 15). Em compensação, atividades mais "tradicionais", especialmente aquelas que incorporam força de trabalho de baixa qualificação e salários baixos, seriam mais suscetíveis à "fluidez" locacional.

Num trabalho mais recente, Storper (2000) identifica, entre o que ele chama de quatro níveis da globalização, "a globalização através da desterritorialização (cadeias de *commodity* globais)", onde manufaturas e serviços básicos são facilmente deslocáveis, pois não exigem muitos requisitos para sua instalação, ou seja, "têm um baixo nível de territorialização e um alto nível de fluidez internacional" (p. 49). Essas atividades se realizariam através de "redes desterritorializadas" na medida em que envolvem um nível restrito de *place-specific assets* (vantagens específicas de um local), isto é, de "vantagens físicas ou intangíveis que se encontram enraizadas no ambiente de locais particulares, impedindo a transferência da produção para outros lugares" (p. 49). Ele comenta também a importância desta "desterritorialização", especialmente em termos do impacto que provoca nos mercados de trabalho de países periféricos, acirrando a competição por salários baixos e aumentando as desigualdades sociais.

Neste discurso, a desterritorialização de ênfase econômica adquire sua conotação mais específica, associada basicamente ao comportamento "multilocacional" das grandes empresas, tanto no sentido mais geral de maior flexibilidade de localização quanto no sentido de sua articulação interna e na relação com outras empresas, capazes que são de gerenciar a produção através da subcontratação em redes "flexíveis" com outras empresas localizadas em diferentes cantos do planeta.

É verdade que as possibilidades de localização se ampliaram dentro da nova estrutura de produção. Maiores opções, maior flexibilidade de localização, especialmente aquelas proporcionadas pelos novos circuitos de comunicação e transporte, não significam, entretanto, uma localização livremente estabelecida. Justamente esta maior flexibilidade (dependendo do setor) fez com que outros fatores passassem a ser considerados nas políticas de localização.

Políticas a nível nacional, regional e local, bem como dados de infra-estrutura (agora sobrevalorizando a infra-estrutura técnico-informacional), continuam fundamentais na opção das empresas por essa ou aquela localização. Além disto, a redução ou mesmo a ausência de barreiras tarifárias e a disponibilidade de força de trabalho barata e não-organizada continuam centrais, especialmente naqueles setores considerados por Storper como setores "desterritorializados". Finalmente, fenômenos como a chamada "guerra dos lugares" (Santos, 1996), para oferecer as condições mais vantajosas em termos de subsídios, infra-estrutura, mão-de-obra e imagem, mostram que o espaço — e o território — em vez de diminuir sua importância, muitas vezes amplia seu papel estratégico, justamente por concentrar ainda mais, em pontos restritos, as vantagens buscadas pelas grandes empresas e pela intensificação da diferenciação de vantagens oferecidas em cada sítio.

Esta articulação da globalização com "regionalizações" e especificidades econômicas locais aparece ainda mais enfaticamente na seguinte reflexão de Pierre Veltz (1996):

> *Do ponto de vista geográfico, a globalização não é o aparecimento de uma rede de unidades perfeitamente interdependentes, substituíveis (...) e sem ligações com os territórios. O processo de globalização toma formas geográficas muito variadas. Ele pode se apoiar sobre uma divisão do trabalho expandida no seio de uma rede muito ampla. Mas ele pode também se fixar em concentrações privilegiadas e em mecanismos de "regionalização" (em diversas escalas). Isto por duas razões, que estão no centro de uma mesma problemática desta obra: primeiro, porque a globalização, como estratégia do domínio (e não da supressão) da diversidade, supõe uma articulação fina com as especificidades locais dos mercados e mais geralmente dos contextos sociopolíticos; em seguida, porque as interações de base territorial se tornam outra vez, no contexto atual de competição por diferenciação, um fator essencial de performance* (pp. 111-112, grifos nossos).

É interessante verificar como é complexo e ambíguo o discurso sobre a desterritorialização mesmo no interior de uma mesma perspectiva, como a que privilegia a dimensão econômica da sociedade. Assim, exatamente no extremo oposto ao das atividades econômicas mais tradicionais, onde Storper identifica sua desterritorialização, encontra-se outra abordagem, aquela que percebe a desterritorialização econômica vinculada aos circuitos do capital financeiro globalizado.

Se partirmos da definição de território de Robert Sack, comentada no Capítulo 2 e que está baseada no controle da acessibilidade, é evidente que os circuitos econômicos, especialmente os financeiros, são aqueles que geram algumas das redes menos "territorializadas" e, conseqüentemente, mais globalizadas e fluidas do planeta. Para os mais radicais, como O'Brien (1992), já aqui citado, elas levam mesmo a um "fim da Geografia", com a expansão das redes financeiras instantaneamente ativadas em escala global.

É muito interessante verificar que um dos primeiros discursos explícitos sobre desterritorialização tem essa vinculação com os fluxos do capital financeiro. Henri Lefebvre (Lefebvre, 1984) foi um dos primeiros autores a utilizar o termo "desterritorializado" (entre aspas, é importante ressaltar), referido à dinâmica em rede do sistema bancário internacional:

(...) a realização da mais-valia deixou de ocorrer unicamente no interior de uma área próxima do ponto de produção confinado a um sistema local de transações bancárias. Em vez disso, este processo tem lugar através de uma rede bancária mundial como parte das relações abstratas (a manipulação da palavra escrita) entre agências econômicas e instituições. A realização da mais-valia tem sido, podemos dizer, "desterritorializada". O espaço urbano, embora ele tenha assim perdido seu antigo papel neste processo, continua, entretanto, assegurando a manutenção de ligações entre os vários fluxos envolvidos: fluxos de energia e trabalho, de mercadorias e capital. A economia pode ser definida, falando de modo prático, como a ligação entre fluxos e redes (...) (pp. 400-401).

Longe de advogar o "fim da Geografia", entretanto, Lefebvre acaba formulando aquela que é uma das contribuições mais bem-sucedidas em relação à dimensão espacial na Filosofia e nas Ciências Sociais. Desterritorialização como "conquista" ou "anulação" do espaço significa sempre, também, e sobretudo, uma nova produção do espaço.

O discurso do "fim da Geografia" só vai aparecer bem mais tarde, nos anos 1990, quando se imagina que a propalada fluidez global fará sucumbir as barreiras da distância (Virilio, 1997; Cairncross, 2000[1997]), promovendo os mercados "livres" instantaneamente conectados. Neste sentido, uma crítica muito consistente sobre a desterritorialização relativa ao chamado "fim da Geografia" através dos mercados financeiros é aquela feita pelo geógrafo político Gerard Ó Tuathail (1998b).

Ó Tuathail parte de três argumentações gerais sobre a desterritorialização vinculada à integração financeira global. A primeira se refere ao caráter ideológico dos discursos da desterritorialização, compondo a interpretação formulada pelo próprio capitalismo informacional em torno das virtudes da liberdade proporcionada por mercados abertos e transparentes estimuladores da expansão das capacidades humanas. A segunda é que, em vez de se tratar apenas de desterritorialização, o que ocorre é "um rearranjo do complexo identidade-fronteira-ordem que dá ao povo, ao território e à política seu significado no mundo contemporâneo" (p. 143). Não é apenas o fato de que a des-territorialização ocorre conjuntamente com a re-territorialização, mas também que "ambas são partes de processos contínuos e generalizados de territorialização" (p. 143). Por fim, Ó Tuathail argumenta que o mapa geopolítico é hoje ao mesmo tempo mais integrado ou conectado e mais dividido e des-locado, em função das desigualdades crescentes e das tendências dominantes em termos da informatização globalizada. A cidade global do nosso tempo compõe um imenso *apartheid* social entre conectados e desconectados.

Contribuíram para esta "desterritorialização" financeira global o fim do sistema de Bretton Woods, no início dos anos 1970, que atrelava o dólar ao padrão-ouro, a desregulação dos mercados financeiros no final dos anos 1970 e 1980 e a introdução das tecnologias da informática, permitindo e acelerando as transações online, num mercado funcionando 24 horas por dia, além da emergência de novos atores e produtos (fundos de pensão, derivativos, securitização). Para Ó Tuathail, entretanto, todas estas mudanças não significam o caminho inexorável rumo ao "fim da Geografia" que:

> *(...) é implicitamente uma tese sobre mercados e de como os mercados financeiros globais estão evidentemente destinados a se aproximarem do "mercado perfeito" — um mercado caracterizado pela completa transparência, não fricção de integração e perfeita informação — invocado pelos atuais teóricos da área* (p. 146).

Entre os autores que mais radicalizaram o discurso da desterritorialização, como conseqüência direta do processo de globalização econômica, estão Kenichi Ohmae, "guru" de muitos globalistas e ex-consultor de corporações transnacionais que escreveu *O Mundo sem Fronteiras* (Ohmae, 1990) e *O Fim do Estado Nação* (Ohmae, 1996[1995]), e o já comentado Richard O'Brien (1992), com sua controvertida tese da integração financeira global e o "fim da Geografia".

Ohmae e O'Brien trabalham claramente a serviço do ideário econômico dominante que promove o livre mercado e a "extinção" dos entraves impostos pelo Estado nação. Aqui, portanto, o discurso do fim das fronteiras e do fim dos territórios (dos Estados nações) tem uma clara conotação normativa, não se tratando tanto de compreender o que está ocorrendo, mas de defender o que deve ser construído: para uma competitividade ideal, para um capitalismo "perfeito", a erradicação das fronteiras e mesmo do Estado é o cenário a ser privilegiado.

Mas é interessante perceber que não se trata de uma desconsideração para com outros fatores geográficos, como a proximidade, por exemplo. Nas palavras do próprio Ohmae:

Mesmo numa era voltada para a informação, trabalhadores qualificados, redes extensas de fornecedores e assim por diante — os ingredientes do que Porter [Michael Porter em *A Vantagem Competitiva das Nações*] *denomina o "diamante" da competitividade — funcionam de fato melhor quando geograficamente próximos. (...) Entretanto, não se conclui automaticamente que, para serem eficazes, tais agrupamentos geográficos tenham de coexistir dentro das fronteiras de um Estado-nação individual e, portanto, participar do mesmo interesse nacional. (...) esses agrupamentos necessários funcionam igualmente bem — e talvez ainda melhor — quando transcendem as fronteiras políticas e, assim, são livres do ônus do interesse nacional* (Ohmae, 1996:58-59).

A partir do almejado fim do Estado nação, Ohmae defende a emergência de entidades espaciais puramente econômicas, os "Estados-regiões", que só acidentalmente se enquadram no interior de fronteiras nacionais. Trata-se de unidades econômicas ótimas para o investimento estrangeiro num mundo globalizado sem entraves geográficos. Ainda assim, para esta otimização ao grande capital, seriam Estados-regiões geograficamente definidos, "suficientemente pequenos para seus cidadãos compartilharem de interesses como consumidores, mas de tamanho suficiente para justificar economias não de escala (...) mas de serviços — a saber, a infra-estrutura de comunicações, de transportes e de serviços profissionais essenciais à participação na economia global" (p. 84). Até mesmo uma faixa média de número de habitantes é proposta.

O'Brien também associa sua tese do "fim da Geografia" com competição, mas admite a persistência (necessária, até certo ponto) de mecanismos reguladores "territorializados", como o da política estatal ou de entidades supranacionais, como a União Européia. Vinculando Geografia e localização, afirma ele que "localização" continuará a ter importância enquanto subsistirem barreiras físicas, enquanto "viajar" significar dispêndio de tempo e enquanto persistirem diferenças sociais e culturais, o que, podemos acrescentar, seguramente, nunca deixará de ocorrer. Mesmo para o sistema financeiro globalizado, diferenças locais/nacionais (em taxas cambiais e de juros, por exemplo) permanecem extremamente relevantes.

Para O'Brien, entretanto, o "fim da Geografia" vinculado à perda de poder do Estado sobre o controle de fluxos econômicos, especialmente o fluxo de capitais, e sobre as grandes corporações transnacionais, é um fato, e ele defende esta desregulação dos mercados financeiros, bem como a construção de mercados "livres", por considerá-los mais eficientes e racionais.

Neste sentido, afirma Ó Tuathail, o discurso da desterritorialização aparece como parte integrante da ideologia neoliberal, especialmente na medida em que desvaloriza o poder "limitado" (territorialmente) do Estado e enaltece as virtudes da fluidez dos mercados. Quer dizer, tratar-se-ia menos de um discurso intelectualmente bem-articulado e mais de um discurso de fundo político, estrategicamente adaptado aos interesses dos projetos neoliberais.

Sobre a ausência, nessas argumentações, do debate sobre a dinâmica concomitante de reterritorialização, Ó Tuathail é enfático: "A integração financeira global, na verdade, produziu um novo complexo geopolítico de território, tecnologia, Estados e mercados em escala global", tendo como eixo básico uma série de centros financeiros globais. Por fim, a volatilidade e a alta seletividade espacial do capital financeiro disseminam a exclusão de amplas áreas do planeta, incapazes de construir a indispensável infraestrutura e as condições socioeconômicas para sua reprodução, ou capazes de manter o capital puramente especulativo durante curtos períodos de tempo.

Mesmo no que se refere ao fluxo de capitais "em tempo real" e à "extraterritorialidade" (como denominam alguns) dos paraísos financeiros, não é de desterritorialização que se trata, mas de uma nova territorialidade, aquilo que denominamos aqui de "territórios-rede". Como afirma Machado (1996), a partir da análise da atual dinâmica econômico-territorial do capital financeiro globalizado, especialmente em relação à "territorialidade específica" dos paraísos fiscais (*offshore heavens*), as mudanças indicam que:

(...) o sistema está chegando a um outro nível de complexidade, onde o conceito de "território" não poderá mais se fundamentar exclusivamente nos princípios da geometria euclidiana de superfície plana, contínua (terrestre) e de extensão de superfície (p. 62).

Seja como discurso ideologicamente comprometido, seja como avaliação setorial de processos como flexibilização "pós-fordista", fluidez do mercado financeiro (e domínio da imaterialidade do "capital fictício") e/ou deslocalização de atividades produtivas, a desterritorialização numa leitura de natureza predominantemente econômica normalmente é tratada de forma extremamente parcial e subentendendo uma perspectiva unilateral (economicista) e a-histórica de território.

Como já afirmamos no início deste capítulo, é interessante verificar que nenhuma destas perspectivas focaliza a desterritorialização como processo de exclusão socioespacial, fenômeno que será tratado no final deste trabalho (Capítulo 7). A exclusão, em sua dimensão socioeconômica, deve-se justamente à "flexibilização" do capital pela incorporação de novas tecnologias poupadoras de mão-de-obra e pela precarização das relações de trabalho, à acumulação de capital concentrada no setor financeiro-especulativo, cada vez mais divorciada do setor produtivo, e à crise do Estado de bem-estar social que não atua mais como válvula de escape em épocas de crise econômica, seja com garantias securitárias, seja com a própria geração de empregos.

Podemos então concluir este item afirmando que, se existe uma desterritorialização do ponto de vista econômico, ela está muito mais ligada aos processos de expropriação, precarização e/ou exclusão inseridos na lógica de acumulação capitalista do que nas simples esferas do capital "fictício", da deslocalização das empresas ou da flexibilização das atividades produtivas. É preciso, antes de mais nada, distinguir "desterritorialização por quem e para quem". Geralmente estes discursos da desterritorialização — seja da globalização do capitalismo (de acumulação flexível), da fluidez do capital financeiro ou da "deslocalização" das grandes empresas — servem apenas para ocultar a real desterritorialização, a daqueles que, submetidos a essa "liberdade improdutiva" e à flexibilidade das relações de trabalho, acabam não tendo emprego ou sendo obrigados a subordinar-se a condições de trabalho cada vez mais degradantes.

Desmistificados os discursos correntes da desterritorialização em sua matriz econômica, é fácil perceber que ela inclui como parcelas indissociáveis outras dimensões socioespaciais ligadas ao papel do Estado nação e das fronteiras, à identidade cultural das populações e ao chamado "ciberespaço". A separação em itens que aqui fazemos, distinguindo estas esferas, deve ser vista assim apenas enquanto instrumento de análise, a fim de enfatizar a multiplicidade de enfoques com que a desterritorialização tem sido abordada.

5.2. A desterritorialização numa perspectiva política

Uma das áreas em que a questão da desterritorialização adquiriu maior importância é a Ciência Política e, na sua interface com a Geografia, a Geografia Política. Não é de surpreender, na medida em que poder (especialmente o poder político) e espaço são, como vimos no Capítulo 2, a relação mais difundida e aceita na conceituação de território. De forma ainda mais restrita, o conceito mais tradicional de território é aquele que vincula espaço e soberania estatal, ou seja, território como a área ou o espaço de exercício da soberania de um Estado.

Embora este item esteja centralizado nas discussões sobre desterritorialização a partir da perda de poder dos territórios estatais, é muito importante, de saída, fazer menção a uma outra interpretação que não vê o Estado simplesmente como um agente territorializador ou como uma condição territorializada. Deleuze e Guattari, como já vimos, têm uma interpretação distinta, considerando o Estado, sobretudo, como um agente desterritorializador.

O aparecimento do Estado seria responsável pelo primeiro grande movimento de desterritorialização, na medida em que ele imprime a divisão da terra pela organização administrativa, fundiária e residencial. O Estado fixa o homem à terra, mas o faz de forma despótica, organiza os corpos e os enunciados de outras formas:

> (...) *longe de ver no Estado o princípio de uma territorialização que inscreve as pessoas segundo a sua residência, devemos ver no princípio de residência o efeito de um movimento de desterritorialização que divide a terra como um objeto e submete os homens à nova inscrição imperial, ao novo corpo pleno, ao novo* socius (s/d:202).

Na perspectiva dos autores, o Estado inicialmente se constitui pela desterritorialização das comunidades pré-capitalistas, destruindo seus agenciamentos, seus territórios, e substitui o princípio da imanência (a terra como corpo pleno onde as sociedades pré-capitalistas se territorializam) pelo princípio da transcendência, onde o Déspota Divino assume todos os princípios de organização do *socius*.

Nas sociedades tradicionais, trata-se da mais elementar formulação de uma territorialidade, aquela que depende estritamente dos meios ou recursos fornecidos pela terra, o meio no qual o grupo social está inserido, e que o transforma, assim, num "pressuposto natural ou divino" da existência humana, como afirmam os autores. Esta "máquina territorial" é "a primeira forma de *socius*, a máquina de inscrição primitiva, 'megamáquina' que cobre um campo social" (s/d:144). Seu funcionamento "consiste em declinar a aliança e a filiação, declinar as linhagens sobre o corpo da terra, antes que aí apareça um Estado" (p. 150).

O Estado é territorial num outro sentido, aquele em que, "segundo a fórmula de Engels", ele "'subdivide, não a população, mas o território' e substitui a organização gentílica por uma organização geográfica" (p. 150). Aparece assim uma oposição entre uma "máquina despótica", a "megamáquina do Estado", sobrecodificada e desterritorializada, e uma "máquina territorial primitiva". A inscrição das pessoas pela sua residência, imposta pelo

Estado, pode ser vista como uma "pseudoterritorialidade" ("produto de uma efetiva desterritorialização"), ou mesmo, para o contentamento dos que preferem inverter as denominações, uma "territorialidade do Estado":

> (...) *o Estado começa (ou recomeça) em dois atos fundamentais: um dito de territorialidade, por fixação de residência, o outro dito de libertação, por abolição das pequenas dívidas. Mas o Estado procede por eufemismo. A pseudoterritorialidade é o produto duma efetiva desterritorialização que substitui pelos signos abstratos os signos da terra, e que faz da própria terra uma propriedade do Estado, ou dos seus mais ricos servidores e funcionários (e deste ponto de vista não há grande mudança quando é o Estado que garante a propriedade privada duma classe dominante que se distingue dele). A abolição das dívidas, quando se dá, é um meio de manter a repartição das terras, de impedir o aparecimento duma nova máquina territorial, eventualmente revolucionária e capaz de pôr ou de tratar o problema agrário em toda a sua amplitude* (pp. 203-204). *(...) a residência ou territorialidade do Estado inaugura o grande movimento de desterritorialização que subordina todas as filiações primitivas à máquina despótica (problema agrário) (...)* (p. 205).

O que importa, mais do que perceber as diferenças entre um movimento "territorializador" e outro "desterritorializador", é situar historicamente os sentidos profundamente distintos de uma territorialidade típica ou tradicional, "primitiva", muito concreta, e uma territorialidade mais abstrata, "sobrecodificada", imposta pelo Estado e, posteriormente, também, pelo modo de produção capitalista. No meio destes padrões, temos ainda o que Deleuze e Guattari denominam de "máquina" ou "megamáquina despótica do Estado", ou, na linguagem marxista, o modo de produção asiático.

Para Deleuze e Guattari, esse Estado produz uma territorialidade que não destrói completamente a territorialidade tradicional das comunidades "primitivas", mas se apropria delas e integra-as como "peças ou órgãos de produção" na nova máquina despótica. Trata-se assim de uma des-re-territorialização complexa, que ao mesmo tempo que destrói as territorialidades prévias, reincorpora-as e produz uma nova forma territorial de organização social:

> *O Estado despótico, tal como aparece nas condições mais puras da produção dita asiática, tem dois aspectos correlativos: por um lado, substitui a máquina territorial, forma um novo corpo pleno desterritorializado; por outro, mantém as antigas territorialidades, integra-as como peças ou órgãos de produção na nova máquina. A sua perfeição é imediata, porque a sua base de funcionamento são as comunidades rurais dispersas, máquinas preexistentes autônomas ou semi-autônomas em relação à produção; mas dentro do ponto de vista da produção, ele reage sobre elas produzindo as condições dos grandes trabalhos que excedem o poder das comunidades distintas* (p. 205).

Essa "segunda inscrição" do Estado se sobrepõe, mas deixa subsistir "as velhas inscrições territoriais, como 'tijolos' sobre uma nova superfície, (...) que lhes garante a sua integração na unidade superior, e o seu funcionamento distributivo, conforme os desígnios coletivos desta mesma unidade (grandes trabalhos, extensão da mais-valia, tributo, escravatura generalizada)" (p. 206). Estes "grandes trabalhos" se referem, entre outros, às grandes obras hidráulicas, responsáveis, segundo alguns autores (especialmente o geógrafo alemão Karl Wittfogel), pelo forte papel do Estado dentro do modo de produção asiático.

Wittfogel (1957) utilizava mesmo a expressão "sociedades hidráulicas" para definir as sociedades orientais em que, na sua polêmica interpretação, havia uma espécie de combinação contraditória entre comunas autônomas, auto-suficientes economicamente, e um Estado forte, verdadeiro proprietário da terra, a quem cabia o desenvolvimento e a administração de obras hidráulicas de grande escala indispensáveis à produção.

Essa reterritorialização "estatal despótica" dependia também de um tipo específico de urbanização, já comentado por Marx e

Engels nos *Grundrisse*. Enquanto no feudalismo europeu as cidades eram politicamente independentes e foram gradativamente se impondo sobre o campo, do qual receberam depois os trabalhadores "liberados" com a apropriação privada da terra, na sociedade asiática, marcada pela estabilidade, a cidade deveu muito de sua criação ao Estado, desenvolvendo-se paralelamente ao domínio das aldeias autárquicas, onde a posse comunal da terra se associava a uma apropriação do excedente sob a forma de tributo pelo Estado. O domínio do Estado sobre a sociedade civil impedia o surgimento das condições para o desenvolvimento de classes sociais e a acumulação de capital.

Na verdade, o Estado tem um papel re-territorializador fundamental na medida em que atua para controlar fluxos de várias ordens:

> *Uma das tarefas fundamentais do Estado é estriar o espaço sobre o qual ele reina... É preocupação vital de todo Estado não somente extinguir o nomadismo, mas controlar as migrações e, de forma mais geral, estabelecer uma zona de direitos sobre todo um "exterior", sobre todos os fluxos que atravessam o ecúmeno. Se isto o ajuda, o Estado não se dissocia de um processo de captura de fluxos de todo tipo, populações, mercadorias, dinheiro ou capital etc.... o Estado nunca cessa de decompor, recompor e transformar o movimento ou de regular o discurso* (Deleuze e Guattari, *apud* Urry, 2000:196).

Contextualizar histórica e geograficamente estas dinâmicas de des-re-territorialização torna-se, assim, fundamental. O que podemos depreender destas reflexões sobre a ambigüidade de um papel reterritorializador ou desterritorializador do Estado é que, primeiro, o Estado é uma entidade muito genérica que deve ser historicamente situada, e, segundo, que ele carrega sempre, indissociavelmente, o papel de destruidor de territorialidades previamente existentes, mais diversificadas, e a fundação de novas, em torno de um padrão político-administrativo mais universalizante. Portanto, de saída, já dispomos de elementos críticos importantes para condenar o discurso que defende de forma dicotômica e genérica a desterritorialização a partir da diminuição dos poderes do Estado territorial no mundo dito pós-moderno.

Ao contrário da análise deleuze-guattariana, que propõe uma "máquina territorial" muito mais impregnada nas sociedades tradicionais do que nas sociedades estatais modernas, a desterritorialização que aqui denominamos de "política", por privilegiar esta dimensão do social, está diretamente vinculada a uma concepção de território como criação (e sustentação) do Estado moderno[2].

É surpreendente como o antigo e restrito conceito de território como espaço de soberania ou de jurisdição do Estado ainda continua presente, especialmente entre os autores da Ciência Política. Para Flint (2001), por exemplo, a desterritorialização é a característica que define a "nova condição geopolítica" (p. 1), que deve ser vista como "o processo de declínio da soberania estatal no domínio específico de sua capacidade reduzida de lidar com os fluxos de mercadorias, informações e pessoas através do espaço" (p. 2).

Mansbach (2002) também incorre neste reducionismo, discutindo a pouca relevância do território no mundo contemporâneo. Embora o autor reconheça a importância de outros "espaços políticos", ou seja, da dimensão espacial do poder, em sentido amplo, o território, enquanto base da construção do Estado e da cidadania modernos, estaria desaparecendo. Apesar de ressaltar que o território não esgota nossas interpretações sobre o espaço social, o autor reconhece que se trata agora de "concepções não-territoriais de espaço" (p. 108).

Paradoxalmente, Mansbach concorda com autores que admitem o declínio da "idéia de Geografia" como base para a organização da política e da economia. Mais uma vez, estamos diante da retomada do debate sobre a dimensão espacial, para falar de sua irrelevância. Torna-se então "lógico" perceber que o tão propalado

---

[2] Sobre a "invenção" do território pelo Estado moderno, ver também a obra de Alliès, 1980.

(e questionado) discurso do "fim do Estado" e do "mundo sem fronteiras" tornou-se o eixo daquilo que estamos denominando aqui de "desterritorialização política". Autores como Bauman (2003), entretanto, ressaltam a necessária distinção entre poder e política — enquanto o grande poder seria hoje "extraterritorial", nas mãos das "forças do mercado", a política, ainda basicamente territorial-estatal ("local"), perderia cada vez mais sua força.

Uma vertente interpretativa, mais circunscrita teoricamente ao âmbito da Geografia Política, faz uma associação clara entre a desterritorialização e a pós-modernidade. Ó Tuathail (1998a, 1999) propõe uma diferenciação entre aquilo que ele denomina de Geopolítica moderna e Geopolítica pós-moderna. Ele sintetiza suas características da seguinte forma (Ó Tuathail, 1998a:28):

Geopolítica Moderna	*Geopolítica Pós-moderna*
Visualizações cartográficas: mapas	Visualizações telemáticas: SIG
Dentro/fora, doméstico/internacional	Redes globais, glocalização
Leste/Oeste	Jihad/McWorld
Poder *territorial*	Poder telemétrico
Inimigos *territoriais*	Perigos *desterritorializados*
Postura rígida, fixa	Resposta rápida, flexível
Estado, homem geopolítico	Redes, coletivos *cyborg*
"espacialidade estado-cêntrica (Estados soberanos, territorialmente delimitados)"	"condição sem fronteira, falência do Estado e desterritorialização" (1999:18)

Grifamos as expressões "poder *territorial*" moderno e "inimigos *territoriais*" que se contrapõem a "perigos *desterritorializados*", porque eles dizem respeito, mais diretamente, aos discursos da des-territorialização. Na verdade, todas estas características estão interligadas. A definição clara de fronteiras, distinções como aquelas entre exterior e doméstico, Ocidente e Oriente, a diferenciação que o autor faz entre Estado e rede, tudo isto diz respeito ao raciocínio que propõe a territorialização mais ligada ao mundo moderno e a desterritorialização à pós-modernidade.

Muito mais do que uma distinção binária, contudo, o autor ressalta que se trata de um mundo confuso, dotado de grande complexidade. Ó Tuathail denomina esta nova Geopolítica de *fast geopolitics* (Geopolítica da rapidez), pautado na idéia de que o movimento e a "cronopolítica", como diz Paul Virilio, estão se impondo sobre a Geopolítica "territorial" do início do século XX, centrada em fixos como *heartlands-rimlands*, Estados, blocos etc. Ele cria também a expressão *global flowmations* (fluxos + formações) para entender os "eventos estruturados por onde flui in-formação sob aceleração de alta velocidade" (Ó Tuathail e Luke, 1998:73).

Para Newman (1998), o chamado discurso pós-moderno na Geopolítica centraliza-se no debate sobre "o impacto da globalização na soberania do Estado e a *desterritorialização* do Estado" (p. 4, grifo nosso). Isto significa a íntima associação entre processos de globalização — basicamente econômica — e desterritorialização política ou estatal, como já focalizamos no item anterior através da abordagem "neoliberal" de Ohmae e O'Brien.

Alguns autores, especialmente pesquisadores ligados à área de Relações Internacionais, numa visão bastante limitada e um tanto dicotômica, distinguem o elo entre política e território daquele entre economia (global) e fluxos "desterritorializados", reproduzindo também aqui o dualismo território-rede, cuja discussão retomaremos no Capítulo 7. Strange (1996), no mesmo rumo de Bauman (*op. cit.*), que distingue "política territorial do Estado" e "poder extraterritorial" das "forças de mercado", chega a propor uma distinção entre "política territorial" (do Estado) e "economia não-territorial" (das corporações transnacionais):

> (...) *a progressiva integração da economia mundial, através da produção internacional, tem alterado a balança de poder dos Estados em direção aos mercados mundiais. Esta mudança tem levado à transferência de alguns poderes em relação à sociedade civil, dos estados territoriais às corporações transnacionais não-territoriais* (p. 46, grifo nosso).

Provavelmente este discurso dicotômico está relacionado também à precariedade do diálogo entre os cientistas políticos e, mais especificamente, da área de Relações Internacionais, a Economia e a Geografia. Se a soberania do Estado está ligada, no interior de suas fronteiras, ao controle no que se refere, basicamente, à "manutenção da lei e da ordem pública", uma moeda segura e a jurisdição sobre a propriedade da terra, é evidente que várias mudanças de vulto estão ocorrendo nas últimas décadas, modificando, mas não suplantando, a soberania dos Estados.

Strange (1996) analisa quatro hipóteses básicas sobre esta perda de poder estatal em detrimento das grandes corporações transnacionais. Em primeiro lugar, ela comenta os processos de privatização neoliberal (incluindo os do ex-bloco socialista) que levaram à perda de controle do Estado sobre indústrias, serviços, comércio e mesmo sobre a pesquisa e as inovações tecnológicas. Em segundo lugar, numa visão mais conservadora, afirma ela que as empresas transnacionais fizeram mais pela redistribuição de riqueza e empregos nos países periféricos do que os programas oficiais de ação governamental. Muitos conflitos de interesses, em terceiro lugar, deixaram de ser resolvidos pelos governos e passaram a ser geridos no interior das próprias empresas. Por fim, os Estados, "desregulamentadores", também perderam no seu poder de controle fiscal e taxação de lucros das empresas.

O resultado é que não só as empresas invadiram searas antes de domínio quase absoluto dos governos, como passaram a exercer uma espécie de poder paralelo. Segundo Arrighi (1996), o "crescimento explosivo das empresas transnacionais", que alcançaram o número de cerca de 10 mil nos anos 1980,

> *Longe de consolidar o exclusivismo territorial dos Estados como "continentes de poder", (...) tornou-se o mais importante fator isolado a minar a essência desse exclusivismo. Por volta de 1970, quando começou a crise da hegemonia norte-americana, tal como encarnada na ordem mundial da Guerra Fria, as empresas multinacionais haviam evoluído para um sistema de produção, intercâmbio e acumulação, em escala mundial,*

que não estava sujeito a nenhuma autoridade estatal e tinha o poder de submeter a suas próprias 'leis' todo e qualquer membro do sistema interestatal, inclusive os Estados Unidos. (...) Esse sistema de livre iniciativa — livre, bem entendido, das restrições impostas pelo exclusivismo territorial dos Estados aos processos de acumulação de capital em escala mundial — foi o resultado mais característico da hegemonia norte-americana. Ela marcou um novo momento decisivo no processo de expansão e superação do Sistema de Vestfália, e é bem possível que tenha dado início à decadência do moderno sistema interestatal como locus *primário do sistema mundial* (1996:74, grifo nosso).

Num âmbito mais amplo do que o das empresas transnacionais, até mesmo incumbências antes tidas como "monopólio" do Estado, como o da "violência legítima", passaram em muitos casos a ser terceirizadas (com a contratação de milícias e seguranças privados) ou simplesmente deixaram de existir. Inúmeras são as áreas do planeta em que uma espécie de "vazio de poder" se instalou, sem falar na força crescente dos circuitos do crime organizado, seja do narcotráfico, do contrabando ou do terrorismo internacional.

Para Ó Tuathail (1999), uma série de ameaças de caráter global seria o melhor indício de que o Estado está perdendo poder. Essas ameaças que, polemicamente, denomina ele de "des-territorializadas" (neste caso, com hífen, ao contrário do esquema que aparece em Ó Tuathail, 1998b) e "perigos globais", de natureza planetária, identificadas em documentos oficiais pelo governo Clinton, passam pelo terrorismo transnacional, a proliferação de armas de destruição em massa, a degradação ambiental, o tráfico de drogas e armas e as migrações de refugiados sem controle. Seu sentido ambivalente estaria no fato de que, apesar de se tratar de problemas "globais, transnacionais e pós-territoriais" (expressão igualmente muito contestável), são sentidos como ameaças nacionais, como bem se viu recentemente nas atitudes do presidente George Bush em relação ao terrorismo e ao Iraque.

Dentro da perspectiva da globalização, um dos elementos mais destacados para explicar a desterritorialização política está relacionado à difusão das novas tecnologias de informação e o chamado ciberespaço. É Newman (1998) também quem lembra que:

> *O impacto da globalização econômica e do ciberespaço da informação é visto como o principal fator a produzir a desterritorialização do Estado e a correspondente remoção das fronteiras* (p. 6).

Entre as mudanças mais sérias no papel do Estado frente à gestão corporativa das grandes empresas, Strange (1996) destaca as telecomunicações:

> *No ápice do seu poder sobre a sociedade, os Estados reivindicaram e exerceram o direito de controlar os meios pelos quais a informação era comunicada — correio, telégrafo e telefone. Por volta da última década, começou um rápido declínio neste poder, desencadeado pela combinação de mudança tecnológica, demanda do mercado e mudanças políticas nos Estados Unidos, através de interesses econômicos legitimados pela ideologia econômica da empresa privada* (p. 101).

O vasto poder adquirido pelas chamadas *telecoms* (companhias de telecomunicação) e as acirradas disputas que se sucederam na definição de suas áreas de controle de mercado mundo afora são bem evidentes deste novo agente des-re-territorializador.

Juntamente com a análise das empresas responsáveis pelo controle e/ou difusão da informação pelo mundo, encontra-se o tipo de tecnologia envolvido e a forma com que a informação é difundida, ou seja, a formação daquilo que se convencionou chamar de ciberespaço no novo espaço técnico-informacional planetário.

É fundamental, portanto, dentro dos processos de globalização econômica, discutir o papel do chamado ciberespaço no enfraquecimento do domínio ou da "soberania territorial" dos Estados e, conseqüentemente, de suas fronteiras. O ciberespaço é central tanto na compreensão da fluidez financeira (item anterior) e da fragilização das fronteiras quanto da aceleração dos processos de "hibridização" cultural (a ser discutida no próximo item). Tendo o cuidado de não cair num "determinismo tecnológico", é indispensável reconhecer o papel crescente das tecnologias informacionais nos processos de des-territorialização. Por esse motivo, o tema terá um tratamento à parte no próximo capítulo, ao abordarmos o debate mais amplo que relaciona desterritorialização e mobilidade.

A mais fundamentada interpretação teórica de base política (ou político-econômica) que se utiliza da desterritorialização como um de seus conceitos centrais é aquela elaborada por Negri e Hardt através de sua concepção de "Império" (Negri e Hardt, 2001[2000]). A obra de Negri e Hardt, tal como a de Giovanni Arrighi, analisada no item anterior, situa-se na interface entre a dimensão política e a dimensão econômica da desterritorialização — com a diferença de que, ao contrário da de Arrighi, privilegia a perspectiva política.

Logo no Prefácio da obra os autores destacam a centralidade da noção de desterritorialização em sua concepção de "Império":

A transição para o Império surge no crepúsculo da soberania moderna. Em contraste com o imperialismo, o Império não estabelece um centro territorial de poder, nem se baseia em fronteiras ou barreiras fixas. É um aparelho de descentralização *e* desterritorialização *do geral que incorpora gradualmente o mundo inteiro dentro de suas fronteiras abertas e em expansão. O Império administra entidades híbridas, hierarquias flexíveis e permutas plurais por meio de estruturas de comando reguladoras. As distintas cores nacionais do mapa imperialista do mundo se uniram e se mesclaram num arco-íris imperial global* (pp. 12-13, grifos do autor).

O discurso da globalização levando ao fim das fronteiras ou ao *borderless world* (sem "fronteiras ou barreiras fixas" ou com "fronteiras abertas e em expansão"), relativamente banal, ressurge aqui com outra consistência e perspectiva teórica, fundamentada em cruzamentos como aquele entre materialismo dialético (Marx) e pós-estruturalismo (Deleuze e Guattari).

Para os autores, a mudança da "moderna geografia imperialista do mundo e a realização do mercado global" assinalam uma mudança no próprio modo capitalista de produção. Haveria uma mescla entre os "três mundos" — ou periferias e centros — de tal forma que dificilmente conseguimos dissociá-los. Apesar do domínio desse movimento desterritorializador, contudo, "o capital parece se defrontar com um universo ameno, ou, com efeito, um mundo definido por novos e complexos regimes de diferenciação e homogeneização, ora se desterritorializando, ora se reterritorializando" (p. 14).

Trata-se de uma "pós-modernização" da economia mundial onde decresce o papel da mão-de-obra industrial, centralizada em torno de organizações trabalhistas combativas, e aumenta a "mão-de-obra comunicativa, cooperativa e cordial". O "Império" acompanha esse movimento descentralizador, rizomático e pulverizado, não reconhecendo nem mesmo um Estado nação hegemônico, como ocorria na noção clássica de imperialismo[3].

Nesse "Império" descentralizado e desterritorializado, como seria de prever, a rede é a forma básica de organização, seja da estrutura econômica, seja da distribuição de poder. Novamente temos aí a associação às vezes simplista entre desterritorialização e globalização, desterritorialização e rede, "fluxos e intercâmbios globais", e o correspondente dualismo entre rede e território. Também neste caso encontramos a ampla utilização do conceito de desterritorialização sem a correspondente discussão da concepção de território à qual ele se refere.

---

[3] "*Os Estados Unidos não são, e nenhum outro Estado-nação poderia ser, o centro de um novo projeto imperialista. O imperialismo acabou.* Nenhum país ocupará a posição de liderança mundial que as avançadas nações européias um dia ocuparam" (Negri e Hardt, 2001:14, grifos do autor).

A própria resistência ao "Império", a "organização política alternativa" ou "Contra o Império" (p. 15), seria construída a partir de uma "nova cartografia", uma "Geografia" ainda por ser escrita "na luta e nos desejos da multidão" (p. 16), mas que, com certeza, poderíamos dizer, tem também na rede a sua base — afinal, este polêmico "poder da multidão" não pode ser representado apenas pela sua (dis)forma enquanto "massa" (ou o que denominaremos adiante de "aglomerados de exclusão").

Para entender a des-ordem mundial responsável pela "problemática do Império", Negri e Hardt partem de sua dimensão jurídico-política. Esta ordem é, portanto, uma formação jurídica, que não surge "*espontaneamente* da interação de forças globais radicalmente heterogêneas", pela "mão neutra e oculta do mercado mundial", nem "por uma única potência e um único centro de racionalidade *transcendente* para as forças globais" (p. 21, grifos dos autores).

As raízes históricas desta "desterritorialização" do Império são de ordem geopolítica, portanto, e se localizam no mesmo ponto em que outros autores situam a crise da soberania estatal contemporânea. Segundo os autores, as primeiras crises da Ordem Vestfaliana, que em 1648 construiu as bases da territorialidade estatal mundial, foram as guerras napoleônicas, o Congresso de Viena e/ou o estabelecimento da Santa Aliança. De qualquer forma, dizem eles, por ocasião da Primeira Grande Guerra e a formação da Liga das Nações, esta ordem já estava definitivamente em crise.

De européia a ordem passou a ser global, com a instituição das Nações Unidas ao final da Segunda Grande Guerra. "As Nações Unidas (...) podem ser vistas como o auge desse processo constitutivo, uma culminação que ao mesmo tempo revela as limitações do conceito de ordem *internacional* e aponta para além dela, rumo a um conceito de ordem *global*" — há, assim, "uma nova fonte positiva de produção jurídica, eficaz em escala global — um novo centro de produção normativa que pode desempenhar um papel jurídico soberano" (p. 22). Por um lado, há o reconhecimento da soberania dos Estados nações com seus acordos e tratados, e por outro, "esse processo de legitimação só é eficaz na medida em que transfere direito soberano para um verdadeiro centro *supranacional*" (p. 23).

Entretanto, a desterritorialização que caracteriza o Império deve ser entendida também na sua relação com o imperialismo, esta forma mais "tradicional" de organização do capitalismo. Recorrendo à distinção deleuze-guattariana entre espaço liso e espaço estriado, eles afirmam:

> *O imperialismo é a máquina de estriamento global, canalizando, codificando e territorializando os fluxos de capital, bloqueando certos fluxos e facilitando outros. O mercado mundial, diferentemente, requer um espaço liso de fluxos não-codificados e desterritorializados* (Negri e Hardt, 2001:354).

Tal como predito por Rosa Luxemburgo, o imperialismo era ao mesmo tempo um meio de difusão mais eficaz para o capitalismo e sua limitação. Daí Negri e Hardt defenderem que "o imperialismo, se não fosse derrotado, teria sido a morte do capital", pois a realização plena do mercado globalizado é, obrigatoriamente, a negação do imperialismo, com o conseqüente declínio dos Estados nações que lhe davam sustentação.

Os autores questionam posições como a dos teóricos do sistema-mundo (Wallerstein, Arrighi), que afirmam que o capitalismo é inerentemente globalizador e que não há exatamente algo novo nas transformações econômicas do século XX. A atenção a estas "dimensões universais ou universalizantes *ab origine*, do desenvolvimento do capitalismo, não deve nos impedir de ver a ruptura ou a mudança da produção capitalista contemporânea e as relações globais de poder". Paralelamente ao "declínio irreversível" dos Estados nações[4], a globalização estaria no caminho de

---

[4] "(...) é um grave erro abrigar qualquer nostalgia dos poderes do Estado-nação ou ressuscitar qualquer política que celebre a nação. Antes de tudo, esses esforços são inúteis, porque o declínio do Estado-nação (...) é um processo natural e irreversível" (Negri e Hardt, 2001:357-358).

"projetar uma configuração única supranacional de poder jurídico" (p. 26).

O ponto de partida para a noção de Império como "uma nova noção de direito, ou melhor, um novo registro de autoridade e um projeto original de produção de normas e de instrumentos legais de coerção que fazem valer contratos e resolvem conflitos" (p. 23) tornou-se, contudo, um tanto problemático, especialmente após os eventos de 11 de setembro de 2001 e as reações neo-realistas (e, portanto, "neoterritorialistas", no sentido de revalorizar a lógica territorial estatal) do governo norte-americano.

O Império como "um espaço ilimitado e universal" com um "direito válido para todo o espaço da 'civilização'" (p. 29), tal como já ocorria no Império Romano, tendendo assim a "apagar" o espaço geográfico (pelo menos na sua perspectiva jurídico-política), e tendo como fonte a Organização das Nações Unidas, profundamente abalada após o conflito iraquiano de 2003, ainda parece um tanto longe de se estruturar. Mesmo no campo dos valores e da ética (ver a ascensão dos valores religiosos em várias frentes), estamos distantes de um Império "ilimitado" e "desterritorializado".

Cabe, então, salientar aquilo que podemos denominar de "contradiscurso da desterritorialização no âmbito político". Newman (2000) contrapõe à argumentação da desterritorialização a importância do território e suas delimitações, principalmente através do fortalecimento das identidades étnicas e nacionais. Para ele, é no próprio processo de reterritorialização, e não como resultado da desterritorialização que as novas configurações geopolíticas estão sendo construídas, seja através do surgimento de novas fronteiras e fixações territoriais, seja pela construção de espaços virtuais de identidade, em novos moldes espaciais formados pelas "narrativas territoriais" centradas no simbólico e no mítico.

Para Newman, há dois tipos principais de re-territorialização em curso: o primeiro, a re-territorialização que emerge a partir da globalização econômica e do ciberespaço, mas que, com exceção de uma restrita elite de "cidadãos globais", não chega a modificar a relação básica entre cidadania e Estado; o segundo, o surgimento de movimentos étnico-nacionalistas em busca de redefinições político-territoriais.

O autor, numa leitura às vezes ainda excessivamente tradicional de território, não concorda nem mesmo com a tese de que os territórios hoje estariam mais ligados a espaços multipartilhados ou àquilo que denominamos aqui de multiterritorialidade. Para ele, basta tentar sugerir a noção de "territórios partilhados" para muçulmanos e sérvios na Bósnia, gregos e turco-cipriotas em Chipre, hutus e tutsis em Ruanda ou judeus e árabes na Palestina: "isto pode soar muito democrático, pode estar baseado em conceitos universais de direitos humanos e igualdade, de multiculturalismo e identidades compartilhadas — mas não está baseado na realidade de conflito prolongado, animosidade, ódio e desconfiança" (Newman, 2000:30).

Na verdade, tudo isso que aparece muitas vezes sob o rótulo "desterritorializado" representa, antes, a construção de uma nova des-ordem territorial muito mais complexa, que em hipótese alguma, pela simples perda ou mudança de poder das fronteiras nacionais, se resume a uma "desterritorialização estatal", como enfatizam muitos. As fronteiras estatais, como vários trabalhos vêm demonstrando, acabam se rearticulando sob essa nova realidade social, e outros tipos de "fronteiras" vão surgindo. Partindo de uma concepção de fronteira como fenômeno multidimensional e dinâmico, Paasi e Newman (1998) elaboram uma série de argumentos a favor de sua relevância:

— o "desaparecimento das fronteiras" afeta apenas uma parte muito restrita da humanidade, a maioria envolvida em (re)partições territoriais;
— a emergência do chamado ciberespaço e da globalização econômica não só "abriu fronteiras" como criou outras, facilitando e fortalecendo os contatos entre membros de uma diáspora, por exemplo;

— a destruição de barreiras fronteiriças é sobretudo um fenômeno de base econômica, não valendo, por exemplo, para o fluxo de migrantes e para a homogeneização dos espaços culturais.

É importante destacar este papel contraditório do Estado contemporâneo que, ao mesmo tempo em que libera as fronteiras no sentido da livre circulação de capitais — e mesmo de mercadorias, em muitos casos —, atua num movimento inverso no que diz respeito ao controle da circulação da força de trabalho ou de refugiados políticos, impondo cada vez mais seus "muros" mundo afora para impedir a entrada de migrantes.

Além disto, é indispensável lembrar que, como não devemos restringir nossa noção de território ao território estatal, a própria concepção de fronteira também deve ser expandida, e se ela perde (relativamente) poder em uma escala (a nacional-estatal, por exemplo), pode estar ganhando relevância em outras (como a local, no caso de guetos e "comunidades" mais fechadas, ou a supranacional, no caso de organizações políticas como a União Européia).

Uma das questões em que se torna mais evidente este realce político da escala local[5], e que com certeza tornar-se-á ainda mais relevante no futuro, é a questão da "segurança". Trata-se também aqui de uma problemática ambivalente, pois, como afirma Bauman:

De um lado, tudo pode ser feito aos lugares longínquos uns dos outros sem se mudar de lugar [o território tornando-se um peso e não mais um recurso na luta pelo poder]. *De outro, pouco se pode prevenir em relação a nosso próprio lugar, por mais vigilantes e cuidadosos que sejamos em guardá-lo* (2003:100).

---

[5] Não entraremos aqui, obviamente, na complexa questão do "poder local" e seus limites. Para uma introdução à polêmica, ver Vainer, 2002.

Ao mesmo tempo, contudo, *no que diz respeito à experiência diária compartilhada pela maioria, uma conseqüência particularmente pungente da nova rede global de dependências, combinada ao gradual mas inexorável desmantelamento da rede institucional de segurança (...) é paradoxalmente (...) o aumento do valor do lugar* (2003:100, grifo do autor).

Apesar de Bauman reconhecer que "a única função deixada nas mãos dos governos dos Estados" é "o policiamento do território administrado"[6], os chamados "circuitos paralelos" da segurança privada proliferam como nunca, beneficiando muito mais, é claro, aqueles que se encontram no topo da pirâmide social. A "defesa do lugar", "condição necessária de toda segurança", passa muitas vezes a ser "uma questão de bairro, um 'assunto comunitário'":

Onde o Estado fracassou, poderá a comunidade — a comunidade local, uma comunidade corporificada num território habitado por seus membros e ninguém mais (ninguém que "não faça parte") — fornecer aquele "estar seguro" que o mundo mais extenso claramente conspira para destruir (Bauman, 2003:102, grifo do autor).

Acompanhada de uma privatização dos espaços públicos, esta "política do medo cotidiano" (Zukin, 1995) provoca a formação de novos territórios como "comunidades do bairro seguro" ou "guetos voluntários" (Bauman, 2003:105), que analisaremos mais atentamente no Capítulo 6, ao discutirmos a "desterritorialização na imobilidade". De qualquer forma, trata-se aqui de uma reinvenção

---

[6] Acrescentando que "outras funções ortodoxas foram abandonadas ou passaram a ser compartilhadas e assim são apenas em parte monitoradas pelo Estado e por seus órgãos, e não de maneira autônoma" (Bauman, 2003:90).

do território a nível político, amalgamado por uma outra concepção de "comunidade" que vai muito além do ideário "societal" do Estado moderno.

Embora Newman não desenvolva um de seus argumentos iniciais, o de que o território está se reestruturando também em bases mais simbólicas, num "espaço tanto virtual quanto real" (p. 31), ele conclui enfaticamente contra a desterritorialização:

O discurso pós-moderno centrado na des-territorialização do Estado e no desaparecimento das fronteiras no seu sentido tradicional é culturalmente específico da narrativa norte-americana e européia ocidental, e ainda resta perceber em que extensão ele se tornará relevante para outras regiões à medida que os próprios impactos da globalização e da aproximação política se tornam mais difundidos (Newman, 2000:31). *A geopolítica deveria focalizar-se na diferenciação geográfica desses processos, ao longo de um* continuum *da des-territorialização à re-territorialização, e no modo como a globalização afeta desigualmente diferentes atividades estatais* (Newman, 1999:5).

Como aponta muito acertadamente e de forma mais ampla Ó Tuathail (1998b), o objetivo deve ser o de "teorizar criticamente as territorialidades polimorfas produzidas pelas máquinas sociais, econômicas, políticas e tecnológicas de nossa condição pós-moderna mais do que recusar esta complexidade e reduzi-la a dramas singulares de territorialização resistente ou de desterritorialização permanente" (p. 90). Nesta complexidade política, econômica e tecnológica, é necessário, contudo, acrescentar aquilo que muitos denominam a "política da identidade", uma cultura política que, como afirma Campbel (1996), deve "mover-se para além da problemática da soberania, com seu foco na segmentaridade geopolítica, em sujeitos estabilizados e poder economicista", a fim de "compreender a significância dos fluxos, das redes, teias e formações identitárias aí localizadas" (p. 19). Por isso também é muito relevante abordarmos a perspectiva cultural ou simbólica com que a desterritorialização vem sendo tratada.

5.3. A desterritorialização numa perspectiva cultural

Vimos no item anterior que, tradicionalmente, pensar o território ao longo da história do pensamento nas Ciências Sociais, especialmente entre geógrafos e cientistas políticos, é, antes de tudo, pensá-lo política e culturalmente. Bayart (1996) mostra a íntima relação entre essas esferas, criticando as abordagens culturalistas:

> *É muito claro que a ação política é automaticamente uma ação cultural. (...) Mas o culturalismo é precisamente incapaz de dar conta deste quase-sinônimo porque ele define de forma substancialista as culturas e porque postula entre estas últimas e a ação política uma relação de exterioridade, sobre o modo da causalidade única* (1996:10).

Por outro lado, não há qualquer atividade, inclusive as atividades materiais, que não seja ao mesmo tempo produtora de sentido e de símbolos, pois "compreender um fenômeno social, econômico e político leva a decifrar sua 'razão cultural', tal como nos ensinou uma corrente anticulturalista da Antropologia: em definitivo, 'é a cultura que constitui a utilidade'" (Bayart, 1996:25).

É nesta perspectiva de "cultura política", ao mesmo tempo material e simbólica, que procuraremos discutir os discursos que enfocam a des-territorialização a partir da sua dimensão cultural. Como já vimos ao abordar as diferentes concepções de território, alguns autores com tendências culturalistas afirmam que a própria feição cultural precede e/ou se impõe sobre a natureza política dos territórios[7]. Não se trata, porém, de substituir uma visão materialista por uma visão idealista dos processos de des-territorialização.

Prioritária ou não, antecedendo ou não a política, a dimensão cultural sempre esteve presente nos processos de formação territorial. A carga identitária ou simbólica, naquilo que Anderson (1989) denominou "comunidades imaginadas" (mas nunca somente imaginadas), apareceria hoje com uma ênfase raramente vista. Os territórios modernos por excelência, os do Estado nação, estariam marcados por uma "comunidade imaginada" calcada na figura de um indivíduo nacional-universal capaz de impor-se sobre as diversas "comunidades" baseadas na diferenciação étnica dos grupos sociais. Lado a lado, porém, se reinventam símbolos e identidades nacionais, estruturados para consolidar a homogeneização da nova "nação-Estado". Daí que a criação dos Estados nações modernos e, conseqüentemente, das sociedades nacionais, é, do ponto de vista cultural, da mesma forma como vimos para a dimensão política, um movimento ambivalente, concomitantemente desterritorializador e reterritorializador.

Podemos começar retomando o tradicional discurso da substituição da *Gemeinschaft* pela *Gessellschaft,* da "Comunidade" (étnica, de grupo) pela "Sociedade" ("nacional"), nas palavras de Tönnies. Um esquema geral sintetizando esta distinção, nos termos colocados pelo autor, permite-nos deduzir melhor as diferentes "territorialidades" que cada modelo implica e verificar por que muitos argumentam que o segundo seria mais "desterritorializador" do que o primeiro:

---

[7] Por exemplo, os já citados Bonnemaison e Cambrèzy (1995), para quem "(...) a existência e mesmo a imperiosa necessidade para toda sociedade humana de estabelecer uma relação forte, ou mesmo uma relação espiritual, com seu espaço de vida, parecem claramente estabelecidas. (...) O poder do laço territorial revela que o espaço é investido de valores não somente materiais mas também éticos, espirituais, simbólicos e afetivos. É assim que o território cultural precede o território político e, com mais razão, precede o espaço econômico" (p. 10).

	Gemeinschaft (comunidade)	*Gessellschaft (sociedade)*
Natureza da Associação	Vida real e orgânica	Estrutura imaginária e mecânica
	Organismo vivo	Agregado mecânico e artefato
Idéia de Autoridade	De pessoas (mais rural), antiga (como denominação e fenômeno)	De Estado (mais urbana), nova
	Paternidade Por sangue, de lugar, espiritual (parentesco, vizinhança, amizade)	Relações contratuais
	Construção afetiva, "natural" ou "original". Indivíduos "mantêm-se essencialmente unidos apesar de todos os fatores disjuntivos"	Construção artificial, racional "mantêm-se essencialmente separados apesar de todos os fatores unificadores"

Apesar de todas as restrições e das críticas feitas ao raciocínio dualista desta distinção, ela ainda se revela um referencial válido justamente para pensarmos as interações e ambigüidades que a separação oculta, assim como a diversidade interna a cada condição. Por exemplo, Tönnies afirma que:

> *A* Gemeinschaft *por sangue, denotando unidade de ser, se desenvolve e se diferencia em* Gemeinschaft *de localidade, que é baseada no* habitat *comum. Uma diferenciação posterior leva à* Gemeinschaft *espiritual* ["mental"] *que implica somente co-operação e ação co-ordenada para um objetivo comum.* Gemeinschaft *de localidade pode ser concebida como comunidade de vida física, do mesmo modo que* Gemeinschaft *espiritual expressa a comunidade da vida mental (...), a verdadeiramente humana e extrema forma de comunidade* (1961[1887]:194).

É interessante perceber, na visão do autor, essa condição "territorializada" algo ambígua das estruturas "comunitárias". Ao mesmo tempo em que os três tipos "estão intimamente inter-relacionados no espaço e no tempo" (p. 195), é a *Gemeinschaft* mental ou espiritual, sempre dotada de um profundo laço religioso, que é considerada "verdadeiramente humana" e a forma mais "extrema" de comunidade. Este raciocínio algo saudosista da vida comunitária tradicional em dissolução revela um sentido ambivalente em relação ao território: ao mesmo tempo em que a *Gemeinschaft* de localidade ("uma relação comum estabelecida através da propriedade coletiva da terra") encontra-se imbricada às outras duas, é a espiritual que se impõe como a mais relevante.

Às vezes, temos a impressão de que, ao contrário do que muitos afirmam, o caráter simbólico dos laços "comunitários" era muito mais forte do que o caráter territorial ou de ligações com o espaço material, enquanto na *Gessellschaft* estatal a territorialidade seria muito mais importante do que os "laços espirituais". Na verdade, esta impressão se deve ao fato de que comumente dissociamos e mesmo dicotomizamos as dimensões simbólico-expressiva e material-funcional do território. A *Gemeinschaft* em geral (pois não se trata de uma regra universal) apresenta estas duas dimensões completamente geminadas, sendo impossível dissociá-las, enquanto a modernidade (também "em geral") parte de pressupostos dissociativos, dando ao território um caráter muito mais funcional do que simbólico — a ponto de ele reger, assim, as próprias relações de produção.

A *Gemeinschaft* não pode prescindir de importantes referenciais espaciais, ou seja, de uma territorialização no sentido simbólico-cultural, já que seu "vínculo comum" é "representado por lugares sagrados e deidades veneradas" (p. 195). Em resumo, haveria uma hierarquização de elementos, dos laços étnicos aos espaciais e intelectuais:

A verdadeira fundação da unidade e, conseqüentemente, a possibilidade de Gemeinschaft *é, em primeiro lugar, a proxi-*

midade das relações e mistura de sangue, em segundo a proximidade física e finalmente — para os seres humanos — a proximidade intelectual (Tönnies, 1961:196-197).

Neste sentido, parece evidente que o domínio da *Gesselschaft* é desterritorializador, já que ele subentende a dissolução desta "unidade" que só é possível em espaços mais restritos e localmente articulados. A proposição durkheimniana, aqui, se inverte, e a solidariedade mecânica passa a ser aquela dos Estados e das "sociedades", e não, como em Durkheim, a solidariedade orgânica. Trata-se, na verdade, de duas visões distintas sobre o papel do Estado e da sociedade moderna — a de Tönnies, defensora de elementos comunitários mais "tradicionais", e a de Durkheim, partidário da solidariedade "moderna" em que a própria complexificação da divisão social do trabalho é um elemento "orgânico" de coesão social (Durkheim, 1995).

Esta ambigüidade interpretativa mostra que o modelo é muito mais imbricado e ambivalente do que o esquema dual indica. Retomando a noção "comunitária" de sociedade nacional de Anderson, podemos dizer que na verdade as sociedades (nacionais), ao mesmo tempo em que dissolvem antigos laços "territorializadores", criam novos, inicialmente mais gerais e abstratos, certamente, mas que com o tempo revelam um profundo sentido reterritorializador. Sem falar na grande diferenciação interna aos Estados nações, uns forjados mais sobre o chamado "direito de sangue" e mais próximos, portanto, da *Gemeinschaft* tönniesiana, outros moldados dentro de um "direito de solo", mais universalista e mais tipicamente *gessellschaftiano*.

Como se pode depreender da discussão realizada no final do item anterior, a des-ordem territorial denominada de pós-moderna carrega lado a lado uma globalização que se diz homogeneizadora e niveladora de culturas, e uma fragmentação (para alguns, "localização", termo mais complicado na tradução para a língua portuguesa) que envolve não só territórios estatais nacionais, com um caráter político mais pronunciado, mas também outros territórios de forte conotação identitária[8], muitos deles veiculadores de uma verdadeira etnicização da territorialidade.

Um dos primeiros discursos sobre a desterritorialização no sentido político-cultural, em termos de "desenraizamento geográfico", intimamente associado ao das noções de *Gemeinschaft* e *Gesselschaft*, foi proposto por Simone Weil (1949), quando o Estado (ou a nação, nos termos da autora) parecia estar substituindo todas as outras "comunidades territoriais". Entre os diferentes tipos de desenraizamento, a autora distingue "o desenraizamento que se poderia denominar de geográfico, isto é, em relação às coletividades que correspondem a territórios":

O sentido mesmo de coletividade quase desapareceu, exceto apenas para uma, para a nação. Mas existem, existiram muitas outras. Algumas menores, às vezes muito pequenas: cidade ou conjunto de vilarejos, província, região; algumas englobam várias nações; algumas englobam várias partes de nações. A nação sozinha substituiu todas elas. A nação, isto é, o Estado; pois não se pode encontrar outra definição para a palavra nação senão o conjunto de territórios reconhecendo a autoridade de um mesmo Estado. Pode-se dizer que na nossa época o dinheiro e o Estado substituíram todos os outros vínculos [attachments] (p. 129).

A condição "desenraizadora" da *Gessellschaft* em relação à *Gemeinschaft* também se revela aqui extremamente ambígua. Dependendo da perspectiva, podemos encontrar a formação da "nação" moderna (fundada na identidade nacional) como um processo destruidor de territorialidades (das fidelidades territoriais preexistentes, como comenta Weil) e reconstrutor, em um outro nível escalar. Ou seja, o que domina, mais do que uma desterritorialização em sentido estrito, é uma reterritorialização em outra *escala*,

---

[8] A este respeito, ver o percurso na relação entre território e identidade em Claval, 1999 (1996).

o Estado nação se impondo de modo universal e pretensamente exclusivista como padrão de ordenamento territorial globalizado.

Para além desta desterritorialização como "desenraizamento" cultural promovido pelos Estados nações, temos as leituras mais recentes, envolvidas nos discursos da pós-modernidade. Muitos antropólogos e cientistas sociais têm proclamado a desterritorialização como característica central dos processos culturais contemporâneos, em todas as escalas. Caplan, por exemplo, associando desterritorialização cultural e compressão tempo-espaço (embora não utilize explicitamente o termo), afirma:

> *Um mundo que leva pessoas, informação, objetos e imagens através de enormes distâncias e em alta velocidade desestabiliza as convenções de identidade tradicionalmente encontradas na cultura do Primeiro Mundo na primeira metade deste século. "Desterritorialização" é um termo para o deslocamento de identidades, pessoas e significados que é endêmico ao sistema do mundo pós-moderno* (Caplan, 1990:358).

Appadurai (1996) destaca de maneira ainda mais enfática:

> *Há uma necessidade urgente em focalizar a dinâmica cultural daquilo que agora é chamado de desterritorialização. Este termo se aplica não somente a exemplos óbvios como os das corporações transnacionais e mercados financeiros, mas também a grupos étnicos, movimentos sectários e formações políticas, que cada vez mais operam em formas que transcendem limites e identidades territoriais específicos. Desterritorialização (...) afeta as lealdades de grupos (especialmente no contexto complexo das diásporas), sua manipulação transnacional de moeda e outras formas de riqueza e investimento, e as estratégias dos Estados* (p. 49).

Esta desterritorialização atuaria nas mais diferentes escalas, incluindo aquela do nível familiar:

A tarefa da reprodução cultural, mesmo nas suas arenas mais íntimas, tais como a das relações marido-esposa e pai-filho, torna-se ao mesmo tempo politizada e exposta aos traumas da desterritorialização na medida em que os membros da família reúnem recursos e negociam seus entendimentos e aspirações comuns em arranjos espaciais às vezes fraturados (Appadurai, 1996:44).

É interessante observar como, nos últimos anos, sob a égide da pós-modernidade, foi difundida a noção de um mundo culturalmente desterritorializado, ao mesmo tempo em que, anteriormente, pouca alusão se fazia a esta "territorialização" cultural da modernidade. Mais uma vez é como se subitamente tivéssemos descoberto a importância das mediações espaciais na construção da cultura, mas para entender o quanto estas relações vêm se debilitando.

Assim, fala-se agora em "desprendimento" (*detachment*) cultural em relação a lugares específicos (como na "desterritorialização" cultural de Tomlinson, 1999), "culturas desterritorializadas" (Featherstone, 1997), hibridismo cultural generalizado e até mesmo em "não-lugares", sem identidade e sem história (Augé, 1992). Podemos identificar então como quase-sinônimos de desterritorialização a desvinculação cultural de espaços específicos e a mescla de identidades ou o hibridismo como norma cultural dominante.

Um dos autores que mais tem abordado a questão da desterritorialização, de um ponto de vista cultural e que enfatiza justamente estes dois pontos, é o sociólogo mexicano Nestor Canclini (1990, 1995, 1997). Para o autor, dois dos processos responsáveis pelas mudanças socioculturais contemporâneas são "a reformulação dos padrões de assentamento e convivência urbanos" (1995: 27), desvinculando local de moradia e de trabalho, tornando policêntrica a mancha urbana, e "a redefinição do senso de pertencimento e de identidade", que deixa as lealdades locais e nacionais pelas "*comunidades transnacionais* ou *desterritorializadas* de consumidores (os jovens em torno do *rock*, os telespectadores que acompanham os programas da CNN, MTV e outras redes transmitidas por satélite)" (1995:28, grifo nosso).

Desterritorialização, assim, é vista como resultado do enfraquecimento das lealdades locais e nacionais em prol das comunidades transnacionais, ou, nos termos do autor, "comunidades desterritorializadas de consumidores". Para Canclini, "o que é novidade na segunda metade do século XX é que estas modalidades audiovisuais e massivas de organização da cultura foram subordinadas a critérios empresariais de lucro, assim como a um ordenamento global que *desterritorializa* seus conteúdos e suas formas de consumo" (1995:28-29, grifo nosso). Esta desterritorialização vinculada à padronização mercantil das formas de consumo envolve também a passagem de um mundo de "identidades modernas" para um mundo de "identidades pós-modernas" (expressão "cada vez mais incômoda", reconhece ele). Assim:

> As identidades modernas eram territoriais e quase sempre monolingüísticas. *Consolidaram-se subordinando regiões e etnias dentro de um espaço mais ou menos arbitrariamente definido, chamado nação (...).* Por outro lado, as identidades pós-modernas são transterritoriais e multilingüísticas. *Estruturam-se menos pela lógica dos Estados do que pela dos mercados; em vez de se basearem nas comunicações orais e escritas que cobriam espaços personalizados e se efetuavam através de interações próximas, operam mediante a produção industrial de cultura, sua comunicação tecnológica e pelo consumo diferido e segmentado de bens. A clássica definição* socioespacial *de identidade, referida a um território particular, precisa ser complementada por uma definição* sociocomunicacional *(sic) (1995: 35-36, destaques do autor).*

Às vezes Canclini parece caminhar dentro da mesma lógica geral de "redescoberta" da dimensão territorial da sociedade para afirmar sua pouca relevância. Mas aqui há mais sutileza, e pode-se freqüentemente divisar uma visão mais relacional entre espaço (ou território) e sociedade: por exemplo, uma "definição socioespacial de identidade" é "complementada" — e não substituída — pela "definição sociocomunicacional". A xenofobia reativa dos "refúgios nostálgicos" ainda envolve enraizamentos territoriais promotores da violência, e, se quisermos mudar este contexto, devemos "combinar o *enraizamento territorial* de bairros ou grupos com a participação solidária na informação e com o desenvolvimento cultural proporcionado pelos meios de comunicação de massa, na medida em que estes tornem presentes os interesses públicos" (1995:115, grifo nosso). Com a revalorização de certos ambientes culturais, o autor divisa também a "reterritorialização", com movimentos sociais e meios de comunicação que enfatizam a cultura local-regional.

Enfim, a tensão entre desterritorialização e reterritorialização é um dos caminhos mais promissores para entender as entradas-saídas da modernidade:

> *As buscas mais radicais sobre o que significa estar entrando e saindo da modernidade são as dos que assumem as tensões entre desterritorialização e reterritorialização. Com isto refiro-me a dois processos: a perda da relação "natural" da cultura com os territórios geográficos e sociais e, ao mesmo tempo, certas relocalizações territoriais relativas, parciais, das velhas e novas produções simbólicas* (1997:288).

Para entender estes processos, o autor parte da "transnacionalização dos bens simbólicos" (p. 288) e das "migrações multidirecionais" (p. 290). Indo ainda mais longe em seu raciocínio geográfico, reclama Canclini, como Roger Rouse (*apud* Canclini, 1997: 314), uma nova cartografia para revelar estes novos espaços em constante "des-reterritorialização". Ela seria, por exemplo, muito mais baseada nas noções "híbridas" de fronteira e circuito do que na concepção binária de centro e periferia.

Canclini (1997) utiliza como exemplos destes processos a área transfronteiriça do México com os Estados Unidos, especialmente a cidade de Tijuana. Aí, vive-se a experiência de uma clara reterritorialização no hibridismo, podemos dizer, onde além da extraordinária mescla de elementos culturais mexicanos e estadunidenses, ou "latinos" e "anglo-saxões", indistinguíveis uns dos outros, formando um terceiro, tem-se também a própria identificação com o espaço transfronteiriço, um espaço de certa forma fluido, "deslizante", em constante movimento. Podemos visualizar neste espaço-tempo aquilo que mais à frente iremos analisar como uma identidade sociocultural construída no e com o movimento, um território construído pelo movimento. Além disto, ao mostrar os fortes laços mantidos por uma comunidade do interior do México (Aguililla) com cidades dos Estados Unidos, através de seus grupos de migrantes, desenha-se aí o que denominaremos na conclusão deste trabalho de "multiterritorialidade".

Um outro trabalho de grande interesse relativo à dimensão cultural dos processos de des-territorialização é o do sociólogo francês Michel Maffesoli. O autor, dentro de uma concepção (bastante questionável) de pós-modernidade, que se contrapõe claramente à de modernidade e a percebe de forma bastante otimista, acredita que esteja ocorrendo hoje um "reencantamento do mundo" que "tem como cimento principal uma emoção ou uma sensibilidade vivida em comum" (1987:42).

Neste caso, a equação anteriormente defendida por Canclini parece se inverter: o mundo "pós-moderno" não é predominantemente desterritorializador, mas reterritorializador. As "tribos", na sua revalorização da vida cotidiana, da "frivolidade e superficialidade" que "torna possível qualquer forma de agregação" (1987: 127), provoca a aproximação (a "promiscuidade"), e é "porque existe a partilha de um mesmo *território* (seja ele real ou simbólico), que vemos nascer a idéia comunitária e a ética que é o seu corolário" (1987:24). Como contraponto, em linha semelhante à do "desenraizamento geográfico" de Simone Weil, pode-se inferir que a desterritorialização é o desencantamento "moderno" do mundo, a fragilização da vida comunitária, o individualismo e a massificação.

Esta visão culturalista e também, de algum modo, saudosista de território, ao enaltecer o ideal comunitário presente-territóriomito, leva Maffesoli a enfatizar a "proxemia", o sentido relacional da vida social, "o homem em relação", inclusive com o ambiente material circundante. Isto significa reconhecer:

> *não apenas a relação interindividual, mas também a que me liga a um território, a uma cidade, a um meio ambiente natural que partilho com outros. Estas são as pequenas histórias do dia-a-dia: tempo que se cristaliza em espaço. A partir daí, a história de um lugar se torna história pessoal. Por sedimentação, tudo que é insignificante (...) se transforma no que Nietzsche chamou de "diário/figurativo" (...) Diário que nos ensina "que podemos viver aqui porque vivemos aqui"* (pp. 169-170, grifo do autor).

Partindo do par História-mito e da herança helenística, Maffesoli afirma que, enquanto as "potências que regem o mundo" produzem a história, as cidades e seus territórios produzem e se alimentam dos mitos. "Para retomar uma imagem espacial, à extensão (*ex-tendere*) da história, se opõe a 'in-tensão' (*in-tendere*) do mito, que irá privilegiar o que se partilha através do mecanismo de atração/repulsa, inerente a ele" (1987:170). Para o autor, "(...) a experiência do vivido em comum é que fundamenta a grandeza da cidade" (p. 171). Reportando-se a Florença, lembra ele que "o nobre, por oportunidade e/ou alianças políticas, pode variar, mudar de afiliação territorial. O comerciante, pelas exigências próprias de sua profissão, não deixa de circular. O povo, por sua vez, é que persevera em seu espaço", se sente "mais responsável pela 'pátria', tomando este termo em seu sentido mais simples, (...) território de seus pais", "esse amor pelo próximo e pelo presente", "a memória da quotidianeidade" (p. 173).

Entre o cosmopolitismo e o enraizamento, o "homem relacional", ao acentuar o espacial, o territorial, se torna "um misto de abertura e de reserva", mas onde a "afabilidade" dos contatos cotidianos pode ser "indício de uma poderosa 'auto-referência'" (p. 174). Maffesoli acredita que uma "heteronomia tribal" está substituindo a "autonomia individual" burguesa, num "retorno de um investimento afetivo, passional e do qual conhecemos o aspecto estruturalmente ambíguo e ambivalente" (p. 175). Não há, é claro, o desconhecimento de que esta tendência está mergulhada numa "dialética massa-tribos" onde "a massa [mais próxima da desterritorialização, poderíamos acrescentar] é o pólo englobante, e a tribo [reterritorializadora] o pólo da cristalização particular, toda a vida social se organizando em torno desses dois pólos num movimento sem fim" (p. 176).

As múltiplas "tribos" a que cada um pode pertencer revelariam múltiplas territorialidades, efêmeras, que assumiríamos ao longo de nosso cotidiano, multiplicidade esta facilitada pelos contatos via Internet ou Minitel (o sistema francês que antecipou a Internet). Estaria sendo anunciada uma nova racionalidade ao mesmo tempo "centrífuga e centrípeta", estática e dinâmica, entre massa e tribo, segregação e tolerância, onde "o coeficiente de pertença não é absoluto, cada um pode participar de uma infinidade de grupos, investindo em cada um deles uma parte importante de si" (p. 202). O "antigo mito da comunidade" é reatualizado pelo "paradigma da rede" (p. 208)[9], único capaz de dar conta deste intercâmbio permanente entre massa e tribo, pontos (ou nós) de agregação e linhas de circulação. Com certeza, descontado um certo saudosismo comunitarista, já ressaltado, Maffesoli está se referindo aqui, com outras palavras, a um novo processo de reterritorialização, ou, para utilizar nosso termo, à "multiterritorialidade" do nosso tempo.

O que Maffesoli não focaliza com a necessária ênfase é que este "retorno de um investimento afetivo, passional", não tem somente o aspecto ambivalente e, para ele, bastante positivo, desta nova "multiterritorialização" (concepção nossa). Inúmeras manifestações contemporâneas mostram também territorializações fechadas, estanques, "territorialismos", especialmente aqueles que

---

[9] Para uma discussão mais aprofundada da relação entre rede e desterritorialização, ver o item 7.1.

recorrem ao que podemos denominar de etnicização da vida e do território.

A polêmica tese do "choque de civilizações" de Samuel Huntington (1997) parece ser o ponto extremo alcançado pelas interpretações que acompanham essa vertente "cultural-territorialista", em visível contraponto à tese da desterritorialização de viés cultural. A proposta central de Huntington é a de que "a cultura e as identidades culturais [bem como suas bases territoriais em termos de grandes espaços civilizacionais] (...) estão moldando os padrões de coesão, desintegração e conflito no mundo pós-Guerra Fria" (1997:18-19).

Para Huntington, trabalhando numa escala completamente diversa daquela abordada por Maffesoli — a escala-mundo, muito mais do que uma desterritorialização, o que ocorre no mundo pós-Guerra Fria é uma reterritorialização em torno das maiores unidades culturais-territoriais, as "civilizações". Sua tese é muito simplista, desde a delimitação territorial destas civilizações, como se ainda fosse possível delimitar áreas culturais contínuas (a maioria das "civilizações") e homogêneas, até o ponto-chave de que os conflitos básicos passariam a se dar nas "linhas de fratura" ou de contato entre as diferentes civilizações.

É interessante verificar como, na verdade, estes processos de reterritorialização que poderíamos denominar de "culturalistas", pela ênfase que dão às identidades (étnicas, religiosas, lingüísticas), se difundem pelo mundo em múltiplas escalas. Mesmo que Huntington tenha certa razão no que se refere às "linhas de fratura" de algumas grandes "civilizações", a verdade é que há movimentos "territorialistas" de base cultural nas mais diversas escalas, do "gueto" urbano ao regional e ao nacional — e não só o nacional no sentido clássico de territórios contínuos bem delimitados.

O "nacional", especialmente dentro das lógicas "pós-modernas" contemporâneas, nem sempre é acompanhado por recortes territoriais uniformes e contíguos. As propostas para a formação dos Estados da Bósnia-Herzegovina e da Palestina são bem demonstrativas deste processo des-reterritorializador em torno de espaços fragmentados e pautados na pretensa homogeneidade socioespacial de identidades étnico-nacionais.

Busca-se tanto uma reterritorialização em termos de novos territórios que respaldem antigos grupos étnicos cujas tradições precisam muitas vezes ser "reinventadas" (nos termos da "invenção das tradições" de Hobsbawm e Ranger, 1984), quanto territórios que, em sua própria configuração, inventem identidades e praticamente representem a fundação de novos grupos ou entidades culturais. Este vaivém entre espaço e cultura, território e identidade, mostra, entretanto, que a identidade (no caso, étnico-territorial), não é "simples manipulação simbólica ou ideológica. A identidade étnica tem um valor *performativo*, no sentido de que ela acaba efetivamente por orientar o comportamento dos atores sociais e por lhes oferecer sentido e uma possibilidade de mobilização" (Rivera, 1999:53). Como os processos contemporâneos de etnicização carregam com muita freqüência um discurso territorial para se legitimarem, é justo afirmarmos que o território aparece amiúde como um território etnicizado.

Um caso citado por Rivera ilustra bem o que se pode denominar de etnicização de uma noção geográfica, muito comum na atualidade, e que vai em sentido diametralmente oposto ao dos processos de desterritorialização. Trata-se do movimento da Liga Norte italiana pela autonomia ou independência da Padânia, incluindo a invenção, ao mesmo tempo, de um território e de uma tradição e uma identidade "padanas". O nome Padânia foi criado a partir de "planície padana" (do rio Pó) e claramente manipulado em favor da legitimação dos interesses das classes dominantes do Norte italiano, mais rico, em suas reivindicações federalistas e separatistas frente ao Centro e ao Sul do país, mais pobres[10]. Pode-se

---

[10] Este "cimento entre as classes" que a identidade promove pode ser tanto um fator de dominação, como é nítido no caso da Padânia, quanto um fator de resistência, como ocorre entre os imigrantes, contra a estigmatização e a exclusão, nos movimentos "black" da Inglaterra e "beur" da França (Rivera, 1999).

afirmar, assim, que é possível tanto a "geografização de uma concepção étnica", hoje predominante, como fica evidente em conflitos como os da Palestina, da Bósnia e do Congo-Ruanda, quanto a etnicização de uma noção geográfica, como no caso da Padânia.

Assim, desterritorialização em territórios profundamente marcados por traços étnico-culturais implica, sobretudo, a destruição daquilo que Saïd denominou "geografias imaginárias", pois a identidade, neste caso, depende fundamentalmente dessas referências a um determinado recorte geográfico, tenham elas um caráter mais concreto ou mais simbólico.

Discutida a relevância de tratarmos o território e a desterritorialização a partir de uma dimensão cultural, entendida como cultura política, podemos propor um tratamento da des-territorialização a partir dos diferentes níveis de interação cultural que ela envolve. Assim, teríamos territórios culturalmente mais fechados — cujos grupos poderiam ser vistos, ao mesmo tempo, como territorializados (internamente) e desterritorializantes (na relação com grupos de outros territórios, deles excluídos), e territórios culturalmente mais híbridos, no sentido de permitirem/facilitarem o diálogo intercultural, quem sabe até possibilitando a emergência de novas formas, múltiplas, de identificação cultural.

Ocorre que, para muitos autores, a chamada hibridização cultural é a melhor evidência de que vivemos mergulhados num processo de desterritorialização. A própria fronteira, muito mais do que uma "linha de fratura" a separar identidades culturais (ou "civilizacionais") claras, como na visão de Huntington, transforma-se no *locus* do hibridismo, da imbricação de culturas, como indica Canclini nos seus estudos, já aqui citados, na área de Tijuana, na fronteira entre o México e os Estados Unidos. Kraniauskas (1992) comenta que, neste contexto, "a fronteira, como um espaço de entrecruzamentos culturais híbridos, uma 'neoterritorialidade', torna-se paradigmática" (p. 149), podendo-se mesmo falar em uma espécie de "epistemologia de fronteira" (a partir dos trabalhos tanto de Canclini quanto de Bhabha [1994]).

Krasniauskas (1992, 2000), comentando Deleuze e Guattari, para quem o capitalismo "está continuamente reterritorializando com uma mão o que desterritorializa com outra", produzindo "neoterritorialidades" como a da fronteira, anteriormente citada, critica um certo binarismo nas posições de Canclini com relação a esses processos (tratados como dois, individualizáveis, como vimos em citação e comentário anteriores), bem como um certo culturalismo, pela ausência de uma perspectiva mais enfática em termos de economia política.

É justamente esta perspectiva histórica econômico-política e a contextualização geográfica dos discursos sobre o hibridismo cultural, de alguma forma mais nítidos nas abordagens ditas "multiculturais", que são reivindicadas por Coombes e Brah (2000) em *Hibridismo [Hybridity] e seus Descontentes*:

> *Uma das diferenças entre os modos com que hibridismo e multiculturalismo são tratados é que o multiculturalismo contém sempre uma dimensão política ausente nos debates sobre hibridismo, onde o termo mascara um descritor exclusivamente cultural, e onde, de forma crucial, a cultura é freqüentemente representada como autônoma de toda determinação política e cultural. O livro visa assim destacar a necessidade de historicizar o conceito de hibridismo e de reconhecer os contextos geopolíticos em que circulam os termos do debate* (p. 2).

A hibridização deve ser vista em suas diversas modalidades, ou, para inserirmos aqui a expressão de Massey, em suas múltiplas "geometrias de poder", ou seja, é vivenciada, de formas muito diferentes dependendo do grupo social, da etnia, do gênero e do contexto histórico e geográfico que estamos abordando. Como um termo descritivo "guarda-chuva", hibridismo:

> *(...) falha em termos de discriminar entre as diversas modalidades de hibridismo, tais como imposição colonial (...) ou outras interações como assimilação obrigatória, cooptação política, mimetismo cultural, exploração econômica, apropriação de cima para baixo, subversão de baixo para cima* (Stam, 1999:60).

Tomada num sentido de "cultura política", como destacado no início deste item, que sentido teria então a hibridização, na definição, ao mesmo tempo, da desterritorialização e da construção de novas territorialidades? Devemos partir do pressuposto de que o termo híbrido e seus correlatos, hibridismo e hibridização, tão em voga nos nossos dias, não representam exatamente uma novidade. "Culturas híbridas", segundo os mais críticos em relação ao termo, sempre existiram, pelo simples fato de que toda nova cultura brota da mescla entre distintas identidades e conjuntos de valores culturais previamente dominantes.

Algumas sociedades e espaços vivem o hibridismo de maneira muito mais pronunciada, ou encontram-se mais abertas e/ou são forçadas a trocas e mesclas culturais mais intensas. É o caso da América Latina, talvez o mais "híbrido" dos continentes, onde um dos melhores exemplos de "territorialidades híbridas" foi aquele moldado no violento cenário colonial a partir da interpenetração de culturas indígenas, ibéricas, africanas, hindus (no Caribe e na Guiana) e ítalo-germânicas (especialmente no chamado Cone Sul)[11].

Stam (1999) atenta para o fato de que termos como *"mestizaje"*, *"indianismo"*, *"diversalité"*, *"creolité"* e outros têm sido usados desde longo tempo nos estudos latino-americanos, mas só recentemente foram incorporados como sintomas do chamado discurso pós-modernista ou pós-colonialista. Já no movimento modernista brasileiro do início do século XX, encontramos o discurso da hibridização, especialmente aquele da "antropofagia" do escritor Mário de Andrade:

> *Assim o canibalismo ritual, por séculos o verdadeiro nome do selvagem, do outro abjeto, torna-se com os modernistas brasileiros um tropo anticolonialista e um termo de valor* (Stam, 1999:59).

---

[11] Este propalado hibridismo, muitas vezes imposto, não impede, contudo, o fortalecimento de movimentos sociais com fortes bases identitárias; ver o recente revigorar do movimento negro e do movimento indígena, principalmente nos países andinos e no México.

Isso não quer dizer que na América Latina o hibridismo cultural tenha significado simplesmente um processo de desterritorialização — podemos dizer, ao contrário, que se trata aqui da melhor evidência de que territorialização e desterritorialização não podem ser utilizadas a não ser de forma conjunta. A complexa dinâmica social que deu origem ao que denominamos hoje América Latina, entre conflito, combinação e síntese de culturas, resultou numa reterritorialização historicamente singular. Ou seja, mesmo que reconheçamos a colonização como um processo violento e, assim, profundamente desterritorializador, especialmente no que se refere à expropriação das comunidades ameríndias e ao tráfico de escravos, profundamente desterritorializados, ela resultou em determinados tipos de amálgama que, justamente enquanto mescla ou sincretismo, tornou-se um mecanismo eficaz de reterritorialização.

Como afirma Tomlinson (1999):

(...) é importante enfatizar que a desterritorialização não é um processo linear, de mão única, mas um processo caracterizado pelo mesmo push-and-pull *dialético da própria globalização. Onde existe desterritorialização há também reterritorialização. (...) desterritorialização é uma condição ambígua que combina benefícios e custos com várias tentativas de restabelecer uma "casa" cultural. (...) todos nós estamos, como seres humanos, corporificados e fisicamente localizados. Neste sentido material fundamental, os vínculos da cultura com a localização podem nunca ser completamente rompidos e a localidade continua a exercer suas reivindicações por uma situação física no nosso mundo vivido. Assim, a desterritorialização não pode significar o fim da localidade, mas sua transformação em um espaço cultural mais complexo* (pp. 148-149).

A chamada hibridização, vista enquanto processo de mão dupla, ou seja, tanto desterritorializador quanto reterritorializador, só pode ser efetivamente entendida, como já ressaltamos, quando contextualizada geográfica e historicamente. Se no passado colonial eram as áreas periféricas que sofriam a mais acentuada hibridização, num processo muitas vezes forçado e sem muitas opções, agora são os próprios países centrais que, voluntária ou involuntariamente, mas quase sempre de modo positivo para suas economias, vivenciam de forma mais direta a diversidade cultural, assimilando — ou simplesmente "guetoificando" — as culturas periféricas ou de suas ex-colônias. As migrações, neste sentido, têm um papel fundamental. Embora não sejam tão relevantes em termos de número quanto o foram no passado, elas representam sentidos e conseqüências qualitativamente muito importantes e distintos.

No lugar do europeu — espanhol, português, italiano, alemão, inglês, irlandês, polonês, judeu... — e do africano — banto, sudanês... na América, o europeu e o asiático na Austrália, o europeu e o árabe na África subsaariana, agora é o "latino" nos Estados Unidos, o brasileiro e o peruano no Japão, o indiano, o paquistanês e o bengali no Reino Unido, o magrebino na França, o turco na Alemanha... Uma miscelânea de contatos interculturais que impõe a dominância de um sentido oposto ao do período colonial. A "pureza" do centro foi colocada em xeque e é a imposição de novas territorialidades, em sua visibilidade concreta, um dos fatores que mais contribui para desafiar e fazer com que se reavalie a cultura ocidental eurocentrada. Onde colocar, ou, em outras palavras, onde "situar" os *newcomers*?

Eles em hipótese alguma podem ser vistos simplesmente como "desterritorializados" — enquanto migrantes "desenraizados", ou, por outro lado, "desterritorializadores" — obrigando territorialidades previamente existentes a se recompor. A relação entre migração e desterritorialização é, no nosso ponto de vista, muito relevante e ao mesmo tempo muito complexa para, neste trabalho, ficar circunscrita aos debates que privilegiam a cultura, ainda que numa perspectiva de cultura política.

As migrações são um processo multidimensional, condensando toda a complexidade da des-re-territorialização das sociedades.

Por isso, introduzindo nossas discussões conclusivas, onde propomos aprofundar a análise daquilo que denominamos multiterritorialidade, faremos uma abordagem mais detalhada do papel das migrações e da "mobilidade", em sentido mais amplo, em relação às dinâmicas ditas de desterritorialização.

6

Desterritorialização e Mobilidade

Assim como território é comumente abordado sob diferentes perspectivas (como foi visto no Capítulo 2), e cada uma dessas concepções acaba adquirindo uma espécie de "desterritorialização" correspondente (seja numa perspectiva mais econômica, política ou cultural, como vimos no capítulo anterior), também existem definições mais integradoras, como a que defendemos aqui, e que vêem o território — ou os processos de territorialização — como fruto da interação entre relações sociais e controle do/pelo espaço, relações de poder em sentido amplo, ao mesmo tempo de forma mais concreta (dominação) e mais simbólica (um tipo de apropriação).

Numa visão mais tradicional, esse "controle" é feito, sobretudo, como um controle de áreas ou zonas, áreas estas que são demarcadas através de um limite ou fronteira, sejam eles mais ou menos definidos. "Desterritorializar" poderia significar, então, diminuir ou enfraquecer o controle dessas fronteiras (como vimos para o caso das fronteiras nacionais), aumentando assim a dinâmica, a fluidez, em suma, a mobilidade, seja ela de pessoas, bens materiais, capital ou informações.

Vimos também no Capítulo 4 que o discurso da desterritorialização, enquanto uma das marcas da chamada pós-modernidade, está ligado à aceleração do movimento que chega a ponto de realizar "a aniquilação do espaço pelo tempo", na exagerada expressão de Marx, ou a "compressão tempo-espaço", nos termos de Harvey. Nestas interpretações, contudo, o território e a des-territorialização compõem uma dimensão espacial ou geográfica que, freqüentemente, aparece desvinculada de sua contraparte indissociável, a dimensão temporal e histórica.

Fruto muitas vezes dessa visão de espaço — e, em conseqüência, do território — mais estática e quase a-temporal, o discurso da desterritorialização torna-se assim o discurso da(s) mobilidade(s), tanto da mobilidade material — onde destacamos a mobilidade de pessoas — quanto da mobilidade imaterial — especialmente aquela diretamente ligada aos fenômenos de compressão tempo-espaço, propagada pela informatização através do chamado ciberespaço. Tudo isto como se o território não incorporasse também a idéia de movimento, e como se hoje não pudéssemos encontrar a reterritorialização no interior da própria mobilidade (ou, nos termos de Deleuze e Guattari, na repetição do movimento).

É justamente nas temáticas do chamado "nomadismo" e das migrações (item 6.1), da i-mobilidade humana (item 6.2) e do ciberespaço (item 6.3) que se desenha um dos mais importantes debates sobre a desterritorialização, especialmente aquele que coloca em xeque a idéia preconcebida de que mobilidade é sinônimo de desterritorialização, da mesma forma que estabilidade ou pouca mobilidade significaria, obrigatoriamente, territorialização. Através de uma concepção mais dinâmica de território, incorporando a noção de território-rede, por exemplo, podemos conceber uma espécie de territorialização "no movimento".

Retomando Deleuze e Guattari no seu "segundo teorema" da desterritorialização, devemos reconhecer que "de dois elementos ou movimentos de desterritorialização, o mais rápido não é forçosamente o mais intenso ou o mais desterritorializado" (1996:41). Na verdade, como veremos, assim como a territorialização pode ser construída no movimento, um movimento sobre o qual exercemos nosso controle e/ou com o qual nos identificamos, a desterritorialização também pode ocorrer através da "imobilização", pelo simples fato de que os "limites" de nosso território, mesmo quando mais claramente estabelecidos, podem não ter sido definidos por nós e, mais grave ainda, estar sob o controle ou o comando de outros.

6.1. Mobilidade humana e desterritorialização

Mais que uma sociedade sem territorialidade, sem local, a mobilidade generalizada produz uma sociedade cujos territórios são construídos a partir do movimento e onde o local se fundamenta na diferença das mobilidades (Bourdin, 2001:69).

Um dos fenômenos mais freqüentemente ligados à desterritorialização diz respeito à crescente mobilidade das pessoas, seja como "novos nômades", "vagabundos", viajantes, turistas, imigrantes, refugiados ou como exilados — expressões cujo significado costuma ir muito além de seu sentido literal, ampliando-se como poderosas (ou ambivalentes e, assim, controvertidas) metáforas. Toda uma cultura das viagens e mesmo uma *travelling theory* passou a se desenhar a partir da crescente mobilidade "pós-moderna"[1]. Entretanto, até que ponto a mobilidade geográfica pode ser vinculada à desterritorialização?

Em primeiro lugar, é importante destacar que não focalizamos mobilidade nem no sentido estrito de mero deslocamento "objetivo" e genérico de um local para outro, nem, no seu extremo oposto, como abstração e mesmo como simples metáfora onde tudo é passível de "mobilidade". Seguindo o ponto de vista geográfico de Jacques Lévy,

---

[1] Ver a este respeito trabalhos como os de Clifford (1992 e 1997) e o apanhado geral que Urry (2000) realiza sobre esta nova Sociologia da mobilidade.

Pode-se definir a mobilidade como a relação social ligada à mudança de lugar, isto é, como o conjunto de modalidades pelas quais os membros de uma sociedade tratam a possibilidade de eles próprios ou outros ocuparem sucessivamente vários lugares. Por essa definição, excluímos duas outras opções: aquela que reduziria a mobilidade ao mero deslocamento (...), eliminando assim as suas dimensões ideais e virtuais, e aquela que daria um sentido muito geral a este termo, jogando com as metáforas (tal como a "mobilidade" social) ou com extensões incontroladas (a comunicação, por exemplo) (Lévy, 2002:7).

Como a mobilidade está diretamente ligada aos distintos sujeitos que a propõem e/ou aos atores que a exercem, devemos esclarecer de que sujeitos e, portanto, de que mobilidade estamos tratando. Optamos por trabalhar aqui com o nômade, figura-símbolo de uma certa pós-modernidade; o vagabundo, de certa forma seu correspondente "moderno" e, pela sua relevância geográfica contemporânea, o migrante. Enquanto os primeiros têm uma forte carga cultural de marginalidade e/ou de subversão (apesar da centralidade, mesmo que metafórica, assumida pelo nômade pós-moderno), o migrante é parcela integrante — ou que está em busca de integração — numa (pós) modernidade marcada pela flexibilização — e precarização — das relações de trabalho[2].

Deleuze e Guattari fizeram mesmo uma associação entre desterritorialização e territorialização e as figuras do sedentário, do migrante e do nômade que, retomando tópicos já comentados no Capítulo 3, pode ser sintetizada no Quadro 6.1 (p. 239).

Conforme já frisamos, eles enfatizam o papel positivo da desterritorialização e desenvolvem uma leitura às vezes idealizada do nômade e seu universo de movimento e liberdade. A separação às vezes demasiado dualista entre linha molar/estabilizadora — terri-

---

[2] Não é demais lembrar aqui que um dos conceitos mais difundidos de mobilidade, para alguns de caráter economicista, está ligado à mobilidade do trabalho, em cuja discussão Gaudemar (1976) é um dos autores clássicos.

Quadro 6.1. *Sedentário, migrante e nômade em Deleuze e Guattari.*

Territorialização	Desterritorialização	
	Relativa	*Absoluta*
Linha molar	*Linha molecular*	*Linha de fuga*
Rígida, arborescente Classes; Binarismo, Quantitativa, Extensiva, Macro Estabilidade Plano de organização Máquinas de sobrecodificação	Flexível, Rizomática Massas Qualitativa, Intensiva, Micro Movimento Plano de imanência Máquinas abstratas, não codificadoras	
Sedentário	**Migrante**	**Nômade**

torializante e linha molecular/"mobilizadora"-desterritorializante pode tornar-se problemática. A lógica do sedentário, sua "linha molar", seria rígida como a estrutura do Estado que o sedentariza através de suas "máquinas de sobrecodificação". As "linhas de fuga" rumo às grandes transformações parecem sempre ligadas a grandes movimentos:

> *Uma sociedade (...) é definida primeiro por seus pontos de desterritorialização, seus fluxos de desterritorialização. As grandes aventuras geográficas da história são linhas de fuga, isto é, longas expedições a pé, a cavalo ou por navio: aquela dos hebreus no deserto, a de Genserico, o vândalo, cruzando o Mediterrâneo, a dos nômades através da estepe, a Longa Marcha dos chineses — é sempre sobre uma linha de fuga que nós criamos não, certamente, porque imaginamos que estamos sonhando, mas, ao contrário, porque aí traçamos o real, e porque compomos um plano de consistência. Fugir, mas, ao fugir, procurar uma arma* (Deleuze e Parnet, 1987:135-136).

É importante destacar que, mesmo dando prioridade às "linhas de fuga" e à desterritorialização (domínios do devir e, portanto, da criação), o sentido de "procurar uma arma" deve ser associado à reterritorialização, como na combinação entre massa (desterritorializadora, molecular) e classe (reterritorializadora, molar). "A primazia das linhas de fuga não deve ser entendida cronologicamente, ou no sentido de uma generalidade eterna", pois está sempre ligada, ao mesmo tempo, à reterritorialização, "monetária, sobre os novos circuitos; rural, sobre os novos modos de exploração; urbana, sobre as novas funções etc." (p. 136).

Assim, o "nomadismo" deleuziano, associado à desterritorialização, não é nem um "estado primitivo" historicamente situado, nem uma "generalidade eterna" a ser inexoravelmente seguida. Trata-se antes de tudo da ruptura com o pensamento hierárquico ocidental dominante. Braidotti (1994) define-o como "o tipo de consciência crítica que resiste à fixação em modos de pensamento e comportamento socialmente codificados" (p. 5). Não se trata de uma "fluidez sem fronteiras, mas, antes, de uma aguda consciência da não-fixidez das fronteiras. É o desejo intenso de continuar trespassando, transgredindo" (p. 36), numa identidade sempre contingente. Ou, como afirma Antonioli (1999):

> Contra o "território" como domínio estável de uma faculdade humana (sensibilidade, entendimento, imaginação, razão), Deleuze propõe "a dimensão 'demoníaca' de um pensamento nômade", e os demônios, ao contrário dos deuses, não possuem território ou códigos (p. 53).

Para Antonioli, Kant é o "sedentário" frente ao "demônio" nômade de Nietzsche. O pensamento nômade:

> (...) não requer um sujeito pensante universal, mas uma "tribo" de pensadores singulares: ele não se funda sobre uma totalidade englobante, mas se desloca num meio como espaço liso (estepe, deserto ou mar), espaço que não se pode medir, mas no

qual só podemos nos repartir de uma maneira provisória, "uma tribo no deserto, no lugar de um sujeito universal sob o horizonte do ser englobante" (p. 53).

Esta concepção de um "nomadismo errático" num "espaço liso", e que se contrapõe a uma idéia de território como "domínio estável" e "espaço estriado" é extremamente problemática porque, além de subentender um pensamento dicotômico, é muitas vezes metaforicamente muito dúbia (embora Deleuze e Guattari neguem trabalhar com metáforas) e unilateralmente positiva. Kaplan (1996) reclama deste "apagamento" da "diferenciação temporal e espacial". Tal como vimos em relação ao hibridismo cultural, não há a necessária preocupação com a contextualização histórico-geográfica:

(...) quando Deleuze e Guattari colocam uma "nomadologia" contra a "história", eles revelam nostalgia por um espaço e um sujeito fora da modernidade ocidental, à parte de toda cronologia e totalização. Essa celebração da desterritorialização liga a valorização modernista euroamericana do exílio, da expatriação, da desfamiliarização e do deslocamento e os discursos coloniais das diferenças culturais numa filosofia que parece criticar as fundações daquela verdadeira tradição (p. 89).

Ang (1994) vai além em sua crítica, ponderando sobre o caráter despolitizado da concepção de diferença que acompanha aquele discurso:

(...) a tendência formalista pós-moderna de sobregeneralizar a idéia global corrente da chamada subjetividade nomádica, fragmentada e desterritorializada. (...) a "nomadologia" serve apenas para descontextualizar e aplanar a diferença, como se "nós" fôssemos todos de modo similar viajantes, dentro do mesmo universo pós-moderno, com o perigo de reificar, num nível con-

venientemente des-historicizado, o infinito e permanente fluxo na formação do sujeito, e colocando assim em primeiro plano o que Lota Mani denomina uma noção de diferença abstrata, despolitizada e internamente indiferenciada (pp. 4-5).

Embora não concordemos com um sentido geral de "despolitização" na abordagem deleuziana, que tantas mobilizações políticas inspirou (ainda que no âmbito da micropolítica, como demonstra Mengue, 2003), devemos de toda maneira evitar o risco dessa reificação de uma diferença abstrata e des-historicizada.

Como decorrência da disseminação desse "nomadismo" como característica de uma pós-modernidade genericamente "libertadora", temos, por outro lado, a visão simplista, já comentada (Capítulo 4), de uma modernidade unilateralmente "controladora", ligada ao "sedentarismo" e à fixação capitaneados principalmente pelo Estado. Enquanto o pós-moderno estaria sob o domínio da desterritorialização, a modernidade seria marcada pela reterritorialização. Mais curioso, o próprio nômade mudaria radicalmente de sentido entre a interpretação negativa "moderna" (condição a ser superada pela sedentarização) e a positiva, "pós-moderna" (condição a ser defendida pelo valor libertário e criador da desterritorialização). Esta abordagem do nômade visto simplificadamente como "desterritorializado" deve ser questionada.

Creswell (1997) atenta justamente para o fato de que a figura do nômade muda completamente de valor dos discursos modernos para os pós-modernos. Enquanto na modernidade o nômade era uma figura ameaçadora e que rompia com o modelo mais saudável de vida, ele se torna "a metáfora geográfica por excelência da pós-modernidade" (p. 360), resultando numa "romantização problemática de uma figura marginal" (p. 365). Como para o nômade "não há lugar senão o do movimento em si mesmo" (p. 364), podemos dizer que ele se reterritorializa pela "desterritorialização", ou, em outras palavras, sua territorialidade é construída na própria mobilidade espacial. Até porque não se trata de um movimento pelo movimento, completamente sem rumo. Como diz Braidotti (1994:22),

Nômade não quer dizer sem-teto ou deslocamento compulsivo; ele é, antes, a figuração para o tipo de sujeito que abandona toda idéia, desejo ou nostalgia de fixidez. Esta figuração expressa o desejo por uma identidade feita de transições, transformações sucessivas e mudanças coordenadas, sem e contra uma unidade essencial. (...) sua/seu modo é aquele de padrões definidos, sazonais de movimento através de rotas sobretudo fixas. Trata-se de uma coesão engendrada por repetições, movimentos cíclicos, deslocamento rítmico.

Neste sentido, curiosamente, como enfatizaremos mais adiante, mesmo numa leitura deleuziana não se trata de um indivíduo desterritorializado, pois o território pode ser definido também como repetição do movimento, entendida a repetição como uma espécie de movimento "sob controle". O que importa aqui é a presença de um processo de domínio e/ou apropriação que dota o espaço de função e expressividade. O espaço do nômade, em seu movimento repetitivo e sob controle, é este espaço-território funcional-expressivo, ou, nas palavras de Deleuze e Guattari, este ritmo qualitativamente diferenciado.

Creswell parece um pouco equivocado na sua distinção entre migrante e nômade, pois somente para o primeiro, segundo ele, ainda interessariam questões-chave como de onde se vem e para onde se vai. Vários estudos, tanto de antropólogos quanto de geógrafos, mostram que há sempre um elevado grau de previsibilidade nos caminhos do nômade, a maioria repetindo periodicamente os mesmos trajetos. Nômades tibetanos, por exemplo, percorrem os platôs referenciando-se nos templos budistas, aliando pastoreio e peregrinação religiosa. Ou seja, o que distingue seu território dos territórios estatais não é tanto "o controle do movimento", que as duas lógicas, por meios muito distintos, de certa forma implicam, mas a centralidade do movimento como forma de vida, quase como um fim em si mesmo.

Acreditamos que, tal como Deleuze e Guattari, o autor ampliou tanto a noção de nômade que esta incorporou no mesmo plano outra figura, mais radical no seu descompromisso com o sentido do movimento, o vagabundo. Através dele, podemos ver que o pensamento moderno está mais carregado de ambigüidades do que avalia Creswell, pois dentro da mesma modernidade que defende a territorialização e o controle da mobilidade já viceja uma espécie de "outra modernidade" que valoriza o efêmero, o descontínuo e a imprevisibilidade do movimento, como aqueles vividos pelo vagabundo.

Park, em um capítulo de seu livro *The City*, ainda em 1925, comenta que, ao lado da ligação com a terra e os lugares, o homem tem uma outra "ambição característica", a de "mover-se livre e desimpedido na superfície das coisas mundanas, e viver, como puro espírito, somente na sua mente e na sua imaginação" (p. 156). Ele alude então à figura do vagabundo, definido como estando "sempre em movimento, mas sem um destino" — assim, "naturalmente, ele nunca chega". Apesar de "ter ganhado sua liberdade, ele perdeu sua direção" (p. 159).

Vê-se então que é o vagabundo (e não o nômade) que encarna o verdadeiro movimento pelo movimento, sem um sentido definido. Park reclama que, para haver "permanência e progresso" (como se um fosse o pré-requisito do outro...), os indivíduos devem estar "localizados", simplesmente porque esta é a condição para a comunicação, "pois é somente através da comunicação que o equilíbrio móvel [*moving equilibrium*] a que chamamos de sociedade pode ser mantido" (p. 159). Ele comenta, lacônico, que a única contribuição importante dos vagabundos foi a poesia, e ainda assim as melhores tendo sido feitas quando estavam na prisão. Por fim, associa o vagabundo e a fronteira americana, considerando-o a melhor expressão deste "espírito da velha fronteira": "O vagabundo é, de fato, simplesmente um homem da fronteira [*frontiersman*] tardio, um homem da fronteira num tempo e num lugar quando a fronteira está desaparecendo ou não mais existe" (p. 160).

O mesmo que foi dito do nômade "desterritorializado" pós-moderno pode assim ser dito do vagabundo "desterritorializado" moderno. O que muda, fundamentalmente, é o grau com que estes raciocínios são difundidos. O "nomadismo" é uma característica muito mais dominante no pensamento contemporâneo, incluindo o nível filosófico, do que a "vagabundagem" o foi para o pensamento moderno, onde deve ser vista ou como parte de um simples "momento de transição" (o vagabundo como *frontiersman*, espécie de personagem de um determinado tempo-espaço de desafios e desbravamento), como contraposição (às vezes encarado como um componente indesejado e, assim, oposto à modernidade) ou como a "outra face", indissociável, constituinte da própria ambivalência do movimento inerente à modernidade.

Uma terceira figura, a do migrante, é associada por Deleuze à desterritorialização relativa, e sua mobilidade é, de alguma forma, não só uma "mobilidade [relativamente] controlada" como também é "direcionada", inclusive pela definição mais simples de "imigrante", sempre referida à transposição de uma fronteira politicamente constituída. Como se trata do "indivíduo móvel" predominante no nosso tempo, numa perspectiva de mobilidade com permanência relativamente maior (no sentido "residencial", pelo menos)[3], iremos dedicar a ele maior espaço. A associação entre desterritorialização e migração, embora mais implícita do que explicitamente presente, é uma constante na literatura vigente. Em que sentido, contudo, podemos dizer que as migrações são também processos de desterritorialização?

Se até mesmo o nomadismo, em que a centralidade do movimento e do "trajeto" é muito maior, representando ao mesmo tempo o núcleo de sua reprodução econômica e de sua expressão cultural, constrói um território (no movimento), a migração em sentido estrito, onde a mobilidade é mais um meio do que um fim, uma espécie de intermediação numa vida em busca de certa estabilidade (em sentido amplo), certamente não poderá ser vista simplesmente como um processo de "desterritorialização".

---

[3] O *Dictionnaire de la Géographie et de l'espace des sociétés* define migração como o "deslocamento de um indivíduo ou de um grupo de indivíduos, suficientemente durável para necessitar uma mudança de residência principal e de hábitat, e implicando uma modificação significativa da existência social quotidiana do(s) migrante(s)" (Lévy e Lussault, 2003:625).

Primeiro, pelo simples fato de que, como indica o "primeiro teorema" deleuziano, não há desterritorialização sem territorialização. A migração pode ser vista como um processo em diversos níveis de des-reterritorialização. O migrante sem documentos durante a travessia do estreito de Gibraltar ou do Mediterrâneo entre a costa tunesina e as ilhas Lampedusa, na Itália, indiscutivelmente se encontra numa situação de grande fragilidade, ou, em outras palavras, de acentuada "desterritorialização". Trata-se, portanto, de um processo temporal e geograficamente muito diferenciado.

Em segundo lugar, migrante é uma categoria muito complexa e, no seu extremo, podemos dizer que há tantos tipos de migrantes quanto de indivíduos ou grupos sociais envolvidos nos processos migratórios. Com isto, falar genericamente em migração pode mesmo tornar-se temerário — somos sempre obrigados a qualificá-la. Assim como os processos de des-territorialização podem ser multidimensionalmente caracterizados, o mesmo ocorre com as migrações, com a importante constatação de que também se trata de processos internamente diferenciados — por exemplo, a análise da des-territorialização depende do momento em que a trajetória do migrante está sendo analisada. Além disto, há migrações ditas "econômicas" vinculadas à mobilidade pelo trabalho, migrações provocadas por questões políticas e outras por questões culturais ou ainda "ambientais". Para completar, categorias como as de refugiado e exilado muitas vezes são confundidas com a de migrante, sendo muitas as situações ambíguas ou de entrelaçamento.

Essa mesma multiplicidade de fatores que desencadeia os fluxos migratórios deve ser relacionada ao tipo ou ao nível de desterritorialização que está em jogo. Através da figura do migrante podemos, então, entender melhor as diversas formas com que a desterritorialização é focalizada, como, em parte e de maneira crítica, foi abordado no capítulo anterior.

O migrante que se desloca antes de tudo por motivos econômicos, imerso nos processos de exclusão socioeconômica, pode vivenciar distintas situações de des-territorialização. Ele pode estar deixando um emprego mal remunerado para buscar outro com remuneração mais justa, pode estar querendo usufruir ganhos pela diferença de poder aquisitivo da moeda de um país em relação a outro, ou ainda, simplesmente, para aqueles numa condição muito mais privilegiada, pode estar buscando investir capital ou expandir negócios em terra estrangeira. Cada uma destas situações envolve níveis de des-territorialização distintos, ligados às diferentes possibilidades que o migrante carrega em relação ao "controle" do seu espaço, ou seja, à sua reterritorialização — o que inclui também, é claro, o tipo de relação que ele continua mantendo com o espaço de partida.

Há migrações envolvendo questões ecológicas ou de degradação ambiental — se é que é possível separá-las de questões políticas e socioeconômicas. Secas dramáticas e desertificação, por exemplo, agravadas pela lógica capitalista vigente, têm levado milhares de africanos da zona do Sahel a migrar para áreas ecologicamente mais favoráveis. Aqui, a territorialização enquanto "controle do espaço" envolve fortes elementos de ordem "natural", pelo simples fato de que, diante do nível socioeconômico e tecnológico de certos grupos sociais, não existe possibilidade de "dominar" ou de se apropriar de certas áreas onde as condições físicas são muito adversas. Não se trata, como já afirmamos na discussão sobre as concepções "naturalistas" de território, de resgatar um discurso "determinista", mas de reconhecer a especificidade da dinâmica sociedade-natureza, especialmente em determinados contextos políticos e socioculturais.

Territorialização também pode ser vista, ainda hoje, para alguns grupos como agricultores pobres ou nações indígenas expropriadas, como a busca de terra agricultável ou que disponha dos recursos mínimos requeridos à sobrevivência do grupo. Muitos migrantes estão justamente nesta condição. Migram para encontrar terras que possam utilizar (dimensão econômico-funcional do território) e através das quais possam reconstruir ou manifestar sua identidade cultural (dimensão simbólica ou expressiva do território). Grupos atingidos por barragens e obrigados a migrar para novos sítios também enfrentam este tipo de desterritorialização, como fica muito evidente em casos como o da barragem das Três Gargantas, na China, que deslocou mais de um milhão de pessoas, projeto imposto pelo governo de Pequim praticamente sem discussão com a população atingida.

Num sentido mais estritamente político, as migrações ainda são amplamente regidas pela territorialidade dos Estados nações. Já comentamos aqui que um dos papéis que indiscutivelmente o Estado nação ainda procura exercer e que pode até mesmo ser fortalecido no futuro é o controle dos fluxos migratórios. Ainda que as fronteiras tenham se tornado mais abertas para a circulação do capital financeiro ou para os fluxos de mercadorias (estes, muitas vezes, dentro de uma "reterritorialização" em termos dos chamados blocos econômicos), elas geralmente têm se fechado para o fluxo de pessoas.

Em muitos casos, ao se tornar o bode expiatório para a crise de governabilidade, o migrante acaba tendo sua condição ainda mais fragilizada, principalmente ao deparar-se com legislações que tornam mais duras as restrições territoriais de ingresso, circulação e permanência. O recente recrudescimento do movimento terrorista veio agravar ainda mais o problema, construindo-se vinculações genéricas e apressadas entre migração e terrorismo internacional. Não há dúvida, entretanto, que, com relação ao controle do fluxo de pessoas, a tendência clara da territorialização, num sentido funcional, é do revigoramento das tentativas de controle através dos territórios-zona, áreas com fronteiras bem definidas, embora também seja cada vez mais freqüente a criação de novas estratégias em rede para burlar esses controles.

No que se refere ao Estado, entretanto, esteja ele mais ou menos fragilizado, não existe apenas a majoritária visão negativa em relação às migrações. Embora raras, também pode haver algumas repercussões positivas para a reterritorialização de certos grupos, principalmente aqueles mais firmemente organizados em torno das chamadas diásporas de articulação global. Alguns Estados, por exemplo, têm atentado para este potencial econômico e mesmo político das diásporas, instituindo novas leis que beneficiam os migrantes enquanto grupos culturalmente identificados com seu país de origem. Uma das medidas mais interessantes foi a tomada pela Índia, ao instituir a figura do Indiano Não-Residente, ao qual são concedidos vários benefícios como se ele fosse um cidadão como os demais residentes em território nacional. Algo semelhante foi proposto pela Hungria em relação às minorias húngaras residentes em áreas vizinhas, embora neste caso a legislação tenha sido revista devido a alegações dos países vizinhos de que estaria havendo uma afronta a suas soberanias nacionais.

Assim, não é obrigatoriamente por sair de seu território de origem, mesmo no caso das migrações internacionais, que os migrantes se tornam, automaticamente, "desterritorializados", o mesmo acontecendo em relação a sua identidade em termos de nacionalidade ou de grupo étnico. Ainda que simbolicamente, é possível manter ou recriar aquilo que Saïd (1990) denominou nossas "geografias imaginárias". São os grupos em diáspora os melhores representantes dessa "reterritorialização" a nível cultural (ver a análise da multiterritorialidade das diásporas no Capítulo 8).

Claro que a identidade em seu sentido reterritorializador não constitui simplesmente um transplante da identidade de origem, mas um amálgama, um híbrido, onde a principal interferência pode ser aquela da leitura que o Outro faz do indivíduo migrante. Póvoa Neto (1994), por exemplo, destaca o papel da migração e das representações que se fazem do migrante fora de sua região na (re)construção da identidade, analisando o caso dos migrantes nordestinos no Sudeste brasileiro.

Mais uma vez, é indispensável destacar que esta entidade abstrata denominada "migrante" é, na verdade, um somatório das mais diversas condições sociais e identidades étnico-culturais. Assim, sintetizando, devemos falar em des-territorialização do migrante como um processo altamente complexo e diferenciado, diferenciação esta que aparece acoplada:

a. às classes socioeconômicas e aos grupos culturais a que está referida;
b. aos níveis de des-vinculação com o território no sentido de:
   b.1. presença de uma base física minimamente estável para a sobrevivência do grupo, o que inclui seu acesso a infra-estruturas e serviços básicos;
   b.2. acesso aos direitos fundamentais de cidadania, garantidos ainda hoje, sobretudo, a partir do território nacional em que o migrante está inserido;
   b.3. manutenção de sua identidade sociocultural através de espaços específicos, seja para a reprodução de seus ritos, seja como referenciais simbólicos para a "reinvenção" identitária.

Ao avaliarmos estes níveis de des-territorialização para cada grupo ou classe social, percebemos claramente que aquilo que é denominado de desterritorialização para a elite planetária que se locomove com facilidade nada tem a ver com o deslocamento compulsório das classes mais pobres. Torna-se arriscado tomar uma mesma qualificação, como a de "migrante", para designar ao mesmo tempo o jovem desesperado que tenta viajar do Senegal para a França no trem de aterrissagem de um avião e o grande executivo de empresa transnacional que troca de residência dos Estados Unidos para o Japão, mantendo sua mobilidade quase cotidiana pela primeira classe das grandes companhias aéreas mundiais.

Como já afirmamos em outro trabalho, precisamos, em primeiro lugar, distinguir entre a desterritorialização dos grupos dominantes e a desterritorialização das classes mais expropriadas, pois:

Desterritorialização, para os ricos, pode ser confundida com uma multiterritorialidade segura, mergulhada na flexibilidade e em experiências múltiplas de uma mobilidade "opcional" (a "topoligamia" ou o "casamento" com vários lugares a que se refere Beck, 1999). Enquanto isso, para os mais pobres, a desterritorialização é uma multi ou, no limite, a-territorialidade insegura, onde a mobilidade é compulsória [quando lhes é dada como possibilidade], *resultado da total falta de (...) alternativas, de "flexibilidade", em "experiências múltiplas" imprevisíveis em busca da simples sobrevivência física cotidiana* (Haesbaert, 2001:1.775).

É importante lembrar, contudo, que o simples fato de o pobre "desterritorializado" ter a opção da mobilidade, ou, em outras palavras, de migrar, pode lhe garantir uma espécie de "capital espacial" frente àquele que permanece lá onde foi desterritorializado, tamanho o valor dado pela sociedade contemporânea ao movimento, à fluidez, à idéia ou perspectiva de mudança e, mais do que isto, à possibilidade de acessar e/ou de acionar/recriar diferentes territórios.

Isto não passa, muitas vezes, de uma possibilidade remota, pois, como sabemos, mobilidade espacial não significa, obrigatoriamente, mobilidade social, e, num mundo onde o movimento é a regra, a fixidez e a estabilidade podem acabar, de alguma forma, transformando-se também numa espécie de trunfo ou de "recurso". Devemos optar, então, por utilizar o qualificativo "desterritorializado" muito mais para os migrantes de classes subalternas em sua relação de exclusão (ou de inclusão precária, como veremos no Capítulo 7) na ordem socioeconômica capitalista, do que para as classes privilegiadas, onde desterritorialização muitas vezes confunde-se com mera mobilidade física.

6.2. Desterritorialização na i-mobilidade

Vimos até aqui que a mobilidade espacial não é, por si só, um indicador de desterritorialização. Muitos grupos sociais podem estar "desterritorializados" sem deslocamento físico, sem níveis de mobilidade espacial pronunciados, bastando para isto que vivenciem uma precarização das suas condições básicas de vida e/ou a negação de sua expressão simbólico-cultural. Habitantes antigos de uma favela muito precária podem estar tão desterritorializados quanto migrantes pobres em constante deslocamento. Deste modo, sintetizando este debate sobre a relação entre mobilidade e desterritorialização, podemos afirmar que *assim como mobilidade não significa, compulsoriamente, desterritorialização, imobilidade ou relativa estabilidade também não significa, obrigatoriamente, territorialização.*

Bauman (1999), através da contraposição não muito feliz entre "globalização" e "localização" (termo que, em português, não revela o mesmo sentido original em inglês), afirma:

> *Todos nós estamos, a contragosto, por desígnio ou à revelia, em movimento. Estamos em movimento mesmo que fisicamente estejamos imóveis: a imobilidade não é uma opção realista num mundo em permanente mudança. E no entanto os efeitos dessa nova condição são radicalmente desiguais. Alguns de nós tornam-se plena e verdadeiramente "globais", alguns se fixam na sua "localidade" — transe que não é nem agradável nem suportável num mundo em que os "globais" dão o tom e fazem as regras do jogo. Ser local num mundo globalizado é sinal de privação e degradação social. Os desconfortos da existência localizada compõem-se do fato de que, com os espaços públicos removidos para além do alcance da vida localizada, as localidades estão perdendo a capacidade de gerar e negociar sentidos e se tornam cada vez mais dependentes de ações que dão e interpretam sentidos, ações que elas não controlam (...)* (p. 8).

É interessante como podemos perceber mesmo uma inversão de processos: enquanto antes "territorializar-se" envolvia definir fronteiras e controlar espaços contínuos, bem delimitados, agora estas delimitações e fixações podem representar mais "desterritorialização" do que territorialização. Nossos territórios são construídos mais no movimento e na descontinuidade do que na fixação e na continuidade. Quem não participa dos movimentos "globais" e se situa numa condição mais "imóvel" — ou numa mobilidade insegura e "sem controle" — pode estar mais vulnerável à desterritorialização.

Podemos transpor mais concretamente esta afirmação para dois exemplos bastante representativos, o da elite internacional, especialmente os grandes homens de negócios ditos globalizados (parcela importante daqueles que Bauman [1999] denomina de "turistas"), que realizam uma espécie de reterritorialização no movimento, e os miseráveis e "excluídos" de vários matizes, muitas vezes reclusos em áreas restritas e que são assim "desterritorializados *in situ*". Na verdade, mais do que simples exemplos de reterritorialização e desterritorialização, são de fato processos complexos que exigem um olhar muito mais cuidadoso sobre suas múltiplas significações.

A elite dos grandes *businessmen* que aparentemente circulam livremente pelos quatro cantos do planeta parece ser o exemplo mais evidente de que constante ou freqüente mobilidade física não implica, obrigatoriamente, desterritorialização, podendo representar mesmo uma reterritorialização através da mobilidade. Primeiro, porque eles não têm esta alegada "livre circulação", uma espécie de "espaço fluido" pelo planeta. Sua mobilidade não é de forma alguma irrestrita, seja porque isto simplesmente não lhes interessa, atrelados que estão a determinados espaços de familiaridade e segurança, seja porque lhes está efetivamente vedada, com muitos espaços nos quais a acessibilidade não lhes está de modo algum assegurada.

Não lhes interessa ter acesso a qualquer espaço porque seus circuitos de locomoção são claramente delimitados em torno daqueles espaços diante dos quais eles se sentem seguros e/ou identificados — as mesmas empresas, os mesmos hotéis cinco estrelas, os mesmos restaurantes internacionais, as mesmas redes de lojas, as mesmas áreas de lazer exclusivas, as mesmas salas "vip" dos aeroportos, o mesmo setor de primeira classe ou executiva dos aviões, os mesmos centros de convenções, todos assepticamente "preparados" para acolhê-los.

É em torno desses espaços (que alguns muitas vezes, apressadamente, denominam "não-lugares") que eles se agregam e, portanto, se reterritorializam. Uma reterritorialização que inclui o movimento constante dentro das redes globais aglutinadoras desses espaços, na nítida conformação de territórios em rede (ver o próximo capítulo). Mesmo se desconsiderarmos o fato de esta reterritorialização se fazer em torno de territórios-rede próprios, reunindo "lugares" bastante específicos, o simples fato de a maioria dessas pessoas desenvolver uma aguda percepção da "globalidade" em formação faz do próprio globo, de alguma forma — ou pelo menos de alguns "circuitos" no seu entorno —, seu novo "território".

Em segundo lugar, a mobilidade desses indivíduos mais globalizados encontra restrições porque eles não podem locomover-se para onde bem entenderem. Basta visualizar o mapa-múndi das áreas abertas e fechadas ao turismo internacional a cada estação (não nos esqueçamos de que as reuniões e convenções dessa elite empresarial global são, em geral, realizadas ou em grandes centros internacionais de negócios ou em *resorts* sofisticados de áreas valorizadas pelo turismo global). A cada momento se recompõe todo um conjunto de territórios mundialmente vedados à penetração e circulação da elite planetária, seja como homem de negócios, seja como simples turista. A ascensão do movimento terrorista internacional e a violência urbana associada a fenômenos como o narcotráfico veio acentuar ainda mais esta "restrição ao acesso" em relação aos mais ricos (e também aos nem tão ricos) do planeta.

Mesmo intelectuais *globetrotters* como alguns de nós podem de alguma forma estar inseridos nesse processo de reterritorialização no movimento através de circuitos globalizados. Bauman (1999) se reporta a um comentário de Agnes Heller: "Mesmo universidades estrangeiras não são estrangeiras. Depois que se dá uma conferência, pode-se esperar as mesmas perguntas em Cingapura, Tóquio, Paris ou Manchester. Não são lugares estrangeiros nem são a terra da gente." Uma companheira de viagem, sem residência fixa, nem por isso se sente "desterrada": "Por exemplo, sabe onde fica o interruptor elétrico, já conhece o cardápio, sabe interpretar os gestos e alusões, compreende os outros sem maiores explicações" (Heller, *apud* Bauman, 1999:99). Neste sentido, os intelectuais globalizados formariam outro estrato de reterritorializados através de redes planetárias aglutinadoras de espaços muito seletos (universidades, bibliotecas, centros de convenções, hotéis), compondo mais uma delgada fatia de um ainda muito embrionário território-mundo. Virilio (1994) propôs a denominação de "novos nômades" para caracterizar não esses intelectuais globalizados ou esses executivos de grandes corporações transnacionais, cujo deslocamento ou mesmo mudança de emprego está sempre compreendido dentro de um circuito de "riscos calculados/controlados", mas os "globalizados de baixo", aqueles que, enquanto trabalhadores em empregos temporários e sem estabilidade, vivem viajando ou mudando de cidade em busca de trabalho. Até mesmo locais ou albergues específicos para este tipo de trabalhador já existem em muitas cidades dos países centrais. Trata-se de uma outra face dos des-territorializados pós-modernos que, pela precarização de suas condições de trabalho, acabam sendo obrigados a uma mobilidade permanente em busca de emprego. Eles sim são obrigados a mover-se, e mover-se para onde encontrarem melhores condições de sobrevivência, sem direção previamente definida e, portanto, sem um controle claro deste movimento. Por isso a eles e não aos grandes *businessmen* da globalização é que podemos nos referir como grupos relativamente desterritorializados.

Quanto à dinâmica inversa, a desterritorialização com reduzida (ou quase nula) mobilidade, que também podemos denominar de desterritorialização *in situ*, trata-se de um processo muito mais comum do que normalmente se pensa. Em termos muito gerais, dois seriam os motivos principais:

— o fato de que, sob as dinâmicas globalizadoras envolvendo constante mobilidade de toda ordem, geralmente territorializar-se significa, de algum modo, integrar-se neste fluxo de conexões globais, e quem está "fixo" ou não participa de forma mais ativa desses fluxos (sem opção de mudança) pode acabar perdendo o controle sobre suas bases territoriais de reprodução e referência;

— o capitalismo globalizado vem acompanhado de um processo crescente de exclusão socioespacial que faz com que uma massa cada vez maior de pessoas fique à margem das benesses do sistema econômico, sem opção nem mesmo para mudar de local em busca de melhores condições de sobrevivência (como fazem muitos migrantes).

Muitos são os processos des-territorializadores que aliam mobilidade e reclusão. Talvez o melhor exemplo histórico seja o dos escravos africanos na América, que, depois de uma maciça desterritorialização acompanhada de grande mobilidade espacial, sofreram um outro tipo de desterritorialização pelos espaços em condições de verdadeiras prisões em que foram colocados.

Casos extremos deste tipo de desterritorialização merecem ser citados em maior detalhe. Trata-se de microespaços ou espaços onde se desdobram, na linguagem de Foucault, micropoderes, capazes de des-reterritorializar as pessoas na sua imobilidade. As prisões talvez sejam o caso mais evidente. Colocados num presídio, podemos dizer que os indivíduos se encontram, pelo menos num primeiro momento, quase completamente desterritorializados. A clausura espacial (cada um no seu lugar) e o controle do tempo (cada atividade no seu rígido horário), características fundamentais daquilo que Foucault denominou de espaços disciplinares (juntamente com outros locais como quartéis, escolas, manicômios e hospitais), estão presentes na prisão de modo a, separando e classificando cada presidiário, "desterritorializá-lo" a um nível individual, ao mesmo tempo que o reterritorializa dentro da sociedade disciplinar vigente.

O espaço da prisão, ao mesmo tempo em que participa de processos de territorialização como um território (de acesso fortemente controlado) que "protege" quem está fora dele, especialmente no sentido da ordem institucional dominante, não é considerado um território para os presidiários ou, pelo menos, não para os recém-chegados, completamente destituídos de referências socioespaciais capazes de rearticulá-los em torno de uma nova territorialidade.

É interessante lembrar que mesmo a reterritorialização via lógica disciplinar "tradicional" dos presídios foi hoje subvertida dentro da situação de crise e verdadeira calamidade em que estas instituições se encontram, especialmente em países periféricos com altos índices de violência, como o Brasil[4]. Aí, as formas de des-reterritorialização são as mais surpreendentes e, por um lado, "antidisciplinares" — pelo menos no sentido positivo que Foucault delegava ao poder disciplinar, ou seja, na sua significação socialmente produtiva (se é que ela existiu algum dia no caso das prisões). Por outro lado, encontram-se também, de forma igualmente não prevista, situações de reterritorialização que permitem a muitos presidiários recriar dentro das prisões quase que um mundo "paralelo", de múltiplas territorialidades (o que inclui múltiplas formas de resistência), como pode ser visto através de imagens contundentes como as do filme brasileiro "Carandiru".

É justamente a superlotação das prisões, sua promiscuidade e violência, e não a separação ou o isolamento de cada detento, que, nesse caso, atua como forte fator de desterritorialização. Ao mesmo tempo, novas relações de poder se instituem e a prisão pode se transformar num "território" (ou em vários territórios, quando comandada por diferentes facções), não das estruturas oficiais de poder, mas das redes dos "poderes paralelos" (expressão muito problemática) como as do narcotráfico. Também neste caso vemos a des-reterritorialização em curso fazer emergir novos territórios-rede (de construção facilitada via acesso a inovações tecnológicas, como os telefones celulares), extremamente complexos em seu desenho espacial e em suas estratégias de organização.

Para romper com essas reterritorializações (em rede) a partir das prisões instituem-se novos tipos de cárcere, "prisões-modelo" ou "de segurança máxima", onde se tenta, longe de "ressocializar"

---

[4] Apenas para ilustrar, a população carcerária no Brasil passou de 95 mil presidiários em 1995 para 295 mil em 2003, dos quais 77 por cento não estuda (dados divulgados pela *Folha de São Paulo* de 26.10.2003).

o presidiário, isolá-lo de forma radical, aliando a clausura física[5] à vigilância "virtual", ou seja, os princípios da sociedade disciplinar e daquela que Deleuze denomina sociedade de controle, dominada pelas novas tecnologias informacionais (ver próximo item).

A primeira prisão desse tipo no Brasil, o Centro de Readaptação Penitenciária de Presidente Bernardes, no Estado de São Paulo, versão das prisões de segurança máxima ("supermax") norte-americanas, alia o enclausuramento quase total (presidiários trancafiados em suas celas 22 horas e meia por dia, sem nenhuma atividade recreacional ou educativa, acesso a TV, jornais ou revistas), a vigilância onipresente (23 câmeras cuja localização é desconhecida dos presos) e um "regime disciplinar diferenciado". Este, para confundir os presidiários, não envolve a rigidez padronizada de "cada ação no seu tempo" e "cada um no seu lugar", mas justamente a ruptura da rotina, com a hora e meia de banho de sol variando a cada dia e os detentos mudando de cela a cada quinze dias. Segundo a psicóloga Carla Bonadio Audi, em declaração à revista *Veja* (22.10.2003),

> *Ao privar o indivíduo de suas referências, elas provocam uma sensação de ruptura com o mundo externo. O preso se sente isolado e despido do seu* status *anterior* — num violento processo, portanto, de desterritorialização.

De qualquer forma, em todos estes exemplos, a desterritorialização nunca aparece dissociada de sua contraparte, a territorialização. Ou, pelo menos, o que é vivenciado por alguns como a mais violenta desterritorialização, para outros pode ser visto como a territorialização mais extrema. Talvez o exemplo mais radical seja o do

---

[5] A cela do traficante Luiz Fernando da Costa, o famoso Fernandinho Beira-Mar, na prisão "de segurança máxima" de Presidente Bernardes, no Estado de São Paulo, foi estabelecida de forma tão isolada e distante das outras que mesmo que ele gritasse não poderia ser ouvido pelo presidiário mais próximo.

chamado gueto de Varsóvia, (re)criado pelo nazismo para a reclusão e posterior dizimação dos judeus poloneses, e seus congêneres "funcionalmente" mais estruturados, os campos de concentração.

No gueto de Varsóvia, podemos visualizar a que extremo podem chegar, conjugados, os processos de territorialização e desterritorialização, completamente indissociáveis, um a serviço do outro. Se territorializar-se envolve sempre uma relação de poder, ao mesmo tempo concreto e simbólico, e uma relação de poder mediada pelo espaço, ou seja, um controlar o espaço e, através deste controle, um controlar de processos sociais, é evidente que, como toda relação de poder, a territorialização é desigualmente distribuída entre seus sujeitos e/ou classes sociais e, como tal, haverá sempre, lado a lado, ganhadores e perdedores, controladores e controlados, territorializados que desterritorializam por uma reterritorialização sob seu comando e desterritorializados em busca de uma outra reterritorialização, de resistência e, portanto, distinta daquela imposta pelos seus desterritorializadores.

Esta constatação, muito mais do que um mero jogo de palavras, é extremamente importante, pois implica identificar e colocar em primeiro plano os sujeitos da des-re-territorialização, ou seja, quem des-territorializa quem e com que objetivos. Permite também perceber o sentido relacional desses processos, mergulhados em teias múltiplas onde se conjugam permanentemente distintos pontos de vista e ações que promovem aquilo que podemos chamar de territorializações desterritorializantes e desterritorializações reterritorializadoras.

O exemplo dos territórios criados pelos nazistas para a mais radical e abominável desterritorialização em massa da história moderna ilustra bem essas várias conotações que podem adquirir os processos de des-re-territorialização. No caso do gueto de Varsóvia, milhares de pessoas eram deslocadas de seus lares para viver numa mesma área da cidade, cada vez mais exígua e sob condições sanitárias cada vez mais deploráveis (desterritorializadas na medida em que perdiam o controle sobre suas vidas ao perderem o controle sobre seu espaço de reprodução). Juntamente com os campos de concentração, trata-se de um dos casos mais evidentes de como a desterritorialização pode se processar por imobilização. Quem originalmente habitava no bairro judaico não precisou se deslocar. Foi desterritorializado *in situ*, pelo rápido e incontrolável processo de precarização social que se sucedeu, com superocupação das moradias, fome, doenças endêmicas, como o tifo etc.

O enclausuramento físico, seja num gueto urbano, seja, de forma mais radical, num campo de concentração, representava para os nazistas um tipo de "territorialização" às avessas, ou seja, do ponto de vista de quem está do lado de fora, "protegido" do "contágio" com os grupos isolados em seu interior. Quer dizer, territorializar-se pode ser tanto um processo de autofechamento (como nas chamadas *gated communities* americanas ou nos condomínios fechados brasileiros) quanto de isolamento que fazemos dos outros (como nas prisões, nos campos de concentração e, de alguma forma, nos guetos — que podem também ser, por outro lado, uma forma de auto-enclausuramento).

Bauman (2003) distingue o "verdadeiro" gueto do "gueto voluntário" ou "quase-gueto". A liberdade de mobilidade e o sentimento de segurança aí são fundamentais:

> *Os guetos reais são lugares dos quais não se pode sair (...); o principal propósito do gueto voluntário, ao contrário, é impedir a entrada de intrusos — os de dentro podem sair à vontade* (p. 166). *É a situação "sem alternativas", o destino sem saída do morador do gueto que faz com que a "segurança da mesmice" seja sentida como uma gaiola de ferro (para usar a célebre metáfora de Max Weber) (...). É esta falta de escolha num mundo de livre-escolha que é muitas vezes mais detestada do que o desmazelo e a sordidez da moradia não escolhida. Os que optam pelas comunidades cercadas tipo gueto podem experimentar sua "segurança da mesmice" como um lar; as pessoas confinadas no verdadeiro gueto vivem em prisões* (p. 167).

É muito interessante lembrar aqui a conjugação que se dá entre dois termos aparentemente contrapostos — gueto e diáspora (a ser retomada no Capítulo 8). Ambos podem desempenhar tanto um papel desterritorializador quanto (re)territorializador. Como afirma Kirshenblatt-Gimblett (1994):

> *Os termos diáspora e gueto formam um par interligado. O que é responsabilidade de um é atribuído (e freqüentemente vinculado) a outro — o estranho e o marginal emanam deles. Como modelos da experiência judaica (e não apenas como condições históricas), diáspora e gueto precedem o sionismo e foram de várias formas um traço constitutivo da preocupação do Iluminismo Judeu com a emancipação e a integração judaicas. A tensão entre a co-territorialidade da diáspora e o isolamento do gueto produz uma série de paradoxos no tema da diferença* (p. 340).

Ao mesmo tempo em que a diáspora é desencadeada como um movimento de dispersão compulsória e, portanto, desterritorializador, uma de suas formas de reterritorialização é o gueto, mas não simplesmente o gueto em seu sentido mais estrito, enquanto imposição de um grupo para o enfraquecimento do outro ou enquanto única alternativa, precária, de sua sobrevivência enquanto grupo. Nos guetos ou "quase-guetos" de diásporas, dependendo das condições econômicas e da força cultural do grupo migrante, podemos ter um sentido menos "desterritorializante" de gueto, que participa como forma de coesão, autodefesa e proteção de uma identidade cultural e de um grupo, ou seja, num sentido claramente reterritorializador.

Outro fenômeno que ilustra bem a inversão da associação comumente feita entre mobilidade-desterritorialização e imobilidade-territorialização é o da recente difusão da epidemia global de SARS — Síndrome Respiratória Aguda Severa, também chamada de pneumonia asiática, e os mecanismos utilizados para seu controle, que reproduziram territorialidades no seu sentido funcional mais tradicional (o fechamento de áreas pelo controle de limites ou fronteiras).

De início, pelo menos, os principais agentes difusores do vírus da SARS foram homens de negócios ou indivíduos mais globalizados, ou seja, aqueles para os quais a mobilidade freqüente faz parte de seu processo de territorialização. A introdução do vírus em Hong Kong, por exemplo, teria sido empreendida por um *businessman* hospedado num hotel de luxo da cidade, ou seja, em um dos "relais" do território-rede que ele constrói nos seus trajetos regulares ao redor do mundo, mas onde, direta ou indiretamente, tem contato, ainda que apenas pela proximidade física, com as classes urbanas "subalternas", os trabalhadores do setor de serviços. Muitos deles podem ter sido contaminados pelo simples contato via objetos, como botões de elevadores.

Um dos mecanismos que se revelaram mais eficazes no combate à difusão do vírus foi o isolamento espacial das pessoas contaminadas ou suspeitas de contaminação, seja em locais específicos, como determinados hospitais, seja em suas próprias residências. Milhares de pessoas — somente em Toronto, num determinado momento, chegaram a onze mil — tiveram sua circulação completamente restringida, ou seja, uma "territorialização desterritorializadora" lhes foi imposta de forma às vezes draconiana. Um oficial chinês chegou a afirmar que deveriam ser "acorrentadas" a suas camas as pessoas que se negassem a seguir as estritas regras de quarentena estabelecidas pelo governo, ou seja, um claro processo de desterritorialização *in situ* (enquanto perda de controle dos seus espaços de mobilidade).

O que importa aí é quem delimita ou controla o espaço de quem, e as conseqüências deste processo. Neste caso, deter o controle seria territorializar(-se). Perder o controle seria desterritorializar(-se). Quando somos nós que definimos o território dos outros, de forma imposta, eles não estão de fato se territorializando, pois ser "territorializado" por outros, especialmente quando completamente contra nossa vontade e sem opção, significa desterritorializar-se. Assim, "reterritorialização" implica um movimento de resistência — à desterritorialização imposta pelo movimento de territorialização comandado por outros. Ou seja, eu posso "delimitar" meu território simplesmente através da delimitação do território do outro. Neste sentido, mesmo com uma "territorialização" (física) aparentemente bem definida, o outro está de fato desterritorializado, pois não exerce efetivo domínio e apropriação sobre seu território.

A grande questão que se coloca hoje é de que tipo de "controle" se trata quando falamos de territorialização como um processo social de controle de movimentos pelo controle do espaço. E de que espaço, também, é que se trata. Sob condições ditas de pós-modernidade, como vimos, as mudanças se dão em primeiro lugar na nossa experiência de espaço-tempo. Não se trata de trabalhar com uma concepção de espaço bi (ou tri) dimensional de matriz newtoniana, mas com um espaço relacional (com sua quarta dimensão relativizadora que é o tempo), cada vez mais mergulhado numa dinâmica complexa não só em termos da nova temporalidade aí inserida como também no que se refere às novas interações entre objetos e imagens, materialidade e imaterialidade, atual (material ou imaterial) e virtual (imaterial-potencial).

Teríamos um espaço cada vez mais forjado através das representações que dele fazemos, a ponto de alguns autores, como Jean Baudrillard, defenderem a tese de que estamos agindo mais sobre simulacros, vivenciando uma "hiper-realidade" ou um "hiperespaço", do que sobre a realidade "em si". De qualquer forma, os espaços que atravessamos continuam como veículos, concomitantemente, de ações concretas e processos de simbolização, permeados por novos usos, funções e expressividades. Um dos núcleos mais importantes responsável por essas novas funções e esses novos símbolos é o que chamamos de ciberespaço. Embora este seja um tema vasto e complexo, merecendo mesmo um outro trabalho, traçaremos no próximo item algumas considerações muito gerais a seu respeito.

6.3. Sociedade de controle, ciberespaço e desterritorialização

Deleuze (1997[1990]), num texto breve, mas denso e muito instigante, parte da sociedade disciplinar foucaultiana e da crise das instituições básicas que a sustentam (família, escola, fábrica, Exército, sistemas carcerário e hospitalar), para afirmar que estamos entrando em outro tipo de sociedade que, numa terminologia não muito apropriada, ele denomina "sociedade de controle". Não muito apropriada porque "controle" é um termo genérico e que também, de certo modo, é a marca dominante na sociedade disciplinar.

Como afirmou o próprio Foucault, a sociedade moderna é uma "sociedade disciplinar por oposição às sociedades propriamente penais", anteriormente dominantes, instaurando assim "a idade do controle social" (Foucault, 1991:86). O que devemos, na verdade, é distinguir que tipos de controle estão agora dominando, sem dúvida controles muito mais velados, sutis e disseminados (para alguns, "desterritorializados"), e, paralelamente, que tipos de território (reterritorializações) são produzidos como espaços onde ou através dos quais se realiza este controle.

Enquanto na sociedade disciplinar o que importava era a individualização num sentido mais concreto, o "confinamento", cada um em sua "célula" espacial e temporalmente controlada, agora se trata da radicalização do princípio panóptico do "ver sem ser visto" — no lugar da torre central de vigilância em que os detentos não conseguem ver o vigia, mas têm a sensação de estarem sendo constantemente vigiados, temos a difusão do controle vinculada à paraphernália tecnológica, seja pela continuação do princípio de poucos vigiando muitos (substituindo-se até mesmo a figura do vigia pelos computadores), através de câmeras onipresentes que nunca sabemos exatamente onde estão, seja pelo novo processo "sinóptico" de muitos vigiando poucos (Mathiesen, 1997), vinculado à crescente difusão dos meios de comunicação de massa, notadamente a televisão.

Enquanto o Panóptico era de caráter local, o Sinóptico de Mathiesen é de natureza global. No comentário "desterritorializante" de Bauman (1999),

> (...) o ato de vigiar desprende os vigilantes de sua localidade, transporta-os pelo menos espiritualmente ao ciberespaço, no qual não mais importa a distância, ainda que fisicamente permaneçam no lugar. Não importa mais se os alvos do Sinóptico, que agora deixaram de ser os vigiados e passaram a ser os vigilantes, se movam ou fiquem parados. Onde quer que estejam e onde quer que vão, eles podem ligar-se — e se ligam — na rede extraterritorial que faz muitos vigiarem poucos. O Panóptico forçava as pessoas à posição em que podiam ser vigiadas. O Sinóptico não precisa de coerção — ele seduz as pessoas à vigilância (p. 60, grifos do autor).

Um dos exemplos mais contundentes dessas novas formas de "sedução à vigilância" nas sociedades de controle é aquele proporcionado através do teletrabalho[6], onde o controle do trabalhador, que pode desenvolver suas tarefas na própria residência e "a qualquer hora", insere-se na substituição do estrito controle do seu tempo-espaço, característico das sociedades disciplinares (e seu espaço-tempo fabril), pela introjeção da autovigilância, um "autocontrole" definido simplesmente em função dos resultados ou metas estabelecidos pela empresa. Todo esse processo, é importante ressaltar, desdobra-se no interior do sistema mais "flexível" (e precário) das relações de trabalho no chamado pós-fordismo.

Uma interpretação mais apressada, focalizada sobre o desaparecimento e/ou a ubiqüidade de torres e vigias, poderia perceber aí um nítido processo de desterritorialização. Mas o que muda de fato são os meios. As bases materiais do território — a começar, num certo sentido, pelos próprios corpos — continuam sendo uma esfera

---

[6] A respeito desta relação entre teletrabalho, espaço-tempo e desterritorialização, ver Ferreira, 2003.

de ação e um objeto maior de controle. As imagens que são geradas através das câmeras de vigilância, filmando regularmente os indivíduos, têm como objetivo primeiro "mapear" e, assim, controlar os espaços de circulação. Mais uma vez não se trata do simples domínio de uma "desterritorialização" pela "virtualização" do ciberespaço, mas — como vimos para os presídios de segurança máxima no item anterior — de múltiplas combinações onde o objetivo último é sempre controlar corpos e mentes, os quais não existem sem o elo indissociável entre materialidade e imaterialidade.

A individualização promovida pelas sociedades disciplinares corre paralela à massificação, dois pólos de um mesmo conjunto moldado na linguagem da marca ou do número. Neste contexto é que nasce a "biopolítica" foucaultiana, um poder ou tecnologia reguladora da vida e das massas ou "populações" que se sobrepõe ao poder ou tecnologia disciplinar dos corpos. Foucault (2002) fala de "duas séries" integradas e embutidas ao longo da modernidade ocidental, "a série corpo-organismo-disciplina-instituições e a série população-processos biológicos-mecanismos regulamentadores" (p. 298).

Segundo Foucault, a partir da segunda metade do século XVIII passa a haver uma preocupação não apenas com as técnicas de poder disciplinares centradas no corpo individual, mas sobretudo com "a vida dos homens", dirigida "não ao homem-corpo, mas ao homem-vivo", ao homem-espécie:

(...) a disciplina tenta reger a multiplicidade dos homens na medida em que essa multiplicidade pode e deve redundar em corpos individuais que devem ser vigiados, treinados, utilizados, eventualmente punidos. (...) a nova tecnologia (...) se dirige à multiplicidade dos homens, não na medida em que eles se resumem em corpos, mas na medida em que ela forma, ao contrário, uma massa global, afetada por processos de conjunto que são próprios da vida, que são processos como o nascimento, a morte, a produção, a doença etc. (...) uma "biopolítica" da espécie humana (Foucault, 2002[1976]:289).

As sociedades de controle de certa forma reafirmariam esta biopolítica, desenvolvendo-a ao extremo. Autores como Negri e Hardt (2001) fazem mesmo uma associação direta entre os limites da modernidade (e o conseqüente advento da pós-modernidade), biopolítica e sociedade de controle. Nesta,

> Os comportamentos de integração social e de exclusão próprios do mando são cada vez mais interiorizados nos próprios súditos. O poder agora é exercido mediante máquinas que organizam diretamente o cérebro (em sistemas de comunicação, redes de informação etc.) e os corpos (em sistemas de bem-estar, atividades monitoradas etc.) no objetivo de um estado de alienação independente do sentido da vida e do desejo de criatividade (p. 42).

Tendo como objeto de poder a própria vida e sua reprodução, a biopolítica estende-se "em rede" praticamente por todos os interstícios da sociedade (ou melhor, desta vista como "população", para ser coerente com Foucault), confundindo numa só entidade vigilantes e vigiados. Para além da "marca" e do "número", Deleuze afirma que o que importa agora são "senhas": "a linguagem numérica do controle é feita de cifras [códigos] que marcam o acesso à informação, ou a rejeição". O par massa-indivíduo dá lugar a "amostras, dados, mercados ou 'bancos'" (Deleuze, 1992:222).

Deleuze se reporta ainda ao dinheiro, considerado talvez o melhor exemplo dessa mudança, ao passar do câmbio lastreado no padrão-ouro (até o fim do Acordo de Bretton Woods, em 1971) para a fluidez do capital financeiro de câmbio flutuante, sem falar na proliferação daquilo que poderíamos denominar de dinheiro-senha, através da multiplicidade de cartões que utilizamos como formas abstratas e globalizadas de pagamento.

Cada sociedade é também manejada através do uso de determinado tipo de máquina:

As antigas sociedades de soberania manejavam máquinas simples — alavancas, roldanas, relógios; mas as sociedades disciplinares recentes tinham por equipamento máquinas energéticas, com o perigo passivo da entropia e o perigo ativo da sabotagem; as sociedades de controle operam por máquinas de uma terceira espécie, máquinas de informática e computadores, cujo perigo passivo é a interferência, e, o ativo, a pirataria e a introdução de vírus (Deleuze, 1992:223).

Numa metáfora interessante, ele afirma que o espaço que acompanha essas mudanças passa das tocas encerradas da toupeira para as trilhas abertas da serpente. Assim, enquanto "o homem da disciplina era um produtor descontínuo de energia", "o homem do controle é antes ondulatório, funcionando em órbita, num feixe [rede] contínuo" (pp. 445-446). Esta rede, possibilitada sobretudo pelos circuitos das novas tecnologias de informação, não é obrigatoriamente uma rede física, material. A menor carga material dos mecanismos de controle informatizados levaria assim a uma espécie de "desterritorialização" pelo ciberespaço. Cabe então discutir não só a dimensão físico-territorial, mas também a dimensão simbólica ou, neste caso, "virtual", característica marcante das sociedades de controle.

Trata-se, poderíamos afirmar, de uma outra forma de desterritorialização na imobilidade (física). Na verdade, as próprias noções de mobilidade e imobilidade se confundem. O poder via novas tecnologias de informação faz com que se possa exercer "controle" sobre territórios muito distantes, e a descontinuidade de nossos territórios se torna muito mais corriqueira. Comandar uma firma a distância, ou mesmo, num outro plano, "comandar um corpo" a distância, realizando, por exemplo, uma sofisticada operação cirúrgica, já não faz mais parte da ficção. Nossas ações (ou, pelo menos, a de determinados grupos privilegiados) se tornaram, assim, muito mais poderosas, dependendo, é claro, do meio informacional que estiver ao nosso alcance. Quer dizer, antes de acionar estes mecanismos de interferência a distância e exercer o controle que eles proporcionam, temos de dominar os meios, ou seja, ter acesso à tecnologia e conhecer sua linguagem — ou, no mínimo, "dispor de uma senha".

Neste caso não se trata, como nas prisões ou nos campos de concentração, de controlar uma zona ou área pela sua delimitação rígida e pelo controle do acesso através de suas "fronteiras". Aqui, o território, na sua dimensão concreta e funcional, adquire outra configuração. Os requisitos materiais para a articulação territorial não desapareceram, mas são muito mais seletos, densos, ou melhor, encontram-se muito mais "condensados" ou "comprimidos" — brincando com as palavras, seria uma outra característica da "compressão" espaço-tempo. A rede de energia elétrica e a rede telefônica, ou simplesmente o aparelho de computador (dotado de energia por bateria) e o aparelho de telefone (em área coberta pelo "sinal"), são suficientes para "conectar" com o resto do mundo — ou melhor, com os demais que também se encontram conectados ao redor do mundo.

Isto não significa simplesmente que tenha diminuído o "peso" da materialidade nos processos sociais mais relevantes e que, por isso, tenha ocorrido uma desterritorialização (no sentido mais simplista da palavra, praticamente como sinônimo de "desmaterialização"), mas que os espaços passaram a condensar em áreas ou redes fisicamente muito mais restritas essa materialidade — verdadeiros "condensadores tecnológicos" de ação, de movimento da sociedade.

Essa enorme condensação físico-espacial traz repercussões muito sérias em vários níveis. Pontos restritos (como uma antena para telefones celulares ou uma conexão de linha telefônica) adquirem um papel estratégico fundamental na organização do espaço social. Através deles pode-se fazer e desfazer conexões, abrir e fechar a circulação de vários fluxos imateriais, especialmente de informações e capitais, além de permitir o desencadeamento de outros, inúmeros, efeitos de caráter material.

Ao mesmo tempo em que muitos autores ainda estão presos a esta lógica material-mecanicista que vê o território (e o espaço, num sentido mais genérico) como materialidade bem delimitada e, portanto, individualizável, e interpretam a "não-desterritorialização" do ciberespaço pela simples presença dessas infra-estruturas físicas, há aqueles que, no outro extremo, partidários de uma postura idealista de território, proclamam que não há uma desterritorialização pelo simples fato de que o território está sendo construído em outras bases, agora puramente abstratas, como aquelas das "comunidades virtuais" da Internet.

Propomos aqui uma interpretação intermediária, coerente com a noção proposta no início deste trabalho, vendo o território (e, conseqüentemente, a espacialidade na qual ele é construído), como *sempre* um "híbrido" entre materialidade e imaterialidade, funcionalidade e expressividade, pelo simples fato de que estas dimensões são inseparáveis e que os processos de territorialização e desterritorialização só podem se dar através de uma perspectiva permanentemente conjugada entre elas.

A diferença maior é que, enquanto nas sociedades disciplinares a dimensão concreta do espaço era a dominante, através de um controle das relações sociais do tipo extensivo, pelo controle do espaço e do tempo (disciplinarização em territórios-zona contínuos e contíguos), agora, ao lado do predomínio de uma dimensão mais abstrata (ou "informacional", como já se referia Raffestin[7]), através de uma interação complexa com as antigas formas de controle, trata-se de um controle espacial do tipo intensivo, ou seja, altamente concentrado em algumas áreas fisicamente muito restritas, condensadores tecnológicos que tornam muito mais densas e estratégicas determinadas parcelas do espaço.

Trata-se agora muito mais de controlar linhas e pontos, ou melhor, fluxos e conexões, em síntese, redes, do que de controlar zonas e fronteiras, os "territórios-zona" num sentido mais tradicional. Mas como a carga imaterial desses fluxos é o que domina, e

---

[7] Hoje "o acesso ou o não-acesso à informação [transformada numa mercadoria e num "recurso de base"] comanda o processo de territorialização, desterritorialização" (Raffestin, 1988:272).

pode-se conectar a rede desde posições ou locais muito distintos, torna-se muito mais difícil e complexo o controle territorial. Esta (bastante relativa) "independência" dos suportes materiais e a maleabilidade gerada pelos fluxos imateriais, bem como a maior flexibilidade nas localizações dos agentes por ela proporcionada, levaram vários estudiosos a denominar esse processo de desterritorialização.

O ciberespaço, domínio das redes, seria um "local desterritorializado" singular, "porque não homogêneo e descontínuo na distribuição física dos seus atores sobre a superfície terrestre" (Giorda, 2000:42) — como se o território não pudesse incorporar características como a heterogeneidade/multiplicidade e a descontinuidade. Ou, na definição de Lévy (1999),

> *O ciberespaço (que também chamarei de "rede") é o novo meio de comunicação que surge da interconexão mundial dos computadores. O termo especifica não apenas a infra-estrutura material da comunicação digital, mas também o universo oceânico de informações que ela abriga, assim como os seres humanos que navegam e alimentam esse universo* (p. 17). *Eu defino o ciberespaço como o espaço de comunicação aberto pela interconexão mundial dos computadores e das memórias dos computadores* (p. 92, grifo do autor).

Pierre Lévy (1996, 1999) é provavelmente o principal teórico da "desterritorialização" no ciberespaço. A essência desta mutação seria a virtualização. Investigando a origem do termo, ele se reporta ao latim medieval, onde *virtualis* é derivado de *virtus*, que significa "força", "potência". Assim, "na filosofia escolástica, é virtual o que existe em potência e não em ato. (...) o virtual não se opõe ao real, mas ao atual: virtualidade e atualidade são apenas duas maneiras de ser diferentes" (p. 15). Em outras palavras, "o real assemelha-se a possível; em troca, o atual em nada se assemelha ao virtual: *responde-lhe*" (p. 17).

> *A virtualização pode ser definida como o movimento inverso da atualização. (...) A virtualização não é uma desrealização (a transformação de uma realidade num conjunto de possíveis), mas uma mutação de identidade, um deslocamento do centro de gravidade ontológico do objeto considerado: em vez de se definir principalmente por sua atualidade (uma "solução"), a entidade passa a encontrar sua consistência essencial num campo problemático. (...) a virtualização fluidifica as distinções instituídas, aumenta os graus de liberdade, cria um vazio motor. Se a virtualização fosse apenas a passagem de uma realidade a um conjunto de possíveis, seria desrealizante (...). A virtualização é um dos principais vetores da criação de realidade* (p. 18).

Lévy fala de virtualização até mesmo como sinônimo de desterritorialização ao afirmar, por exemplo, que "a economia contemporânea é uma economia da desterritorialização ou da virtualização" (p. 51), ou, num sentido mais geral:

> *Quando uma pessoa, uma coletividade, um ato, uma informação se virtualizam, eles se tornam "não-presentes", se desterritorializam. Uma espécie de desengate os separa do espaço físico ou geográfico ordinários e da temporalidade do relógio e do calendário* (p. 21).

Uma das principais modalidades da virtualização é, assim, "o desprendimento do aqui e agora", ou seja, "o virtual, com freqüência, 'não está presente'", o que provoca constantes confusões entre virtual e "irreal". Isto significa, embora ele não comente desta forma, que a virtualização e o ciberespaço são os melhores exemplos da "compressão" ou do "desencaixe" tempo-espaço em que vivemos. Entretanto, como vimos no Capítulo 4, esses processos, vinculados à presença-ausência, são apenas uma das diferentes características ou formas de manifestação da dinâmica de desterritorialização.

A questão, aqui, é que a noção de desterritorialização em Lévy, ao se confundir com virtual, nos traz implicações bastante problemáticas. Em primeiro lugar, desterritorialização equivaleria a desmaterialização, pois embora nem todo elemento imaterial seja virtual, todo virtual é não-material. Neste caso, ver o território como "substrato material" da sociedade, por exemplo, seria de uma extrema simplificação. Por outro lado, associar desterritorialização com a "não-presença" da virtualização significa igualmente sobrevalorizar a dimensão concreta do território como um "aqui e agora" bem delimitado, não admitindo um território construído através de conexões (em rede) que articulam espaços na descontinuidade.

Não se trata, na reflexão do autor, da ausência do elo, indissociável e onipresente, entre materialidade e imaterialidade e entre atual e virtual, como fica bem evidenciado nas seguintes colocações:

A aceleração das comunicações é contemporânea de um enorme crescimento da mobilidade física. (...) As pessoas que mais telefonam são também as que mais encontram outras pessoas em carne e osso (p. 23). Os operadores mais desterritorializados, mais desatrelados de um enraizamento espaço-temporal preciso, os coletivos mais virtualizados e virtualizantes do mundo contemporâneo são os da tecnociência, das finanças e dos meios de comunicação. São também os que estruturam a realidade social com mais força, e até com mais violência (Lévy, 1996:21).

A questão é que, paradoxalmente, na maioria das vezes falta o elo, igualmente indissociável, entre desterritorialização e reterritorialização. Vista ao mesmo tempo como desmaterialização ou "desespacialização" e como "não-presença", a desterritorialização "levyana" se aproxima da mesma simplificação já apontada que vê o território através de uma concepção muito tradicional de espaço, quase absoluta, espaço-superfície concreto, devidamente localizado, delimitado, estável, "enraizado", quase sem movimento e, assim, separando nitidamente tempo e espaço, território e rede, desterritorialização e sua outra metade, a territorialização. Além disto, se encararmos sua argumentação a partir do ponto de vista mais amplo da "desespacialização", trata-se de priorizar apenas a espacialidade a partir da relação de presença e ausência e não, como propõe Shields (1992), também pela diferenciação (desigualdades socioespaciais) e pela ótica da inclusão-exclusão (o dentro e o fora), como comentado no Capítulo 4.

A virtualização, portanto, não é simplesmente desterritorializadora porque ela pode estar (ou sempre está) impregnada de processos concomitantes de reterritorialização. Assim como não há uma fronteira passível de ser delimitada entre o atual e o virtual, um sendo redefinido na relação com o outro, não há fronteira clara entre territorialização e desterritorialização, um processo sendo retrabalhado pelo outro. Virtualização deve ser vista muito mais como uma dinâmica atuante na reterritorialização, isto é, na construção de novos territórios, tenham eles uma maior carga funcional ou simbólica, sejam eles mais estáveis ou em constante movimento.

É curioso como Pierre Lévy, mesmo discutindo as mudanças ocorridas nas nossas experiências e concepções de espaço e tempo, enfatizando a complexidade do novo espaço-tempo, continue muitas vezes raciocinando com uma concepção extremamente simplista e tradicional quando se refere a território[8] e, como conseqüência, também, a desterritorialização. Assim, há uma contradição nítida na associação que faz entre virtualização e desterritorialização, pois enquanto a primeira envolve uma noção revista e mais complexa, a desterritorialização é moldada frente a uma noção de território como o fixo (a "sedentarização") ou mesmo a simples dimensão material e "localização" bem definida das relações

---

[8] Lévy (1998:115-123) chega mesmo a distinguir o "território" como um dos quatro "espaços antropológicos atemporais" — a Terra (nômade), o território (sedentário), o espaço das mercadorias (desterritorializante, sobretudo sob o capitalismo) e o espaço do saber (virtual). O território, dominante no mundo camponês, "instaura com a Terra uma relação de depredação e destruição, ele a domina, fixa, encerra, inscreve e mede" (p. 117).

sociais, condição histórica dominante nas sociedades mais tradicionais.

Mesmo assumindo esta visão redutora que associa ciberespaço, desterritorialização e imaterialidade, devemos reconhecer a complexidade das relações entre este "espaço eletrônico" e o "espaço material", como afirma Graham (1998). Para este autor, desenham-se aí três vertentes interpretativas:

> *Primeiro, há a perspectiva da substituição e transcendência — a idéia de que a territorialidade humana, e a dinâmica da vida humana baseada no espaço e no lugar, pode de algum modo ser substituída pelo uso de novas tecnologias. Em segundo lugar, há a perspectiva da co-evolução, cujo argumento é o de que tanto os "espaços" eletrônicos quanto os espaços territoriais são necessariamente produzidos juntos, como parte de uma contínua reestruturação do sistema político-econômico capitalista. Finalmente, há a perspectiva da recombinação, que se vale de estudos recentes da teoria da rede-ator. Aqui o argumento é de que é necessária uma visão inteiramente relacional das ligações entre tecnologia, tempo, espaço e vida social* (p. 167, grifos do autor).

Como já foi pressuposto aqui, podemos ampliar este raciocínio e pensar a desterritorialização como um movimento que, longe de estar fazendo desaparecer os territórios, ou mesmo de correr "paralelo" a um movimento territorializador, geralmente mais tradicional, deve ser interpretado como um processo relacional, des-re-territorializador, onde o próprio território se torna mais complexo, por um lado mais híbrido e flexível, mergulhado que está nos sistemas em rede, multiescalares, das novas tecnologias da informação e, por outro, menos flexível, marcado pelos tantos muros que separam "incluídos" e "excluídos", etnia "x" e etnia "y", grupos "mais" e "menos" seguros (e/ou violentos).

Polere (1999) faz uma crítica muito justa a esse discurso da "desespacialização" e do domínio inexorável das redes na sociedade pós-moderna ou "informacional" que se encontra embutido na maioria dos discursos sobre a desterritorialização. O autor contesta a tese de que o contexto material e, por conseguinte, a espacialidade dos fenômenos não interferem ou têm cada vez menor interferência nos processos sociais, através de um "ciberespaço" imaterial ou virtual globalizado, "onde o espaço é definido como um impedimento à interação entre as sociedades locais (...) [n]um mundo desterritorializado, de comunicação e de interação generalizadas" (p. 28).

O mundo "real" evoluiria assim rumo a um mundo ideal. Mas este mito da ubiqüidade e da "existência desencarnada" se desfaz quando se percebe que o que é ubíquo e desencarnado é a imagem, não nós mesmos. A mundialização (termo que os franceses preferem a globalização) ocorre em "diferentes planos encaixados: o de uma sociedade com seu espaço, do homem com o mundo material, do indivíduo com seu corpo" (Polere, 1999:19).

Um dos principais problemas deste discurso da desterritorialização "informacional" é justamente este, o de não perceber que os verdadeiros sujeitos do processo não são "ubíquos e desencarnados", e que o que aparece como "desterritorialização" em uma escala pode estar representando reterritorialização em outra. O objetivo central ou primeiro da reprodução e do controle social são sempre os indivíduos-sujeitos, não só enquanto consciências idealizadoras, mas também enquanto corporeidades ou materialidades.

Neste sentido, o controle dos corpos — ou das "massas" — passa a ter um novo papel ainda relativamente pouco valorizado nas novas estratégias territoriais. Numa interpretação bastante ousada, é como se o território, enquanto unidade espacial funcional e expressiva, numa sociedade cada vez mais individualista, estivesse sendo comprimido na "unidade espacial mínima" que é o corpo — em outras palavras, o corpo enquanto entidade relacional, mergulhada num universo dinâmico e complexo de relações sociais, ou até mesmo algo próximo de um indivíduo-território, como indica Maffesoli (2001).

Deleuze e Guattari (1987), de forma exagerada, falam em "territorialização" do corpo, "colocar meu território no meu próprio corpo" (p. 320). Lefebvre, por sua vez, apesar de tratar do espaço e não do território, em sentido mais estrito comenta:

> *Antes de* produzir *efeitos no âmbito material (utensílios e objetos), antes de* produzir-se *(alimentando-se dessa materialidade) e de* reproduzir-se *(pela geração de um outro corpo), cada corpo vivo é um espaço e tem seu espaço: ele se produz no espaço e produz o espaço* (Lefebvre, 1986[1974]:199, grifos do autor).

Valentine (2001), também a partir da categoria espaço, afirma: "O corpo não está apenas no espaço, ele *é espaço*", como "uma superfície, (...) marcada e transformada pela nossa cultura", como um "ser sensitivo, a base material da nossa conexão com e da nossa experiência do mundo", e como a fronteira da psique (p. 23). Expressões como "superfície marcada pela cultura" e "fronteira" constituem alusões a traços de "territorialidade" presentes através do espaço do corpo.

Uma das dimensões da biopolítica proposta por Foucault e outros autores (ver, por exemplo, Heller e Riekmann, 1996) evidencia a importância do controle dos corpos — não simplesmente individualizados, um legado das sociedades disciplinares que não desaparece, mas se sofistica e, de alguma forma, se "massifica" nas sociedades de controle. Temos aí não mais a centralidade do controle do-pelo espaço, em sentido mais amplo, mas dos-pelos corpos, não apenas enquanto entidades físicas, corpóreas, mas também enquanto "reservatórios de informação" (como fontes de dados e experimentos genéticos, por exemplo):

> *O controle da sociedade sobre os indivíduos não é feito apenas por meio da consciência ou da ideologia, mas também no corpo e com o corpo. Para a sociedade capitalista, a biopolítica é o que mais importa, o biológico, o somático, o físico* (Foucault, 1994:210).

Neste sentido, poderíamos até mesmo dizer que se deve relativizar a distinção feita por Foucault (1978) para caracterizar a passagem "moderna" de um "Estado territorial" para um "Estado de população". Enquanto o primeiro estaria preocupado basicamente em dominar o "território", o segundo daria prioridade ao controle da "população". Se considerarmos que não há separação entre território e população, e que houve apenas a mudança na centralidade entre esses dois elementos constituintes do território, ou seja, da terra para a população, podemos afirmar que o "Estado de população" continuou sendo um "Estado territorial", com a importante diferença de que sua perspectiva passou a focalizar mais um elemento mais dinâmico, a população — enquanto, neste caso, corpos em movimento —, do que seu elemento mais estático, a terra.

Num sentido mais concreto, a difusão de doenças num circuito globalizado, como a da SARS, aqui comentada, e a cada vez mais freqüente questão da violência e da segurança (em nome da qual são cometidos tantos equívocos), associada à verdadeira obsessão por mapear e controlar o fluxo de pessoas, sejam as vagas crescentes de imigrantes e refugiados nas fronteiras, sejam as massas de excluídos vinculados à violência e à insegurança nas grandes cidades, demonstram de modo flagrante a crescente importância que continua tendo (e que provavelmente terá ainda mais no futuro) o controle territorial enquanto controle da "população". Num mundo de maior mobilidade, inclusive aquela proporcionada pelo chamado ciberespaço, territorializar-se implica cada vez mais "gerenciar" a disposição e a circulação dos corpos no espaço — e não de corpos individualizados, mas da "massa" potencialmente incontrolável que eles compõem, principalmente quando se trata daquilo que aqui denominamos "aglomerados humanos de exclusão".

7

Territórios, Redes e Aglomerados de Exclusão

7.1. Territórios, redes e territórios-rede

Outro discurso corrente é aquele que associa desterritorialização e rede. A estruturação de uma sociedade em rede não é, obrigatoriamente, sinônimo de desterritorialização, pois em geral significa novas territorializações, aquelas em que o elemento fundamental na formação de territórios, a ponto de quase se confundir com eles, é a rede. Como vimos através das propostas de Deleuze e Guattari e no debate anterior sobre desterritorialização e mobilidade, é possível identificarmos um "território no movimento" ou "pelo movimento".

Talvez seja esta a grande novidade da nossa experiência espaço-temporal dita pós-moderna, onde controlar o espaço indispensável à nossa reprodução social não significa (apenas) controlar áreas e definir "fronteiras", mas, sobretudo, viver em redes, onde nossas próprias identificações e referências espaço-simbólicas são feitas não apenas no enraizamento e na (sempre relativa) estabilidade, mas na própria mobilidade — uma parcela expressiva da humanidade identifica-se no e com o espaço em movimento, podemos dizer. Assim, *territorializar-se significa também, hoje, construir e/ou controlar fluxos/redes e criar referenciais simbólicos num espaço em movimento, no e pelo movimento*.

Entretanto, territórios construídos através da mobilidade humana, como vimos, não são propriamente novidade, presentes que estão já entre os povos nômades, em seu desenho de uma espécie de "controle" ou "experiência integrada" do espaço através das redes, ou seja, estruturando um território-rede em termos mais tradicionais. Como afirmou Bonnemaison (1981),

> *(...) um território, antes de ser uma fronteira, é primeiro um conjunto de lugares hierarquizados, conectados a uma rede de itinerários. (...) A territorialização (...) engloba ao mesmo tempo aquilo que é fixação* [enraizamento] *e aquilo que é mobilidade, em outras palavras, tanto os itinerários quanto os lugares* (pp. 253-254).

O que ocorre em nossos dias é que esta forma de território moldado fundamentalmente através do elemento "rede" passou a dominar. Segundo Bourdin (2001), comentando Balligand e Maquart:

> *(...) sempre houve territórios descontínuos, os dos comerciantes e seus balcões, os das peregrinações e de suas igrejas de romaria, "territórios-redes" de que o Império de Veneza oferece uma perfeita ilustração. Hoje, este tipo de território domina, dando um outro significado aos recortes tradicionais, sobretudo políticos* (p. 167).

Entretanto, o que há de novo não é apenas uma diferença de grau, a intensidade com que o modo de organização em rede ou reticular se expandiu, mas também seu caráter qualitativamente diferente, ou seja, uma diferença de natureza, a começar pelo tipo de rede e sua articulação, hoje completamente distintos, principalmente a partir do fenômeno da compressão tempo-espaço.

A comunicação instantânea globalizada revoluciona a formação de territórios pela configuração de redes que podem mesmo prescindir de alguns de seus componentes materiais fundamentais, como os "condutos" ou, simplesmente, dutos[1]. Assim, com uma maior carga imaterial, ou, mais propriamente, combinando de forma muito mais complexa o material e o imaterial, as redes contemporâneas, enquanto componentes dos processos de territorialização (e não simplesmente de desterritorialização), configuram territórios descontínuos, fragmentados, superpostos, bastante distintos da territorialização dominante na chamada modernidade clássica.

Como já comentamos, Deleuze e Guattari (1997a) falam de um território como "ato": "o território é de fato um ato que afeta os meios [*milieus*] e os ritmos, que os 'territorializa'. O território é o produto da territorialização dos meios e dos ritmos" (p. 120). O território, assim, não é apenas "coisa", conjunto de objetos, mas, sobretudo, ação, ritmo, movimento que se repete. Vimos ainda que Santos (1996) fala do território como sistema de objetos e de ações, de fixos e fluxos, mas que não se trata, contudo, apenas de objetos e ações, num sentido funcional, pois esses objetos e essas ações são sempre, também, carregados de diferentes significados, ou seja, são também simbólicos ou, como querem Deleuze e Guattari, "expressivos" — "há território quando o ritmo se torna expressivo", dizem eles.

Por outro lado, não se trata simplesmente de priorizar o expressivo sobre o funcional, mas de reconhecer sua permanente imbricação. Se o território hoje, mais do que nunca, é também movimento, ritmo, fluxo, rede, não se trata de um movimento qualquer, ou de um movimento de feições meramente funcionais: ele é também um movimento dotado de significado, de expressividade, isto é, que tem um significado determinado para quem o constrói e/ou para quem dele usufrui.

Territórios também não são unidades homogêneas ou "todos". Eles são compostos de diferentes elementos que proporcionam con-

---

[1] Referimo-nos aqui às infra-estruturas materiais como estradas (rodovias, ferrovias), dutos em sentido estrito (gasodutos e oleodutos, por exemplo), linhas (de energia), cabos (telefônicos) etc.

figurações específicas. Para Deleuze e Guattari (1997a), o território "tem uma zona interior de domicílio ou de abrigo, uma zona exterior de domínio, limites ou membranas mais ou menos retráteis, zonas intermediárias ou até neutralizadas, e reservas ou anexos de energia" (pp. 120-121). Nesta abordagem, fica mais fácil visualizar um território forjado numa lógica zonal ou em superfície, como uma área delimitada por fronteiras. Ela sugere também um território no sentido mais tradicional ao estabelecer uma espécie de hierarquia entre interior-exterior, "residência", "zonas intermediárias" e "anexos". Deleuze e Guattari certamente não estão inspirados aqui num território de feições mais rizomáticas que, provavelmente, na sua interpretação, estariam mais associadas a processos desterritorializadores.

Contudo, se pensarmos que além de domínios interiores e exteriores, residências, membranas e anexos, os territórios são compostos por unidades espaciais como áreas ou zonas, pontos e linhas ou, numa leitura não-euclidiana, nós e redes, podemos refletir em termos das diferentes composições que estes elementos proporcionam. O problema é que muitos autores, geógrafos e não-geógrafos, fazem uma leitura a nosso ver dicotômica entre territórios e redes, como se fossem duas unidades distintas e mesmo antagônicas, não percebendo nem mesmo que a rede pode ser vista como um elemento constituinte do território.

O sociólogo Bertrand Badie (1995), por exemplo, desenvolve todo seu raciocínio sobre o "fim dos territórios" a partir de uma diferenciação nítida, dualista, podemos dizer, entre território e rede. Um é a contigüidade, o outro a liberação dos constrangimentos espaciais; um é o fechamento, o outro, a abertura, um é a fidelidade exclusiva, o outro, as fidelidades móveis:

> *Ao princípio da territorialidade, o mundo das redes opõe um outro modo de articulação dos indivíduos e dos grupos. O primeiro é fundado sobre a contigüidade e a exaustividade, o segundo sobre relações livres dos constrangimentos espaciais. Um implica o fechamento e a exclusão, o outro, a abertura e a inclusão. Num caso, as relações construídas são eminentemen-*

te políticas, fundadas sobre a fidelidade cidadã, no outro, elas são funcionais e supõem fidelidades móveis, não hierarquizadas, freqüentemente setoriais e voláteis (p. 135).

Até mesmo o filósofo Bruno Latour (1991), através de uma perspectiva diacrônica, considera território e rede duas unidades distintas, de certa forma correspondendo ao que aqui podemos identificar como diferentes dominâncias históricas dos territórios-zona e dos territórios-rede. Assim, ele associa o território aos "pré-modernos" e a rede aos "modernos" (p. 184). Afirma ainda que não se pode reduzir as redes ao global e os territórios ao local, pois "local e global são conceitos bem adaptados às superfícies e à geometria, mas muito mal às redes e à topologia" e porque "os dois extremos, o local e o global, são muito menos interessantes que os agenciamentos intermediários aqui chamados de redes" (p. 161).

As redes, enquanto "linhas conectadas e não superfícies", se estendem por quase todo lugar, "e se expandem tanto no tempo quanto no espaço, sem preencher o tempo e o espaço (Stengers, 1983)" (Latour, 1991:160). Apesar de constantemente priorizar as mediações e os hibridismos (natural-social, local-global), Latour propõe respeitar a diferença entre "redes alongadas" e "território" (p. 162) e recusar o território dos "pré-modernos" ao mesmo tempo em que se preservam (ou se "salvam") "as redes alongadas dos 'modernos'" (p. 184). Por fim, em outra proposição polêmica também para os antropólogos, ele se questiona se a Antropologia não "estaria reduzida para sempre aos territórios, sem poder seguir as redes" (p. 158).

Outro autor que faz uma distinção em sentido correlato, embora utilizando o termo "lugar" e não "território", é o sociólogo Manuel Castells (1996), em suas concepções de espaço de fluxos (que dominam a "sociedade em rede") e espaço dos lugares. A principal diferença entre os dois seria a desarticulação física, ou melhor, a contigüidade espacial, ausente no caso dos fluxos e presente no caso dos lugares, espaços diversificados em termos de funções e expressões e dotados de forte memória coletiva e interação social.

Berque (1982), de forma análoga, embora não se refira explicitamente a território, fala de um espaço linear, que "se organiza pela definição de um certo número de pontos de referência e pela junção destes pontos em rede", e um espaço areolar, que, ao contrário, "se organiza sem referência prévia, cada lugar no seu contexto sendo em si mesmo sua razão de ser". O primeiro privilegiaria "a circulação", o segundo "a habitação", "o espaço linear seria sobretudo extrínseco, o espaço areolar sobretudo intrínseco" (pp. 118-119)[2].

Num raciocínio semelhante, mas teoricamente mais desenvolvido, aquilo que Berque denomina de "espaço areolar e espaço linear", o geógrafo Jacques Lévy denomina, respectivamente, "métricas" — ou "modos de medida e de tratamento da distância" — topográfica e topológica (Lévy e Lussault, 2003:607). Métricas, que na Geografia começam com as medidas euclidianas convencionais (metro, quilômetro), se estendem pelas distâncias-tempo e chegam até medidas subjetivas representadas em "cartas mentais". Lévy reúne estas métricas em duas grandes famílias, sintetizadas no Quadro 7.1.

Quadro 7.1. *As diferentes métricas segundo Jacques Lévy.*

		Métrica Interna		
		Topografia	Topologia	
Métrica dos Limites	Topográfica	**Horizonte**	**Rizoma**	Espaços fluidos
	Topológica	**"Pays"**	**Rede**	Espaços duros
		territórios	redes	

FONTE: Lévy e Lussault, 2003:608.

---

[2] Esta mesma distinção foi utilizada por Maffesoli (1986:206) em sua análise do neotribalismo planetário. O autor, em obra mais recente (Maffesoli, 2001[1997]), refere-se a "territórios flutuantes", moldados na mobilidade e ambivalência do mundo moderno.

Mesmo sem entrar na discussão mais detalhada desse quadro, percebe-se que a principal distinção é aquela que separa uma métrica topográfica ou euclidiana de uma métrica topológica ou não-euclidiana. Apesar do vocabulário matemático, Lévy ressalta a complexidade dessas métricas, que de modo algum se restringem à velocidade ou a medidas-padrão que reduziriam "o deslocamento à velocidade, a mobilidade ao deslocamento e a distância à mobilidade" (p. 608). Assim, a métrica se torna ao mesmo tempo um modo de medir a distância e um modo de gestão: "escolher uma métrica em detrimento de outra é tomar um partido técnico, um partido político, um partido de *aménagement*" (p. 609).

Em outras palavras, essas métricas dizem respeito à prioridade a uma concepção absoluta ou a uma concepção relativa/relacional de espaço, o que implica discutir sua associação com o tempo, a visão euclidiana que vê um espaço bi ou tridimensional sem a "quarta" dimensão relativizadora que é o tempo, a visão não-euclidiana que vê o espaço indissociavelmente ligado ao tempo, que entra assim como sua quarta dimensão.

De acordo com Harvey (1969), o espaço absoluto é aquele que tem uma existência independente da matéria, como na visão kantiana, um *a priori* usado intuitivamente pela experiência e não seu produto. O espaço não é coisa ou evento, não porque é fruto de um conjunto de relações, de coexistências, mas simplesmente porque é um *a priori*, uma espécie de malha ideal construída previamente, a fim de "pescar" a realidade concreta. Esta "malha", na geometria euclidiana, seria constituída de pontos, linhas e superfícies, *a prioris* geométricos para entendermos o espaço.

Como comenta Harvey (1969:197), Euclides começa por definir seus conceitos básicos (ponto, "que não possui nenhuma parte", linha, "comprimento sem largura", superfície, "que possui somente largura e comprimento"), conceitos que, desta forma, seriam hoje considerados "primitivos", dispensando definições. O sucesso da geometria euclidiana advém da facilidade com que ela pode ser interpretada e da amplitude do seu uso, extensível ainda hoje a vários fenômenos empíricos. Seu maior problema é estar inspirada numa concepção absoluta de espaço e, assim, separar de tal forma o espaço do tempo que aquele resulta numa completa abstração.

Associamos aqui o "espaço absoluto" e "sem temporalidade" às leituras mais tradicionais de território, visto como um tipo de território-zona homogêneo, dissociado da idéia de movimento, numa tri ou, na maioria das vezes, bi-dimensionalidade de pontos, linhas e superfícies, sem a relatividade e a "profundidade" que só podem ser dadas através de sua indissociável condição temporal. Este "território-zona" mais estático pode ser visto como "absoluto" não apenas num sentido epistemológico (em termos de geometria euclidiana ou como *a priori* kantiano), mas também em termos ontológicos, como realidade quase sem movimento, reduzida basicamente a suas formas, enquanto materialidades a-temporais.

A essa ultrapassada concepção zonal ou areal de território, superfície relativamente homogênea e praticamente sem movimento, devemos acrescentar uma outra, mais complexa, em que a rede aparece como um de seus elementos constituintes, "territorializadores". Neste caso, a rede estaria, ao lado das superfícies ou "zonas", compondo de forma indissociável o conteúdo territorial. O território-zona só se definiria como tal pela *predominância* das dinâmicas "zonais" sobre as "reticulares", mas não pela sua dissociação. Ou seja, território-zona não estabelece em momento algum uma relação dicotômica ou dual com sua contraparte, o território-rede. Aliás, é muito importante destacar, de saída, que ao utilizarmos as denominações "territórios-zona" e "territórios-rede", trata-se muito mais de referenciais teóricos, espécies de "tipos ideais" que não são passíveis de ser identificados separadamente na realidade efetiva.

Numa concepção reticular de território ou, de maneira mais estrita, de um território-rede, estamos pensando a rede não apenas enquanto mais uma forma (abstrata) de composição do espaço, no sentido de um "conjunto de pontos e linhas", numa perspectiva euclidiana, mas como o componente territorial indispensável que enfatiza a dimensão temporal-móvel do território e que, conjugada com a "superfície" territorial, ressalta seu dinamismo, seu movimento, suas perspectivas de conexão ("ação a distância", como destaca Machado, 1998) e "profundidade", relativizando a condição estática e dicotômica (em relação ao tempo) que muitos concedem ao território enquanto território-zona num sentido mais tradicional.

Massey (1993b) destaca também as implicações políticas dessa inseparabilidade entre espaço e tempo:

(...) o espacial é parte integrante da produção da história, e deste modo a possibilidade da política, tanto quanto o temporal o é para a produção da geografia. Insistimos assim sobre a inseparabilidade do tempo e do espaço, na sua constituição conjunta através das inter-relações entre fenômenos, na necessidade de pensarmos em termos de espaço-tempo (p. 159).

As duas métricas enunciadas por Jacques Lévy seriam, portanto, inseparáveis. O problema, a nosso ver, diz respeito às denominações que o autor utiliza, a métrica euclidiana ou topográfica dando origem a territórios, a não-euclidiana ou topológica, a redes. Duas métricas que compõem entidades distintas: enquanto na primeira a prioridade seria de um espaço euclidiano, contínuo e bidimensional, na segunda teríamos um espaço descontínuo e lacunar, não-euclidiano, no nosso entender incorporando de maneira enfática a dimensão relacional do tempo ou, no mínimo, do movimento.

Na verdade, são múltiplas métricas que se desenham, pois a dimensão subjetiva das mensurações e/ou das percepções de tempo e espaço deve ser levada em conta. Como Lévy (2002) apropriadamente comenta:

Permanecemos ainda tributários da "tirania euclidiana" (...), que tem a vantagem de oferecer um instrumento cômodo e universal, mas que corre permanentemente o risco de nos fazer perder de vista a pluralidade das métricas. Distâncias-custo, distâncias-tempo e todas as distâncias complexas que dependem do político, das relações sociais ou do psíquico não devem mais ser colocadas numa posição hierárquica inferior. Não são "deformações" do "verdadeiro" espaço, mas outras faces igualmente essenciais de uma verdade sofisticada. Assim, quando se pergunta aos usuários do automóvel e dos transportes públicos, fica claro que os adeptos de um e de outro não definem o tempo da mesma maneira, simplesmente porque, sabemo-lo desde Leibniz, o tempo (assim como o espaço) não se pode dissociar de seu "conteúdo", que também é seu continente (pp. 8-9).

Por trás de todos estes diversos raciocínios que, de uma forma ou de outra, separam território e rede, desenha-se uma dicotomia que pode ser sintetizada esquematicamente como demonstrado no Quadro 7.2.

Quadro 7.2. *Visão dicotômica Território-Rede.*

TERRITÓRIO	REDE
intrínseco	extrínseca
(mais introvertido)	(mais extrovertida)
centrípeto	centrífuga
áreas, superfícies	pontos (nós) e linhas
delimita	rompe limites
(limites)	(fluxos)
enraizamento	desenraizamento
mais estável	mais instável
espaço areolar	*espaço reticular*
("habitação")	*("circulação") (Berque)*
espaço de lugares	*espaço de fluxos (Castells)*
métrica topográfica	*métrica topológica, não-euclidiana (J. Lévy)*

Tem origem aí, conseqüentemente, uma visão dicotômica entre territorialização e desterritorialização que às vezes não só associa unilateralmente a desterritorialização com as redes como as carrega de uma conotação negativa, como se a mobilidade fosse sempre um mal e o "enraizamento", a territorialização, fosse um bem, lembrando a distinção clássica de Tönnies entre *Gemeinschaft* e *Gesselschaft*[3].

Ao contrário de vários geógrafos que distinguem e mesmo opõem território e rede, defendemos aqui uma idéia como a de Raffestin (1988). Ele propôs uma tipologia simples mas pertinente sobre a interação de elementos que compõem o território, que ele denominou de "invariantes territoriais": malhas, nós e redes, privilegiados diferentemente conforme a sociedade em que estamos inseridos. Assim, numa distinção algo evolucionista, questionável, ele identifica quatro tipos de sociedades ou "civilizações", duas "tradicionais", uma de transição e uma "racional", moderna, passando da que mais valoriza as malhas, "o território percorrido" ou a "dimensão horizontal", para a que mais valoriza as redes, tendo como intermediário o papel crescente dos "nós" representados pelos núcleos urbanos.

Assim, com base nas lógicas areolar e reticular de Berque e, de forma mais elaborada, nas métricas euclidiana e não-euclidiana de Lévy, que preferimos denominar aqui, respectivamente, lógica zonal e lógica reticular, simplificamos a tríade de invariantes identificadas por Raffestin em torno de dois elementos básicos: a "zona" (que ele denomina de malha) e a rede, conjugação de conexões ou "nós" (e não apenas pontos) e fluxos (e não apenas linhas) — "redes" que, nos termos de Raffestin, aparecem separadas dos pólos ou "nós".

---

[3] Em nossos trabalhos iniciais sobre o tema da desterritorialização (Haesbaert, 1994, 1995), partimos da dissociação entre territorialização e desterritorialização e território e rede (1995:177) para criticarmos esta visão dicotômica que impede de ver na rede seu duplo papel desterritorializador-reterritorializador (p. 199). Assim, afirmávamos que "nunca teremos territórios que possam prescindir de redes (pelo menos para sua articulação interna) e vice-versa: as redes, em diferentes níveis, precisam se territorializar, ou seja, necessitam da apropriação e delimitação de territórios para sua atuação" (1994:209).

Teríamos então duas formas ou lógicas básicas de territorialização: uma, pela lógica zonal, de controle de áreas e limites ou fronteiras, outra, pela lógica reticular, de controle de fluxos e pólos de conexão ou redes. A diferença entre zonas e redes tem origem, como já destacamos, em duas concepções e práticas distintas do espaço, uma que privilegia a homogeneidade e a exclusividade, outra que evidencia a heterogeneidade e a multiplicidade, inclusive no sentido de admitir as sobreposições espaço-temporais. Como afirma Lévy:

> *Os espaços de controle de acesso exclusivo são relativamente bem identificáveis (Estados, "zonas tampões" dos indivíduos...) e constituem uma pequena parte dos tipos de objetos geográficos que se pode encontrar hoje no mundo. Não se deve, pois, na minha opinião, dar-lhes um lugar demasiado primordial nas taxonomias* (Lévy e Lussault, 2003:910).

No entanto, mais do que duas concepções distintas e no mesmo plano de comparabilidade conceitual, trata-se aqui de mostrar que o território encontra-se num outro patamar de reflexão teórica, e que a rede pode corresponder mesmo a um de seus momentos constituintes. Assim, como já foi dito, território-zona e território-rede, como espécies de "tipos ideais", de fato nunca se manifestam de forma completamente distinta.

Uma das críticas mais incisivas sobre a distinção entre território e rede vem de Polere (1999), que enfatiza, além do problema epistemológico, a questão axiológica aí envolvida. Invertem-se então os pólos: do "bom" território ("comunitário") e da "má" rede ("societal", para aludir a Tönnies), trata-se agora do "mau" território e da "boa" rede. Para o autor, Bertrand Badie (a quem poderíamos acrescentar, pelo menos em parte, Bruno Latour) associa a lógica territorial com:

> *o particularismo, o fechamento, a recusa da troca e a intolerância; o sentimento de pertencimento e o fato identitário de*

maneira geral são deslegitimados. O "mau" território é sistematicamente oposto à "boa" rede, o que nos introduz a figura inevitável da política francesa, tal como ela se encontra em muitas obras de ciências sociais. A oposição rede-território no pensamento da sociedade-mundo reformula a famosa dupla sociedade-comunidade de Ferdinand Tönnies e faz do primeiro termo o vetor de uma emancipação do indivíduo e, do segundo, um pertencimento alienante (p. 29), *que leva à retribalização retrógrada.*

A rede constitui assim o "antiterritório". Isto significa:

um julgamento moral perfeitamente estranho ao espírito científico: as redes seriam uma invenção moderna (...) e os territórios o arcaísmo. Ora, não há lugar para opor rede e território; o território é uma forma social, enquanto que a rede é essencialmente um modo de estruturação do laço social ou da interação; a sociedade pode perfeitamente se definir como uma rede de redes sociais não exclusivas que se desdobram num mundo material, e as próprias redes são sempre mais ou menos territorializadas (p. 30, nota 15).

Embora Polere exagere um pouco na sua distinção entre território e rede (forma x modo de estruturação), não resta dúvida de que se trata não apenas de diferenças de grau ou quantitativas, em termos de "métricas" no sentido de sua comparabilidade, mas também de diferenças de natureza, de níveis de reflexão distintos: a rede é um dos modos de organização presente em todo território que, enquanto espaço social, pode ou não estar centralizado neste modo de estruturação.

Quanto à "territorialidade" das redes ou, num sentido coerente com o raciocínio mais simplista aqui citado, sua materialidade, elas também devem ser vistas, sempre, "mais ou menos territorializadas", como defende Polere. Embora alguns autores distingam redes materiais de redes imateriais, ou mesmo redes técnicas e redes sociais em sentido estrito[4], a verdade é que nunca iremos encontrar, a não ser num nível metafórico, redes completamente "desterritorializadas" no sentido de sua total imaterialidade. Até mesmo uma "comunidade virtual", como já comentamos, deve ser vista sustentada, de algum modo, nas redes técnicas que tornam sua existência possível.

Assim, mesmo entre sociólogos, em geral partidários de uma "não-espacialidade" das redes, há quem reclame dos riscos desta leitura desmaterializada. Poche (1996) é um dos que mais se surpreende tanto com esta visão "desterritorializada" quanto a-temporal da rede, em sua leitura um "pseudoconceito" utilizado para:

> *exprimir a maneira "não-espacial" pela qual os seres humanos se comunicam, de cidade em cidade, bem entendido, mas sem que as noções de lugar, de distância, de relai (e a fortiori de tradução, de disfarce, de distância cultural etc.) exerçam intervenção. Não somente a rede é um não-lugar, como também é um não-tempo; ela se funda tanto sobre o fantasma da instantaneidade quanto sobre o da ubiqüidade* (p. 59).

Trata-se de uma observação muito pertinente para nossa argumentação, pois na medida em que a rede é "desespacializada" ela serve claramente como contraponto para território, como se um pudesse substituir o outro. O problema aqui é que há apenas a rede como "dimensão temporal" dissociada da dimensão espacial, como na visão dicotômica entre território-espaço-estase e rede-tempo-movimento. A crítica contundente de Poche se dirige também a um outro discurso, já aqui abordado, o daqueles que supervalorizam o papel da tecnologia informacional (e da "virtualidade" do ciberespaço) na constituição das redes.

Um raciocínio como este poderia nos levar a um descrédito mais radical da idéia de rede. Sem chegar a este extremo, contudo,

---

[4] Ou ainda "redes estratégicas", técnico-funcionais, e "redes de solidariedade", como propõe Randolph, 1993, inspirado na distinção de Habermas entre razão instrumental e razão comunicativa.

nosso intuito, ao contrário, é o de retirar um pouco este caráter de "pseudo" conceito e precisar algumas de suas propriedades, pelo menos de um ponto de vista geográfico, que é o que poderá nos auxiliar para as reflexões que se seguirão no debate sobre desterritorialização e multiterritorialidade.

Algumas distinções parecem-nos importantes em relação à rede, considerada enquanto elemento constituinte de todo processo de territorialização. Em primeiro lugar, tal como o território em sentido mais amplo, a rede nunca deve ser tomada como um "todo" homogêneo e a-histórico. Apesar de, na ótica de Raffestin, ser tida como uma "invariante" territorial, ela própria é constituída de elementos que se diferenciam ao longo do tempo. Assim, somos levados pelo menos a distinguir entre seus pontos (ou vértices) e suas linhas (ou arcos), tanto em relação ao tipo de dutos e *relais* (estações intermediárias) quanto ao tipo de fluxos que por ela circulam. Eles são fundamentais no entendimento do papel ambivalente das redes, ao mesmo tempo territorializador (quando mais centrípetas ou introvertidas) e desterritorializador (quando mais centrífugas ou extrovertidas em relação a um determinado território).

Uma característica contemporânea responsável por uma configuração espacial completamente distinta, e que promove a descontinuidade espacial, é a compressão tempo-espaço e a conseqüente imaterialidade crescente tanto dos fluxos quanto dos "dutos" que compõem as redes. Embora ainda existam dutos materiais de fundamental importância, como os sistemas de eletricidade e os cabos submarinos, são cada vez mais fortes os fluxos imateriais que circulam exigindo apenas antenas ou satélites que ocupam pontos minúsculos na ou acima da superfície da Terra[5].

---

[5] Curioso, contudo, é perceber que até mesmo com essa incrível condensação dos "dutos" (meros pontos ou antenas de conexão) há problemas espaciais concretos: a disputa por espaço para o lançamento de novos satélites já é acirrada, com algumas órbitas já praticamente congestionadas, e novas antenas de telecomunicação encontram cada vez mais resistência de populações que se consideram prejudicadas tanto pelos efeitos à saúde quanto pelos de poluição visual.

Para nossos propósitos, a característica mais importante das redes é seu efeito concomitantemente territorializador e desterritorializador, o que faz com que os fluxos que por elas circulam tenham um efeito que pode ser ora de sustentação, mais "interno" ou construtor de territórios, ora de desestruturação, mais, "externo" ou desarticulador de territórios. Assim, as redes (mas, atenção: não simplesmente as redes em si, mas como formas ou meios constituídos e/ou mobilizados por determinados sujeitos) são mais ou menos desterritorializadoras, dependendo de diversos fatores, incluindo seu caráter estratégico-funcional ou simbólico-expressivo — pois territorializar-se é sempre uma conjugação (diferenciada) entre função e símbolo, ação concreta e valorização simbólica, o que faz com que redes basicamente técnicas, por exemplo, desenvolvam muitas vezes um sentido mais limitado (mais estritamente funcional, podemos dizer) de territorialização.

Não devemos então confundir redes territoriais, em sentido próprio, e redes no sentido mais específico de redes físicas ou técnicas. Ao contrário de autores que utilizam o termo redes territoriais como sinônimo de redes físicas ou técnicas ("redes técnicas territoriais" nos termos de Bakis, 1993), dotadas de uma materialidade mais evidente, utilizamos o termo para enfatizar o papel das redes em processos (re)territorializadores, ou seja, na construção de territórios em seu sentido de controle ou domínio material e/ou apropriação simbólica.

Assim, por exemplo, redes técnicas ou instrumentais como as redes viárias ou as redes de telecomunicações de um país podem ser, mais do que redes funcionais, "redes territoriais" na medida em que fortalecem a unidade ou a "integração" de um território, neste caso, o do Estado nação. Mas, como em todo processo de des-territorialização, elas nunca são apenas territorializadoras. Conexões com o exterior, que às vezes são até mesmo privilegiadas em relação às conexões internas, representam processos concomitantes de desterritorialização, ou seja, neste caso, de perda de controle do Estado em relação às dinâmicas internas ao território nacional.

Num mundo em processo de globalização cada vez mais desordenado pelos fluxos de diversas naturezas que alimentam redes de todo tipo, há uma "multiplicação e banalização de territórios em rede" (Bakis, 1993:87). Apesar de nunca ter existido organização social sem redes (sejam sociais em sentido estrito ou físicas), é sob a globalização que elas dominam, com novas "capacidades" e ritmos, fazendo com que ocorra uma difusão crescente de fluxos imateriais que, através da conexão na descontinuidade, "introduzem aspectos geopolíticos novos e sublinham a necessária atualização da própria noção de território" (Bakis, 1993:89).

Segundo Bakis, o próprio Estado nação é, de certa forma, um "território em rede", através de suas redes administrativas, mas os mais espetaculares são constituídos pelos territórios contemporâneos das empresas transnacionais[6]:

A geografia dessas empresas [multiestabelecimentos] *literalmente explodiu entre diferentes sítios, entre diferentes países e continentes. Mas seus territórios têm "existências" muito reais, caracterizadas por um funcionamento global em que os diferentes sítios participam em tempo "real" no movimento do conjunto, onde existe também uma cultura própria, apesar do afastamento geográfico e da dispersão em vários continentes. (...) Um território específico foi criado, território que não funciona na escala dos diferentes Estados nos quais ela* [a empresa] *dispõe de estabelecimentos* (Bakis, 1993:90).

Neste caso, alguns autores preferem o termo, mais condensado, "território-rede" no lugar de "território em rede", mas com o mesmo sentido. Partindo do estudo empírico da rede de migração gaúcha no interior do Brasil, propusemos em 1994, paralelamente à noção de "região-rede", a de território-rede:

Os territórios neste final de século são sempre, também, em diferentes níveis, "territórios-rede", porque associados, em

---

[6] A este respeito, ver também a análise de Corrêa (1997) sobre corporações e espaço.

menor ou maior grau, a fluxos (externos a suas fronteiras) hierárquica ou complementarmente articulados (p. 211). *(...) mais do que a desterritorialização desenraizadora, manifesta-se um processo de reterritorialização espacialmente descontínuo e extremamente complexo* (Haesbaert, 1994:214).

Para Veltz (1996), "a imagem de um 'território em rede' — território ao mesmo tempo descontínuo e folhado [*feuilleté*], pois as redes são múltiplas, se superpõem e se imbricam — se desenha em contraste com aquela dos bons velhos 'territórios das zonas'" (p. 61). Baseado na nova Geografia econômica desenhada sob a globalização e o chamado capitalismo flexível, Veltz afirma que:

As imagens espontaneamente associadas à noção de territórios-rede certamente fazem referência às redes de comunicação e em particular aos efeitos produzidos pelos transportes de grande velocidade (avião, TGV). Essas redes criam ao mesmo tempo novas conexidades e efeitos "túnel" para as zonas atravessadas mas não servidas (...) muito perturbadoras do ponto de vista da continuidade territorial (p. 90).

O autor considera que, além destes efeitos das novas tecnologias de transportes e comunicações, o território-rede incorpora propriedades mais imateriais, topológicas. Ele destaca, sobretudo, duas dessas características: "a predominância de relações horizontais (pólo-pólo) sobre as relações verticais (pólos-hinterlândia)" e "o caráter em malha (não piramidal, não arborescente) de relações" (p. 64). Aqui é interessante lembrar que alguns estudos preferem considerar estes espaços dominados por relações sociais mais horizontalizadas e não-hierárquicas como "rizomas", mais do que como "redes" no sentido mais tradicional.

Esta distinção está pelo menos parcialmente relacionada com aquela que Veltz propõe ao diferenciar "territórios de redes" e "territórios em rede". A verdadeira novidade seria que no território em rede ou território-rede "cada pólo se define como ponto de entrecruzamento e de comutação de redes múltiplas, nó de densidade numa gigantesca imbricação de fluxos que é a única realidade concreta — mas que é também um desafio à representação e à imaginação" (p. 65).

Se, como afirma Souza (2002), "ao contrário do que se poderia pensar, o território não é uma 'prisão', a contrastar com a 'versatilidade' das redes" e se "o território *protege*" e "a rede *articula*", dentro de "uma dialética *fechamento/abertura*, em que os dois pólos são imprescindíveis" (p. 427, grifos do autor), no território-rede ou em rede, podemos dizer, o controle (a "proteção") é produzido através do movimento articulado (a rede). Para Souza, o território-rede representa uma "ponte conceitual" que reúne a contigüidade espacial do território "no sentido usual" e a descontinuidade das redes, formando assim um território descontínuo[7] que, dependendo da escala, é "uma rede a articular dois ou mais territórios descontínuos" (1995:94), como no caso dos territórios-rede de diferentes facções do narcotráfico estruturando de forma descontínua seu poder através da conexão entre várias favelas em disputa no município do Rio de Janeiro.

O efeito mais importante desta perspectiva conceitual é de natureza política, pois permite superar a noção de poder "exclusivista" presente na noção clássica de território, admitindo assim visualizar diferentes formas territoriais, superpostas e descontínuas, de articulação do poder — ou de diferentes tipos de relação de poder (Souza, 1995).

Em trabalho mais recente, Souza admite que o território-rede não perde sua feição "zonal" ou em área na medida em que ele "corresponde à *área de influência*, essencialmente informal e de limites nebulosos, de um poder organizado em rede". Esta influência é exercida através da articulação de vários pontos ou "nós" da

---

[7] A relação direta feita por alguns autores (como Souza, 1995, e Bourdin, 2001) entre territórios descontínuos e territórios-rede deve ser relativizada, pois podem existir territórios descontínuos que não são propriamente territórios-rede, como alguns Estados nações espacialmente fragmentados, onde o caráter zonal ou o controle de áreas ainda se sobrepõe ao caráter reticular.

rede (2002:428). Na visão que defendemos aqui, haveria um longo *continuum* entre o território-zona mais tradicional, como área de limites bem definidos, e a rede em sentido estrito, não obrigatoriamente articuladora direta de um território, passando pelo território-rede a que estamos nos referindo.

Em trabalho anterior (Haesbaert, 2002a), identificamos três grandes perspectivas teóricas na relação entre território e rede: uma que subordina a rede ao território (como em muitas leituras da Geografia mais tradicional), outra que, dicotomicamente, separa claramente território e rede (como na abordagem de Bertrand Badie), e, finalmente, uma terceira, que trabalha com o binômio território-rede, historicamente relativizado, a rede atuando ora com efeitos territorializadores, ora desterritorializadores.

Vistas como componentes dos territórios, as redes podem assim estar a serviço tanto de processos sociais que estruturam quanto de processos que desestruturam territórios. Mas a dinâmica do elemento rede tornou-se tão importante no mundo "pós-moderno" (ou, pelo menos, nas áreas em que a idéia de pós-modernismo foi proposta) que não parece equivocado afirmar que a própria rede pode tornar-se um território. Existiria mesmo, poderíamos afirmar, um tipo mais "radical" de território-rede que se aproximaria de uma noção de "rede-território", tamanha a importância da rede na formação territorial, neste caso enquanto fluxo que se repete, ou seja, vinculada à idéia de territorialização pela repetição do movimento. Mas esta, como proposta inovadora, abre uma grande polêmica que merece ser desdobrada em trabalhos futuros. Levantaremos aqui apenas alguns pontos introdutórios, problematizadores.

Bourdin atenta para o fato de que os territórios-rede tenderiam a ser mais "funcionais":

No caso do território-rede, a relação com o lugar só pode ser construída sobre a idéia de unidade e de fechamento, o que reduz o efeito organizador da polarização e da delimitação para deixar campo livre a uma relação mais funcional (portanto, mais próxima do cálculo econômico), e faz da localização um princípio mais organizador do movimento do que a ancoragem, simplesmente porque não existe rede sem mobilidade, quer esta se refira à informação, quer a produtos ou a homens (p. 168).

Mas e o que dizer daqueles cuja "ancoragem" é o próprio movimento, aqueles que se identificam com o espaço como movimento? Maffesoli (2001) propôs até mesmo a polêmica noção de "territórios nômades" ou "flutuantes", capazes de representar a ambivalência entre a "errância e o sedentarismo" que a modernidade teria ocultado, pois, segundo ele, "o território só vale se se põe em relação, se se remete a uma outra coisa ou a outros lugares, e aos valores ligados a esses lugares" (p. 88).

Para muitos, o que importa é justamente essa "relação", representada de modo mais explícito pela mobilidade, o "estar em movimento", ou, pelo menos, em parada temporária ou visando pontos de conexão para retomar outra vez o movimento — quer dizer, o "estar entre territórios", no seu sentido mais tradicional. Até mesmo as paradas intermediárias ou *relais* podem ser mais valorizadas enquanto pontos de conexão do que de repouso em sentido estrito. O espaço intermediário é muitas vezes completamente excluído — ou ignorado, em favor do movimento em si, da "viagem" que, nesta perspectiva, perde muito do sentido clássico de viagem relacionado aos viajantes dos séculos passados. Os pontos a ser conectados muitas vezes são efetivamente reduzidos a estações de permanência temporária, como grandes cadeias de hotéis, *resorts* turísticos, residências "por temporada", parques para "caravanas" etc.

Esse movimento pode ser tanto dos indivíduos quanto dos próprios objetos que veiculam o movimento, seja como simples "meios de transporte" (como carros, ônibus, trens, navios, aviões), seja como residências-móveis (ampliando o sentido das tradicionais "caravanas" ou casas sobre rodas)[8]. Diferentemente, porém, do

---

[8] Embora pareça recente, esse "nomadismo" residencial manifestado pelas "caravanas" é um fenômeno antigo, como demonstram os *travellers* irlandeses (de número estimado hoje em 25 mil), cuja origem controvertida remonta ao início do século V.

nômade tradicional, cuja velocidade extremamente reduzida provoca obrigatoriamente uma interação com o entorno "territorial" do percurso, agora com as grandes velocidades pode-se até mesmo excluir completamente todo contato com o meio circundante, como é o caso das viagens aéreas ou em trens de alta velocidade.

Mudanças tecnológicas recentes também obrigam a reformular nossas concepções de território a ponto de incluir a noção de "territórios móveis" em sentido estrito — e não apenas enquanto territórios que, mantendo uma base material fixa, têm limites mais fluidos ou mudam constantemente pela mudança de função e/ou apropriação simbólica (Sack, 1986; Souza, 1995). Agora — e com certeza muito mais no futuro — podemos ter o deslocamento da própria base ou substrato material. Talvez o exemplo mais contundente seja o do recente projeto de "cidades flutuantes móveis", imensos navios capazes de funcionar como verdadeiras cidades, com residência para milhares de pessoas. Neste caso, o entorno ou contexto "territorial" seria completamente mutável. Pode-se levar o território (ou pelo menos o território mais imediato) consigo e, literalmente, "ancorá-lo" onde melhor nos aprouver.

O que significa dizer que a territorialização se faz hoje em grande parte em torno desses diversos "territórios-rede"? Em primeiro lugar, que a possibilidade de usufruir de uma maior mobilidade é um fato, mas que a mobilidade é também um instrumento de poder extremamente diferenciado e que não pode ser sobrevalorizada, pois sabemos não só da enorme desigualdade no acesso a diferentes velocidades e tipos de deslocamento, como também de como o deslocamento rápido de uns afeta o tipo de deslocamento (e acesso a recursos) de outros. A este respeito, Massey afirma muito apropriadamente:

> *Não é simplesmente uma questão de distribuição desigual, de que algumas pessoas se deslocam mais do que outras, de que algumas têm mais controle do que outras. O que ocorre é que a mobilidade e o controle de alguns grupos podem enfraquecer de forma ativa o de outras pessoas. A mobilidade diferencial*

pode enfraquecer a alavancagem dos que já são fracos. A compressão espaço-tempo de alguns grupos pode destruir o poder de outros grupos (Massey, 1993a:62).

Com isto, as pessoas despendem muito mais tempo em deslocamentos, a ponto de a própria mobilidade física ser, como já ressaltamos, um componente muito importante na conformação de sua identidade — ou da fragilização de sua identidade. Enquanto alguns vivem um "movimento territorializador", com o qual se identificam no papel daqueles que Bauman (1999) denomina de "turistas", muitos mais vivem movimentos alienantes e com os quais não se sentem nem um pouco identificados, como os trabalhadores que gastam horas e horas se deslocando de casa para o trabalho.

De alguma forma, territorializar-se, hoje, implica a ação de controlar fluxos, de estabelecer e comandar redes. Como vimos, elas jamais são completamente desmaterializadas, estão sempre, de uma forma ou de outra, desenhando materialmente territórios, novos territórios com uma carga muito maior de imaterialidade, é verdade, mas nem por isso "não-territoriais". As referências espaciais se difundem por todo canto, e o espaço/território é assim dotado de uma carga simbólica inédita, criando-se e recriando-se imagens espaciais muitas vezes na própria velocidade e volatilidade impostas pela lógica de mercado.

Como controlamos fluxos? Não basta, sabemos muito bem, estabelecer barreiras físicas do tipo paredes, muros, cercas, limites-fronteiras, embora estes continuem importantes e, em alguns casos, como no controle de fluxos migratórios, decisivos. Os fluxos anteriormente dominantes eram principalmente fluxos materiais de pessoas e mercadorias. Hoje as relações de poder mais relevantes envolvem o controle sobre fluxos de informações (ou de capital fictício "informatizado", como o que gira em torno de paraísos fiscais e bolsas de valores), mas não podemos ignorar que fluxos materiais como o fluxo de pessoas não só continuará tendo importância como esta será crescente, especialmente na medida em que continuar aumentando o nível de exclusão social (econômica, política e cultural), degradação ambiental e, especialmente, das disparidades entre áreas ricas e pobres do planeta.

Como as informações "fluem" através de redes cuja materialidade na maioria das vezes se restringe a pontos de conexão como os chamados teleportos, exige-se o domínio destas conexões, bem como das "senhas" de acesso às redes. A principal forma de controle ou de influência nesses territórios-rede se dá através destes pontos de acessibilidade, embora também possamos encontrar interferências, mais raras, relacionadas diretamente à intermediação dos fluxos em sentido mais estrito.

Embora os territórios-zona sejam aqueles que estão relacionados mais diretamente ao controle através de fronteiras, é possível também, num exercício mais especulativo, pensar em "fronteiras das redes" (ou dos territórios-rede). Parrochia (1993), num estudo de fôlego sobre a "filosofia das redes" (que vai muito além da sua perspectiva filosófica), embora em alguns momentos partilhe da tradicional dissociação entre território e rede, traz alguns elementos para o debate das "fronteiras" ou limites das redes.

Parrochia discute esses limites das "entidades" rede e se pergunta se elas possuem uma fronteira, se podem regular esta fronteira e, assim, definir o que constitui a não-rede, o que está aquém e além das redes (p. 273). Após discutir outros tipos de fronteira, mais propriamente "territoriais" (embora ele não faça explicitamente este tipo de distinção), de caráter jurídico-político, ele apresenta três formas de controle ou limitação das redes, que impedem que elas "se desenvolvam ao infinito":

> "a) a construção de nós ou de arcos (...) suplementares" que induz a uma "redundância inútil";
> "b) (...) o poder do aparelho que assegura a circulação das ondas [*flots*] ou seu tratamento", onde importa a limitação da potência do emissor e da capacidade de terminais conectados;

"c) (...) o fechamento operacional", isto é, a compactação e circularidade de algumas redes ou sistemas (Parrochia, 1993: 276-277).

Um exemplo muito interessante para ilustrar ao mesmo tempo a configuração de territórios-rede e a diversidade de modos de organização espaço-territorial — aquilo que denominaremos de territórios-rede, territórios-zona e aglomerados de exclusão — é o que nos é oferecido pela espacialidade da rede terrorista Al Qaeda, que muitos consideram uma entidade "desterritorializada". Muito pelo contrário, podemos dizer que ela usufrui uma gama de diferentes tipos de território, ou melhor, como focalizaremos no último capítulo, uma espécie de multiterritorialidade complexa. Graças à riqueza acumulada por seus líderes e à força de mobilização de seus símbolos (religiosos), os membros da Al Qaeda puderam fazer uso de uma multiplicidade de tipos de território (pelo menos no seu sentido funcional), ao mesmo tempo em que construíam outro, um território-rede mundializado extremamente flexível e, assim, em constante processo de des-re-territorialização.

A organização territorial complexa e flexível da rede terrorista é a melhor prova de que seu poder advém, em parte, da versatilidade com que consegue circular em torno das várias territorialidades do nosso tempo, utilizando-se de suas distintas vantagens. Assim, podemos dizer que eles usufruem — ou usufruíram — múltiplos tipos de territórios onde a forma "zona" ou área era privilegiada: cavernas nas montanhas, utilizadas como proteção (mas ligadas às redes do "ciberespaço" através de conexões à Internet)[9]; campos de treinamento em áreas isoladas do interior do Afeganistão (para muitos um verdadeiro quartel-general não só da

---

[9] Embora o grupo Al Qaeda tenha feito uso de muitas cavernas naturais e tenha tirado vantagem do relevo acidentado e do clima árido do Afeganistão, devemos lembrar que suas principais bases, em cavernas próximas a Kandahar, não eram uma simples "dádiva da natureza", mas *bunkers* sofisticados. Como dizem Carmo e Monteiro (2001), "o projeto do *bunker* foi confiado, em 1998, a um grupo de engenheiros alemães. Trata-se

rede Al Qaeda como também de várias outras redes menores, mais localizadas); e Estados nações que os apóiam — ou apoiaram (como o Afeganistão talibã, o Sudão e a Somália). Além disto, participaram (ou participam) em redes econômicas globais, como a de exploração e comércio de diamantes (a partir de Serra Leoa), e a rede financeira onde realiza(va)m seus investimentos (principalmente através da Suíça e da Irlanda).

Grande parte dos ativistas da Al Qaeda é constituída efetivamente por cidadãos globais, de ampla circulação no âmbito internacional, e que constroem células (territórios-zona menores) em espaços não-específicos, como residências em bairros de classe média em grandes metrópoles de países centrais (Hamburgo e Londres, por exemplo). A multifuncionalidade das células permite que elas fiquem desativadas durante muito tempo, ou que sejam periodicamente ativadas somente para fins bem definidos, como a arrecadação de fundos ou até mesmo para atividades pacifistas.

Ao articularem as vantagens dos territórios-zona mais tradicionais (das cavernas aos Estados nações) com as dos territórios-rede contemporâneos (acionados pela Internet ao redor do mundo) e de espaços com usos específicos (cavernas de comando, campos de treinamento) e não-específicos (células em casas de classe média em grandes cidades), a rede Al Qaeda envolve princípios de multifuncionalidade e multiescalaridade, flexibilidade e versatilidade que são característicos daquilo que podemos denominar multiterritorialidade "pós-moderna".

Uma característica dentro do processo mais amplo de des-reterritorialização sob seu comando demonstra que o grupo utiliza em sua estratégia outro traço marcante da chamada territorialidade

---

de um sofisticado sistema de passagens e galerias, cavado na rocha até uma profundidade de mais de meia centena de metros. As diferentes secções, distribuídas por vários andares, estão ligadas entre si através de vários elevadores" (p. 103). A estrutura, a um preço de dezenas de milhões de dólares, "foi concebida para permitir a sobrevivência e a autonomia de mais de oitenta pessoas, por um período de pelo menos seis meses" (p. 104).

pós-moderna: a carga simbólica condensada em alguns pontos muito específicos do espaço. A escolha dos alvos dos ataques também é marcada por esta valorização simbólica: o World Trade Center, o Pentágono, grandes cadeias de hotéis americanas...

O grande trunfo do grupo terrorista, contudo, é seu território-rede mais amplo, globalizado, dotado de enorme flexibilidade e que se contrapõe diretamente à pouca flexibilidade dos domínios territoriais dos Estados nações. Territórios-zona mais tradicionais como o dos Estados nações não representam em nenhum momento o centro da organização. Ela apenas se serve, como apoio logístico, da estrutura de alguns desses Estados, geralmente Estados de territorialidade fragilizada, instável, como a Somália (dividida em pelo menos três unidades políticas), o Sudão (com a mais longa guerra separatista da África, no Sul predominantemente cristão) e o Afeganistão (onde a repressão talibã não conseguiu suprimir as inúmeras diferenças clânicas internas).

No vínculo entre desterritorialização e reterritorialização, é importante lembrar que não se trata apenas de um ativar e desativar constante de "células" que amarram um grande território-rede extremamente maleável — tão maleável a ponto de funcionar muitas vezes mais como um "rizoma", com sub-redes "replicantes" surgindo por vários cantos, sem conexão ou controle direto do centro da organização. Trata-se também de alimentar a rede terrorista ou de reterritorializar em torno de seus territórios-rede alguns dos grupos sociais mais desterritorializados, ou seja, mergulhados naquilo que denominamos "aglomerados de exclusão" como os da população mais pobre do interior do Afeganistão.

Temos então não uma dinâmica do terror "desterritorializada", por aparentemente não dispor de bases fixas e de continuidade física para sua consecução, como querem alguns. Trata-se de organizações estruturadas (embora, também, com um grau de imprevisibilidade e "desregulação" de suas ações), com uma estratégia territorial muito dinâmica, bem montada em termos de um (ou da articulação de vários, dependendo da perspectiva) território-rede, mas que de modo algum funcionam alheias às outras formas de organização territorial, ora se conjugando com Estados-nações, ora com poderes locais, ora com redes globais. Móvel, relativamente fluido, descentralizado e espacialmente fragmentado, o terrorismo internacional dispõe de uma articulação complexa e multiescalar que aciona vários tipos de "recursos territoriais", desde a base físico-natural como a que dispunham os seguidores de Bin Laden no Afeganistão até as redes técnicas mais sofisticadas da globalização.

Uma lição que o terrorismo nos traz é a de que a eficácia do poder, hoje, passa pela capacidade e a agilidade (velocidade) de atuar nas mais diversas escalas e pelos diferentes tipos de território, articulados em rede (territórios *em* rede), usufruindo assim das vantagens que cada um deles proporciona. Se há algum aprendizado a tirar da lógica territorial do terror, é que, hoje, o poder pode estar nas mãos de quem é capaz de "jogar" com essas múltiplas escalas: do local ao regional, ao nacional e ao global. Quanto mais presos ficarmos a um território (ou a uma de suas modalidades) e a uma escala específicos, mais estaremos sujeitos a perder o poder de controlar fenômenos e ações. Territórios-zona, territórios-rede e aglomerados participam de forma conjunta e indissociável neste processo.

Podemos resumir, então, falando de três "tipos ideais" em relação às formas de organização espaço-territorial: os territórios-zona, mais tradicionais, forjados no domínio da lógica zonal, com áreas e limites ("fronteiras") relativamente bem demarcados e com grupos mais "enraizados", onde a organização em rede adquire um papel secundário; os territórios-rede, configurados sobretudo na topologia ou lógica das redes, ou seja, são espacialmente descontínuos, dinâmicos (com diversos graus de mobilidade) e mais suscetíveis a sobreposições; e aquilo que denominamos "aglomerados", mais indefinidos, muitas vezes mesclas confusas de territórios-zona e territórios-rede, onde fica muito difícil identificar uma lógica coerente e/ou uma cartografia espacialmente bem definida.

Quadro 7.3. *"Tipos ideais" de organização espaço-territorial.*

Territorialização		Desterritorialização
Territórios-zona	**Territórios-rede**	**Aglomerados de exclusão**
Zonas subordinando redes	Redes subordinando zonas	"Fora de controle"
Territorialismo		Exclusão socioespacial

Enquanto os territórios-zona aparecem centrados em dinâmicas sociais ligadas ao controle de superfícies ou à difusão em termos de áreas (em geral contínuas), utilizando prioritariamente o recurso a limites mais exclusivistas ou a "fronteiras" bem demarcadas, nos territórios-rede a lógica se refere mais ao controle espacial pelo controle de fluxos ("canalizações" ou dutos) e/ou conexões (emissores, receptores e/ou simplesmente *relais*). Uma característica muito importante é que a lógica descontínua dos territórios-rede admite uma maior sobreposição territorial, na partilha concomitante de múltiplos territórios.

Tal como vimos ao discutir a relação entre des-territorialização e i-mobilidade, não se trata de concepções contrapostas e estanques. A relação de territórios-zona, territórios-rede e aglomerados com os processos de desterritorialização e territorialização é ambivalente, e pode-se mesmo passar de um extremo a outro: os níveis mais fortes de desterritorialização, em meio a processos de violenta insegurança e exclusão social, podem dar origem a territorialismos — de base cultural, por exemplo — os mais arraigados, na busca às vezes desesperada pela sobrevivência e sentimento de segurança. Numa versão anterior deste esquema, havíamos proposto uma situação em que não havia relação entre desterritorialização e território-zona. Na verdade, depende em relação a que grupo social estamos nos referindo, pois, como vimos na discussão sobre desterritorialização e i-mobilidade, podemos ter territórios-zona, como alguns guetos, dentro dos quais pode se processar, ao mesmo tempo, a mais violenta des-reterritorialização.

Dois autores, Annemarie Mol e John Law (1994), cujo trabalho só fomos conhecer muito recentemente, falam de um espaço tripartite bastante semelhante à nossa proposta, apresentada pela primeira vez em Haesbaert, 1993, como "território", "rede" e "aglomerados de exclusão". Mol e Law utilizam as noções de "região", "rede" e "espaço fluido". Segundo estes autores:

> Primeiro, existem regiões nas quais os objetos são agrupados e cujas fronteiras são definidas em torno de cada agrupamento [cluster]. Segundo, existem redes nas quais a distância é função das relações entre os elementos e a diferença é uma questão de variedade relacional. Estas são as duas topologias com as quais a teoria social é familiar. A primeira é antiga e segura, enquanto a segunda, sendo mais recente, ainda tem orgulho de sua capacidade de cruzar fronteiras. Entretanto, há outros tipos de espaço (...). Algumas vezes, nós sugerimos, nem fronteiras nem relações marcam a diferença entre um lugar e outro. Ao invés disto, algumas vezes as fronteiras vêm e vão, admitem vazamentos ou desaparecem junto, enquanto relações se transformam sem ruptura. Algumas vezes, então, o espaço social se comporta como um fluido (p. 643).

Provavelmente por desconhecerem completamente a tradição geográfica no uso e na discussão de conceitos como o de região (eles não citam nenhum geógrafo), Mol e Law resolveram fazer uso desta terminologia para caracterizar aquilo que aqui denominamos de território-zona ou de lógica zonal na construção de territórios. Na verdade, não há apenas a "região-zona" e homogênea a que eles fazem referência. Desde o primeiro geógrafo clássico a desenvolver o conceito, Vidal de La Blache, considerado por muitos o "pai" da Geografia Regional, a região surge tanto como uma área relativamente homogênea (em seus primeiros escritos) quanto como uma "região nodal" vinculada às redes hierárquicas de cidades e suas áreas de influência (La Blache, 1910). De fato, durante todo o percurso de construção e reconstrução deste conceito, o que vemos é uma sucessão de idas e vindas entre a região como zona exclusiva e relativamente bem delimitada e região como rede de relações e contornos mal definidos, que admite sobreposições (ver Haesbaert, 2003).

De qualquer forma, o que Mol e Law denominam de "topologia regional" tem muito a ver com aquilo que aqui denominamos de lógica zonal ou de territórios-zona: as "diferenças internas" são "minimizadas ou marginalizadas" (p. 646), os espaços tendem a ser exclusivos uns em relação aos outros, teoricamente sem admitir sobreposições, as divisões são mais claras, definindo-se sempre um "*inside*" e um "*outside*", e privilegiam-se as similaridades internas e as diferenças com o exterior (p. 647).

Quanto à rede, embora recorrendo à teoria da rede-ator, eles a definem de maneira simples e genérica como "uma série de elementos com relações bem definidas entre si". Estes elementos podem ser os mais variados, de gestos a máquinas, e "suas relações incluem toda sorte de co-constituição" (p. 649). Mais importante, porém:

> *Num espaço em rede (...) a proximidade não é métrica. E "aqui" e "lá" não são objetos ou atributos que se estendem dentro ou fora de um conjunto de fronteiras. Proximidade tem a ver, ao contrário, com a identidade do padrão semiótico. É uma questão dos elementos da rede e do modo como eles se conectam. Lugares com um conjunto similar de elementos e relações semelhantes entre si estão próximos um do outro, e aqueles com elementos ou relações diferentes ficam à parte* (p. 649, grifos dos autores).

Os autores distinguem entre a "viagem" numa topologia regional e a "viagem" numa topologia reticular, e a influência que uma tem sobre a outra (o que eles chamam de "efeito intertopológico"). As redes, assim, da mesma forma que comentamos aqui para os processos de des-reterritorialização (seu sentido ao mesmo tempo desterritorializador e reterritorializador), podem destruir e ao mesmo tempo gerar "regiões" (territórios-zona).

Mas há algo além. Tal como na anemia, estudo no qual se inspiraram para suas proposições na esfera do espaço social, que se propaga de tal forma que não conseguimos identificar nem seu caminho (sua "rede") nem a área que ocupa (sua "região"), o espaço social também incorpora um outro tipo de espaço, o espaço "fluido", de "variação sem fronteiras e transformação sem descontinuidade", um espaço de fluxos que gera "a possibilidade da transformação invariante" (p. 658). Em outras palavras:

> (...) *há objetos sociais que existem em, irrompem e recursivamente formam espaços fluidos que são definidos pela continuidade líquida. Algumas vezes espaços fluidos apresentam fronteiras nítidas. Mas outras vezes não — embora um objeto ceda lugar ao outro. Assim, há misturas e gradientes. E no interior dessas misturas tudo influencia tudo — o mundo não entra em colapso se algumas coisas subitamente deixam de se manifestar* (p. 659).

Nos espaços fluidos não só as fronteiras não são nítidas (e, em conseqüência, nem identidades, nem interior e exterior são distinguíveis), como os objetos que os produzem também não são bem definidos, "a normalidade é mais um gradiente do que um ponto de ruptura" (p. 659). Este "mundo de misturas" é uma combinação "mais ou menos viscosa" em que muitas vezes é impossível separar seus componentes (p. 660). Enquanto na rede as coisas que se relacionam dependem umas das outras, e se retiramos uma delas as conseqüências geralmente são desastrosas, no espaço fluido isto não ocorre, "pois não há 'ponto obrigatório de passagem'" (p. 661).

Na ausência de solidez e estabilidade, os fluidos são contingentes. Estudá-los é estudar "as relações, repulsões e atrações que formam um fluxo". Eles encontram seus limites quando não conseguem mais "absorver seus arredores" (p. 664). Nem melhores ou piores que as "regiões" e as "redes", nem mais virtuosos ou catastróficos, os espaços fluidos seriam uma outra forma, não dissociada das anteriores, de construir o espaço social. Tal como nossos territórios-zona, territórios-rede e aglomerados, eles só podem ser vistos de forma integrada, em termos de coexistências e influências mútuas.

A idéia que originalmente nos inspirou a propor a noção de "aglomerados", a ser tratada com maior ênfase no próximo item, foi exatamente aquela que inspirou Mol e Law a proporem, de forma teoricamente mais elaborada (mas nem por isso isenta de polêmica), a noção de espaço fluido. Territórios — no seu sentido mais tradicional — e redes, como propus inicialmente, inspirado em Jacques Lévy, eram regidos os dois por um determinado tipo de lógica, os dois representavam, de qualquer forma, espaços relativamente bem-estruturados. A idéia dos "aglomerados" surgiu diante da necessidade de dar conta de outros tipos de espaços que não se encaixavam claramente nem na lógica zonal, nem na lógica reticular. As redes participam de um jogo ambivalente com os "fluidos", ao mesmo tempo tentando canalizá-los e/ou sendo desestruturadas por eles. No nosso ponto de vista, as massas crescentes de despossuídos parecem cada vez mais induzidas a este tipo de comportamento "fluido" e imprevisível.

7.2. Desterritorialização e aglomerados de exclusão

> *Depois da oposição campo-cidade do século XIX e a oposição centro-periferia do século XX, assistiremos dentro em breve, se não nos prevenirmos, à oposição entre aqueles que contam com um domicílio e um emprego permanentes e os que vivem à deriva, à procura de uma subsistência precária e de um alojamento provisório* (Virilio, 1994:6).

Ficou claro, principalmente através dos enfoques trabalhados no Capítulo 5, que desterritorialização é focalizada a partir das mais diferentes dimensões, do econômico ao político, do cultural ao geográfico propriamente dito. Surpreendentemente, como já assinalamos em outros momentos, a perspectiva mais especificamente social, que o debate sobre a desterritorialização deveria priorizar, praticamente não é abordada. Provavelmente esta negligência, vinculada à leitura crítica que a questão geralmente implica, ligada por sua vez à crescente exclusão (ou inclusão precária) promovida pelo capitalismo contemporâneo, deve ser associada ao fato de esses discursos serem moldados fundamentalmente a partir dos países centrais. Pois é justamente a partir de um outro ponto de vista, "periférico", que gostaríamos de destacar aqui a abordagem que vincula desterritorialização e exclusão, retomando debate que já havíamos proposto (Haesbaert, 1993, 1995, 1997) e que pretendemos seguir aprofundando em outros trabalhos.

Desterritorialização, se é possível utilizar a concepção de uma forma coerente, nunca "total" ou desvinculada dos processos de (re)territorialização, deve ser aplicada a fenômenos de efetiva instabilidade ou fragilização territorial, principalmente entre grupos socialmente mais excluídos e/ou profundamente segregados e, como tal, de fato impossibilitados de construir e exercer efetivo controle sobre seus territórios, seja no sentido de dominação político-econômica, seja no sentido de apropriação simbólico-cultural.

De saída, entretanto, colocam-se duas ressalvas importantes:

— desterritorialização, ao contrário de "exclusão social", não tem uma valoração exclusivamente negativa (ver, no seu extremo oposto, algumas proposições de Deleuze e Guattari, que vêem na desterritorialização como "linha de fuga" um sentido amplamente positivo, por seu potencial transformador, criador, de "devir");
— como a desterritorialização está vinculada, aqui, a uma noção de território ao mesmo tempo como dominação político-econômica (sentido funcional) e apropriação ou identificação cultural (sentido simbólico), e reconhecemos que *todo* processo de desterritorialização está associado a um processo de reterritorialização, podemos ter situações

em que, apesar de "territorializados" no sentido funcional, mais concreto, podemos estar mais desterritorializados no sentido simbólico-cultural, e vice-versa; a exclusão como desterritorialização deve ser vista então, também, na sua múltipla dimensão, econômico-politica e simbólico-cultural.

Assim, a imbricação entre exclusão social e desterritorialização parte do pressuposto de que ambas as noções incorporam sempre um caráter social multidimensional, dinâmico e que deve ser geográfica e historicamente contextualizado.

Propusemos a noção de "aglomerados humanos de exclusão" (Haesbaert, 1993; 1995) a fim de dar conta de situações dúbias e de difícil mapeamento que não podem ser abordadas nem sob a forma de território (ou como processo claro de territorialização), no sentido de uma zona razoavelmente bem delimitada e sob controle dos grupos que aí se reproduzem, nem no sentido de uma rede cujos fluxos são definidos e controlados pelos seus próprios produtores e usuários. É importante lembrar que, à época, fazíamos uma diferenciação entre território e rede que já introduzia as concepções de território-zona e território-rede, mas não as tornava tão explícitas. Estávamos de certa forma influenciados pela proposta de Jacques Lévy, anteriormente comentada, embora já destacando algumas de suas limitações[10].

Escolhemos a expressão "aglomerados de exclusão" para traduzir a dimensão geográfica ou espacial dos processos mais extremos de exclusão social porque ela parece expressar bem a condição de "desterritorialização" — ou de "territorialização precária" — a que estamos nos referindo, a começar pelos próprios significados que carrega no senso comum, explicitados pelo *Novo Dicionário Aurélio da Língua Portuguesa*:

Aglomeração — ação ou efeito de aglomerar(-se); ajuntamento, agrupamento, amontoamento; Aglomerar — 1. juntar, reunir,

---

[10] Ver a este respeito principalmente nossos comentários em Haesbaert, 1995, pp. 173-176.

acumular. 2. ajuntar-se, reunir-se, amontoar-se; Aglomerado — adj. 1. junto, reunido; acumulação, amontoado. S.m. 2. conjunto, reunião, aglomeração.

O termo "aglomerado" serve assim tanto para definir "conjuntos, agrupamentos" em geral — de onde provêm concepções como as de "aglomeração humana" ou "urbana", quanto para significar "amontoamento", um tipo de agrupamento em que os elementos estão "ajuntados confusamente". Esta é, aproximadamente, a noção aqui proposta para aglomerados de exclusão, espécie de "'amontoados' humanos, instáveis, inseguros e geralmente imprevisíveis na sua dinâmica de exclusão" (Haesbaert, 1997:148).

Antes de entrarmos propriamente na noção de aglomerado e, mais especificamente, de aglomerados de exclusão, é necessário que nos reportemos à problemática da qual eles pretendem ser a expressão geográfica, isto é, a exclusão social. A ampla polêmica sobre exclusão social, termo carregado de ambigüidade, que começou a ser enfatizada a partir da década de 1970, tomando maior peso nas Ciências Sociais nos anos 1980, principalmente no contexto europeu — e, mais especificamente, francês — veio na seqüência das discussões, igualmente polêmicas, sobre pobreza e privação social.

A noção de pobreza para alguns está ligada simplesmente à questão de renda, numa visão economicista; para outros, contudo, ela se relaciona de forma mais ampla à disponibilidade de "recursos". Independentemente de seu caráter — mais absoluto ou relativo, mais quantitativo ou qualitativo —, esta concepção é comumente considerada de forma mais restrita do que a de exclusão social. Barnes (2002) diferencia de maneira simples e "cumulativa", da mais restrita à mais ampla, as noções de pobreza, privação e exclusão social. Mesmo definindo pobreza como "a falta de recursos que impede a participação na sociedade" (Barnes, 2002:4), o autor considera a pobreza uma noção unidimensional em relação à multidimensionalidade das demais.

Whelan e Whelan (1995), entretanto, atentando para um caráter multidimensional também em relação à pobreza, solicitam que se façam "distinções conceituais claras" ao utilizar o termo "multidimensionalidade", pois ele pode estar relacionado às causas, às descrições ou às conseqüências da pobreza:

> *Claramente, ninguém iria negar que a pobreza provém de uma variedade de processos ou que ela é experimentada envolvendo muito mais do que efeitos de rendimento. Paradoxalmente, entretanto, insistir na multidimensionalidade ao nível da mensuração da pobreza pode ter o efeito de obscurecer os processos dinâmicos envolvidos, tornando-nos incapazes de distinguir entre as conseqüências da pobreza, classe social e uma variedade de formas de discriminação e exclusão social* (Whelan e Whelan, 1995:29).

Percebendo a pobreza associada à disponibilidade de recursos, "recurso" deve ser visto na sua acepção mais ampla, o que inclui, no nosso entender, a própria dimensão espacial, ou seja, o território como "recurso", inerente à nossa reprodução social. Com isto partimos do pressuposto de que toda pobreza e, com mais razão ainda, toda exclusão social, é também, em algum nível, exclusão socioespacial e, por extensão, exclusão territorial — isto é, em outras palavras, "desterritorialização". Desterritorialização, aqui, é vista em seu sentido "forte", ou aquele que podemos considerar o mais estrito, a desterritorialização como *exclusão, privação e/ou precarização do território enquanto "recurso" ou "apropriação" (material e simbólica) indispensável à nossa participação efetiva como membros de uma sociedade.*

É importante, contudo, de saída, acrescentar que, assim como não há uma situação de completa exclusão social, também não há a completa exclusão e/ou privação territorial, isto é, a desterritorialização num sentido absoluto, a não ser como espaços que são (pelo menos durante um período razoável de tempo) vedados à "territorialização". Não se trata, porém, neste caso, exatamente de uma "exclusão socioespacial" no sentido mais especificamente social, aqui enfatizado, mas de uma "exclusão territorial" que se estende para a própria relação sociedade-natureza.

Neste caso é como se tivéssemos não tanto os grupos sociais sendo excluídos do (ou precariamente incluídos no) território, mas o próprio "território", definido "de fora para dentro" (uma espécie de "natureza territorializada"), sendo "excluído" da sociedade, no sentido de que cada vez mais são criadas áreas completamente vedadas à habitação/circulação humana, especialmente aquelas destinadas a uma alegada "proteção da natureza", com diversas modalidades de reservas naturais criadas ao redor do mundo.

Paralelamente a este tipo de, brincando com as palavras, territórios "naturais" (nem um pouco naturais) excluídos às avessas, temos o aparecimento de outros em que, por força de uma territorialização de tal forma ecologicamente degradante, estabeleceram-se as condições para uma desterritorialização brutal, na medida em que vastas áreas afetadas por acidentes químicos ou nucleares (como a área em torno de Tchernobyl) ou destinadas a depósitos de resíduos, incluindo o lixo nuclear, geram deslocamentos maciços ou impedem completamente a ocupação humana[11].

Retornando ao conceito de exclusão em seu sentido mais estritamente social, autores como o sociólogo brasileiro José de Souza Martins (1997) preferem utilizar a expressão "inclusão precária" em vez de exclusão social. Propondo uma leitura "sociológico-política", não economicista, do fenômeno, afirma Martins:

> (...) *rigorosamente falando,* não existe exclusão: existe contradição, existem vítimas de processos sociais, políticos e econômicos excludentes; *existe o conflito pelo qual a vítima dos processos excludentes proclama seu inconformismo, seu mal-estar, sua revolta, suas esperanças, sua força reivindicativa e*

---

[11] Outro tipo de "territórios excluídos", ligados não à "proteção da natureza", mas a uma pretensa "proteção da sociedade", poder-se-ia dizer, são as áreas de uso militar que cobrem superfícies enormes de alguns países. Aqui, na verdade, não se trata propriamente de desterritorialização, mas de uma territorialização excludente que, em nome do Estado ou da proteção dos cidadãos, "congela" vastas áreas para seu exclusivo uso e benefício.

sua reivindicação corrosiva. Essas reações (...) constituem o imponderável de tais sistemas, fazem parte deles ainda que os negando (p. 14, grifos do autor).

Martins critica a noção de exclusão como um estado ou situação fixa, que "substitui a idéia sociológica de *processos de exclusão* (entendidos como processos de exclusão integrativa ou modos de marginalização)" (p. 16) e que ignora a "reação da vítima, isto é, a sua participação transformativa no próprio interior da sociedade que exclui o que representa a sua concreta integração" (p. 17). O próprio modelo político-econômico neoliberal de países periféricos como o Brasil estimulou a "propostal *inclusão precária e instável, marginal (...)* em termos daquilo que é racionalmente conveniente e necessário à mais eficiente (e barata) reprodução do capital" (p. 20). Ao discutirmos a exclusão, deixamos em segundo plano o mais importante, que são os processos de inclusão precária, "formas pobres, insuficientes e, às vezes, até indecentes de *inclusão*" e que envolvem a própria "reinclusão ideológica na sociedade de consumo" (p. 21). Ou, como afirma Castel (1998[1995]),

Os "excluídos" são, na maioria das vezes, vulneráveis que estavam "por um fio" e que caíram. Mas também existe uma circulação entre essa zona de vulnerabilidade e a da integração, uma desestabilização dos estáveis, dos trabalhadores qualificados que se tornaram precários, dos quadros bem considerados que podem ficar desempregados (p. 569).

O principal dilema é enfrentar a conotação, inerente à apropriação da expressão pelo senso comum, que coloca os "excluídos" como um grupo fora ou nos limites da sociedade. Como diz Levitas (1998):

Exclusão aparece mais como um problema essencialmente periférico, existindo no limite da sociedade, do que como uma característica de uma sociedade que tipicamente produz maciças

desigualdades coletivas e crônica privação para uma ampla minoria. A solução que este discurso da exclusão social implica é de feição minimalista: uma transição através da fronteira para tornar-se mais um insider *do que um* outsider *numa sociedade cujas desigualdades estruturais permanecem amplamente inquestionáveis* (p. 7).

Castel enfatiza que não se deve chamar de exclusão qualquer disfunção social (2000[1995]) e que ela não se refere a um *in-out* claramente definido: "não há *in* e *out*, mas um *continuum* de posições que coexistem no mesmo conjunto e se 'contaminam' umas às outras" (1998[1995]:568). Para o autor, devemos manejar o termo "exclusão" com muita precaução:

A exclusão não é uma ausência de relação social, mas um conjunto de relações sociais particulares da sociedade tomada como um todo. Não há ninguém fora da sociedade, mas um conjunto de posições cujas relações com seu centro são mais ou menos distendidas: antigos trabalhadores que se tornaram desempregados de modo duradouro, jovens que não encontram emprego, populações mal escolarizadas, mal alojadas, malcuidadas, mal consideradas etc. (...) (1998[1995]:568-569).

De acordo com Room (1999), a exclusão social é multidimensional (em hipótese alguma apenas de ordem econômico-financeira), dinâmica ou mutável (e historicamente definida, acrescentaríamos), encontra-se espacialmente contextualizada (não apenas ao nível de indivíduo-família, mas também de circunvizinhança e "comunidade"), é relacional muito mais do que meramente distributiva (depende da participação/integração social e das relações de poder) e implica um tipo de descontinuidade (mas não a completa separação) na relação entre os "excluídos" e o restante da sociedade.

Antes de mais nada, a exclusão deve ser sempre qualificada, adjetivada, para ser tratada com mais rigor, e jamais deve ser vista na perspectiva conservadora que faz uso do termo para legitimar medidas paliativas de "reinserção" social, sem questionar as condições de (in)justiça social, (in)eqüidade econômica, (falta de) autonomia política e reconhecimento cultural dos grupos sociais nela envolvidos[12]. Isto inclui as desigualdades relativas a gênero, etnia, faixa etária, deficiência física e nível cultural, ou seja, uma exclusão que vai além das desigualdades socioeconômicas e envolve também as diferenças socioculturais que incluem a própria rejeição do Outro (Sibley, 1995).

O risco aqui é de que, estendida a condições muito diversas, a exclusão se torne um conceito "cada vez mais fluido e equívoco como categoria do pensamento científico", caracterizando "diversas situações ou populações nas quais às vezes é muito difícil apreender o que elas têm de comum" (Paugam, 1996:17). Por isso, sem ignorar a força de fatores de ordem cultural, enfatizaremos aqui a dimensão socioeconômica das dinâmicas de exclusão, pelo simples fato de que é ela quem responde melhor, hoje, pela formação daquilo que estamos denominando "aglomerados" e processos de "territorialização precária".

Em sua dimensão mais concreta, os processos de exclusão se alastram hoje pelo mundo como um todo, não poupando nem mesmo os países centrais e seus principais núcleos econômicos. Trabalho recente de Allen *et al.* (1998), por exemplo, revela a nova Geografia Regional desenhada por esta dinâmica, principalmente enquanto produto do neoliberalismo que deu origem a uma "região com buracos" (excluídos) no coração econômico da Inglaterra, a área Sul comandada por Londres. Fluxos migratórios intensos de trabalhadores provenientes dos países periféricos, a maioria sujeitando-se a empregos precários, muitas vezes sob condições de ilegalidade, e o aumento do desemprego estrutural entre os próprios

---

[12] Numa sistematização muito interessante, Silver (1994) identifica três grandes paradigmas com que a exclusão social é tratada: o paradigma da solidariedade, que enfatiza a perda dos laços sociais de solidariedade, numa leitura durkheimniana, o da especialização, de fundo liberal individualista, e o do monopólio, que parte de uma visão conflitiva ou contraditória da sociedade.

trabalhadores dos países centrais complexificaram de forma considerável as relações sociais e de exclusão — ou de inclusão precária — neste contexto.

Robert Kurz, juntamente com Jurgen Habermas e André Gorz, partidário da polêmica tese do "fim da sociedade do trabalho", fala da "diminuição histórica da substância de 'trabalho abstrato', em conseqüência da alta produtividade ('força produtiva ciência') alcançada pela mediação da concorrência", como sendo a causa fundamental da crise contemporânea. As máfias das drogas e do contrabando seriam a "última instância civilizatória do dinheiro" (1992:221).

Roberto Schwarz, comentando as afirmações de Kurz, diz que "pela primeira vez o aumento da produtividade está significando dispensa de trabalhadores também em números absolutos, ou seja, o capital começa a perder a faculdade de explorar trabalho" (Kurz, 1992:11), questionando assim a teoria econômica que, tradicionalmente, pregava o aumento do emprego em toda nova fase de acumulação:

> *A mão-de-obra barata e semiforçada com base na qual o Brasil ou a União Soviética contava desenvolver uma indústria moderna ficou sem relevância e não tem comprador. Depois de lutar contra a exploração capitalista, os trabalhadores deverão se debater contra a falta dela, que pode não ser melhor* (Schwarz *in* Kurz, 1992:11).

Pelo comentário de Schwarz em relação a Robert Kurz, a derrota, a crise, não afetaria apenas as empresas, mas também regiões e países: "A vitória de uma empresa não é só a derrota da vizinha, mas pode ser a condenação e desativação econômica de um território inteiro noutro continente" (p. 13). A crise financeira e comercial em muitos países ou regiões do chamado Terceiro Mundo, como nas áreas pobres dos Estados de "desindustrialização endividada" da América Latina e na maior parte da África, tornou uma "massa da população" dependente de "organizações internacionais de auxílio, transformando-se em casos de assistência social em escala planetária. Droga, máfia, fundamentalismo e nacionalismo representam outros modos pós-catastróficos de reinserção no contexto modernizado" (Schwarz *in* Kurz, 1992:13).

Para Samir Amin (*in* Lévy *et al*., 1992), enquanto o Leste europeu ingressou numa "fase de capitalismo selvagem" como "uma das principais manifestações da polarização capitalista a surgir", a chamada África negra "já está quarto-mundializada, no sentido de que ela *não tem uma verdadeira função* no mundo atual" (p. 107, grifo nosso). Nada impede, porém, que, num outro momento histórico, as posições mudem. Amin lembra o caso das Antilhas e do Nordeste brasileiro, "centros na periferia" na época mercantilista, principalmente através da atividade açucareira, e que se "quarto-mundializaram" após a Revolução Industrial.

Kurz e Amin, em distintas perspectivas de fundamentação marxista (Kurz tendo mais restrições em relação a Marx), reportam-se ao caráter concomitantemente construtor e destruidor — em outras palavras, des-re-territorializador — do capitalismo, e reconhecem a possibilidade de, ao não ser contido o agravamento a que tendem hoje a exclusão social e os conflitos a ela relacionados, retornarmos à "barbárie". Como vimos em citações anteriores, Virilio e Deleuze também atentam para a centralidade da questão social em termos do aumento da miséria e da precarização de uma massa de pessoas cada vez mais numerosa.

Fruto deste relativo "abandono" pelos circuitos globais de inserção na sociedade capitalista, seja em relação ao consumo, ao trabalho, à cidadania ou à expressão cultural (ou a todos eles ao mesmo tempo), a movimentação dessa população "supérflua" — em circuitos migratórios, por exemplo — torna-se um problema sério, provocando reações autoritárias e segregadoras, inclusive nas áreas centrais do sistema, bem atestado pelo fortalecimento dos controles fronteiriços e pela proliferação de atitudes xenófobas e neonacionalistas. É como se a crescente desterritorialização/exclusão, gerando novos "aglomerados", tivesse seu contraponto no reforço de uma territorialização também excludente, mas comandada agora pelos grupos que se sentem "ameaçados" pela massa de excluídos pela qual, em grande parte, também são responsáveis.

O extremo da exclusão social já fora teorizado por Marx em torno da idéia de "lumpenproletariado", que precisa ser retomada[13]. De forma às vezes moralista, Marx definiu o lumpenproletariado em "O 18 Brumário de Luiz Bonaparte" como "o lixo de todas as classes", "uma massa desintegrada" que reúne "indivíduos arruinados e aventureiros egressos da burguesia: vagabundos, soldados desmobilizados, malfeitores recém-saídos da cadeia (...), batedores de carteira, rufiões, mendigos etc." (Marx, *apud* Bottomore, 1988:223).

Na tradução brasileira da obra de Marx (revista por Leandro Konder), encontramos:

> *A pretexto de fundar uma sociedade beneficente, o lumpenproletariado de Paris foi organizado em facções secretas, dirigidas por agentes bonapartistas e sob a chefia geral de um general bonapartista. Lado a lado com roués decadentes, de fortuna duvidosa e de origem duvidosa, lado a lado com arruinados e aventureiros rebentos da burguesia, havia vagabundos, soldados desligados do exército, presidiários libertos, forçados foragidos das galés, chantagistas, saltimbancos,* lazzarani, *punguistas, trapaceiros, jogadores,* maquereaus [alcoviteiros], *donos de bordéis, carregadores,* literati, *tocadores de realejo, trapeiros, amoladores de facas, soldadores, mendigos, em suma, toda essa massa indefinida e desintegrada, atirada de ceca em meca, que os franceses chamam* la bohème (Marx, 1978 [1852]:70-71).

Mais adiante, ele fala do lumpen como "essa escória, esse refugo, esse rebotamento de todas as classes" (p. 71). É como se, nessa

---

[13] Servirá como base para essa discussão nosso texto anterior, Haesbaert, 1995 (especialmente pp. 191-193).

complexa relação de tipos humanos que ele relata, o lumpen fosse constituído não apenas por aqueles que hoje chamamos de "excluídos", mas também por aqueles que, às vezes de maneira mais consciente, negam-se a se inserir na configuração de "classes" que, afirmamos, constitui a sociedade. A figura moderna do vagabundo, anteriormente aludida (e seu congênere pós-moderno, o nômade), ilustra bem esta condição de "desclassificado". Entretanto, ao contrário de muitos que chegaram até mesmo a idealizar a figura do vagabundo em torno de sua "resistência" à sociedade de consumo industrial e estatal, para Marx, numa visão às vezes extremamente racionalista, o fato de não fazer parte de uma classe, não estar, portanto, "classificado", era a mais abjeta das condições sociais.

Bottomore afirma que o fundamental, mais do que identificar "a escória e o refugo" desprezíveis, como o fez Marx, é reconhecer "o fato de que, em condições extremas de crise e de desintegração social em uma sociedade capitalista, grande número de pessoas pode separar-se de sua classe e vir a formar uma massa 'desgovernada', particularmente vulnerável às ideologias e aos movimentos reacionários" (1988:223). O autor cita também Otto Bauer e sua noção de *déclassés*, ou "desclassificados". Qualquer tentativa de incorporar esses excluídos em uma "classe", um conjunto, seria equivocado, simplificado, como também seria enganoso imaginar que seus espaços correspondem a territórios claramente identificáveis.

Numa situação menos dramática, mas também séria em termos de "inclusão precária", Marx identifica aqueles trabalhadores que se encontram em situação de grande penúria. É interessante que ele utiliza a expressão "população nômade", numa conotação negativa que é exatamente o oposto do "nomadismo pós-moderno" a que aludimos no Capítulo 6. Essa população:

(...) constitui a infantaria ligeira do capital, que, de acordo com sua necessidade, ora a lança neste ponto, ora naquele. Quando não em marcha, "acampa". O trabalho nômade é empregado em várias operações de construção e drenagem, na fabricação

de tijolos, queima de cal, construção de ferrovias etc. Coluna ambulante da pestilência, ela traz aos lugares em cujas cercanias instala seu acampamento: varíola, tifo, cólera, escarlatina etc. Em empreendimentos com aplicação significativa de capital, como construção de ferrovias etc., geralmente o próprio empresário fornece seu exército de barracos de madeira ou similares, aldeias improvisadas sem nenhuma instalação sanitária (...) (Marx, 1984:224).

Esta situação de instabilidade, constante movimento e condições de sobrevivência extremamente precárias revelam, se não um "aglomerado de exclusão", no sentido aqui aludido, pelo menos um processo em direção a ele. Na verdade, a população excluída dos "aglomerados" pode não ser socialmente relevante — pelo menos momentaneamente — nem na condição de trabalhador (diante do desemprego estrutural), nem de consumidor (dado seu nível extremo de pobreza, muitas vezes sobrevivendo apenas com os restos deixados pela "sociedade de consumo"). É claro que, como já vimos, assim como não há desterritorialização "absoluta", não se trata nunca de uma exclusão total, existindo sempre laços que os ligam à sociedade formalmente instituída que os produz. Considerada esta restrição, não é exagero afirmar, contudo, que muitas vezes eles constituem "uma massa indefinida e desintegrada", como dizia Marx, sem uma clara função social.

Outra concepção sociológica que pode ser associada à idéia aqui proposta de aglomerados de exclusão é justamente a idéia de massa[14]. Tal como apontado também pelo *Novo Dicionário Aurélio da Língua Portuguesa*, "massa" pode ser interpretada como "turba", "multidão em desordem", simples "quantidade, volume" que ocupa uma área de fronteiras móveis, fluidas. Baudrillard (1985), ao definir "massa", afirma que ela nunca é "de trabalhadores" ou de "camponeses", pois "só se comportam como massa aqueles que

---

[14] Utilizaremos aqui reflexões já trabalhadas em Haesbaert, 1995, pp. 185-187.

estão liberados de suas obrigações simbólicas, 'anulados' (presos nas infinitas 'redes')" (p. 12), desintegrados, "resíduos estatísticos".

Baudrillard critica o conceito de massa, que para ele "não é um conceito. *Leitmotiv* da demagogia política, é uma noção fluida, viscosa, *lumpen*-analítica. (...) Querer especificar o termo massa é justamente um contra-senso — é procurar um sentido no que não o tem." (p. 11). "Na massa desaparece a polaridade do um e do outro." Baudrillard às vezes exagera na sua fluidez retórica de indefinições e cria uma concepção que, apesar de indistinta, indefinível, paradoxalmente se torna, ao mesmo tempo, um instrumento fundamental para seu raciocínio.

Outra noção, mais ampla mas similar à noção de massa, e que igualmente pode incorporar, implícita ou explicitamente, o discurso da desterritorialização, é a de "população", tal como proposta por Michel Foucault (2002[1976]). Foucault se refere à população como "um novo corpo: corpo múltiplo, corpo com inúmeras cabeças, se não infinito pelo menos necessariamente numerável" (p. 292), e que passa a ser objeto da biopolítica, "a população como problema político, como problema a um só tempo científico e político, como problema biológico e como problema de poder" (p. 293), que se sobrepõe à sociedade disciplinar mais preocupada com o controle individual.

Trata-se de uma nova problemática, identificada historicamente a partir do século XIX, como já ressaltamos no capítulo anterior, e que "só se torna pertinente no nível da massa". Foucault associa então população e massa, pois é como "massa" e como número que esta noção genérica de população é percebida, e é apenas a partir do seu surgimento que podemos falar em aglomerados de exclusão, pois eles são sobretudo um fenômeno de massa, e que, enquanto problema, é um problema também de "população", no sentido de fenômeno coletivo proposto por Foucault.

Podemos afirmar que os aglomerados de exclusão, tal como o fenômeno "população", ou como uma "população" em seu sentido mais estrito, são objeto de preocupação antes de tudo por sua reprodução biológica — em seus índices de fecundidade, natalidade e mortalidade, por exemplo, e por sua disposição enquanto "massa" — pelo espaço que podem ocupar e pelos movimentos que são capazes de promover, "ameaçando" o direito ao espaço dos efetivamente "incluídos". Provavelmente, hoje as situações mais dramáticas e preocupantes são aquelas que se relacionam à mobilidade — os movimentos "de massa", ou seja, referidos a um grande volume de pessoas, como os refugiados miseráveis dos países mais pobres. Controlar esta movimentação muitas vezes completamente imprevisível torna-se cada vez mais um dilema central para muitos países.

Finalmente, outra noção que aparentemente poderia ser associada à de aglomerados humanos é a de "multidão" utilizada por Negri e Hardt (2001), explicitamente associada a processos de desterritorialização[15]. Trata-se, contudo, apesar de sua denominação, de um conceito extremamente amplo, que envolve todos aqueles que, como o antigo "proletariado" da classe operária industrial, "são explorados pela dominação capitalista e a ela subjugados" (p. 72)[16]. A "multidão" constitui mesmo um dos dois grandes pilares daquilo que os autores propõem como o "Império", ao lado da "máquina de comando biopolítico", que é sua estrutura jurídica e seu poder constituído (p. 78). Trata-se de uma "multidão plural de subjetividades de globalização produtivas e criadoras" que se encontra em "movimento perpétuo, e formam constelações de singularidades e eventos que impõem contínuas reconfigurações globais no sistema" (p. 79).

---

[15] Enquanto nas lutas que precederam a globalização a "força do trabalho ativo" procurava "libertar-se dos rígidos regimes de territorialização que lhes foram impostos", sob a globalização a "atividade da multidão, sua produção de subjetividade e desejo", pode usufruir da própria globalização como "cláusula para libertar a multidão", "desde que provoque uma desterritorialização real das estruturas anteriores de exploração e controle" (p. 71).

[16] Negri e Hardt propõem, de forma questionável, a utilização, ainda hoje, de um conceito muito amplo de proletariado, que se confundiria com o de multidão, incluindo todos aqueles que estão "dentro do capital" e que o sustentam (p. 72).

Os aglomerados de exclusão, mais do que espaços à parte, claramente identificáveis, são fruto de uma condição social extremamente precarizada, onde a construção de territórios "sob controle" (termo redundante) ou "autônomos" se torna muito difícil, ou completamente subordinada a interesses alheios à população que ali se reproduz. A aparente desordem que rege esta condição, num sentido negativo de desordem, é fruto da não-identificação dos grupos com seu ambiente e o não-controle do espaço pelos seus principais "usuários". De qualquer forma, é como se o "vazio de sentido" contemporâneo reproduzido na abordagem sociológica pela controvertida noção de "massa" tivesse sua contrapartida geográfica na noção de aglomerados de exclusão.

Definir espacialmente os aglomerados de exclusão não é tarefa fácil, principalmente porque eles são, como a própria exclusão que os define, mais um processo — muitas vezes temporário — do que uma condição ou um estado objetiva e espacialmente bem definido. Se preferirmos, trata-se de uma condição complexa e dinâmica, mesclada sempre com outras situações, menos instáveis, através das quais os excluídos tentam a todo instante se firmar (se reterritorializar).

Já vimos que é fácil encontrar exemplos de como a mobilidade pode andar de mãos dadas com a desterritorialização. No caso dos aglomerados, maior mobilidade não está ligada à manutenção da segurança, ao controle e mesmo à opção diante dos circuitos de deslocamento, como no caso da elite de grandes executivos citada no capítulo anterior, mas à falta de opção, à insegurança (principalmente frente ao emprego) e à perda de controle sobre seus espaços de vida. Virilio (1993:9) fala da elevada "taxa de rotatividade" que caracteriza populações pobres como as que residem em certos conjuntos habitacionais de Lyon, na França, onde o tempo médio de residência é de apenas um ano, envolvendo em geral pessoas desempregadas. Sem cair numa visão economicista ou meramente quantitativa, propusemos utilizar indicadores deste tipo para estipular uma espécie de "índice de mobilidade" que poderia, neste caso, ser também um "índice de desterritorialização" (Haesbaert, 1997:148), ligado diretamente à exclusão, ou melhor, à precariedade da inclusão de seus habitantes.

É interessante observar como, em relação aos movimentos sociais, mobilidade aqui pode representar "imobilismo" ou "desmobilização", justamente um dos fenômenos centrais na Sociologia latino-americana dos anos 1990, que muda seu foco de atenção dos movimentos sociais para "os processos de desorganização social" ligados à urbanização acelerada e à dinâmica excludente vinculada à crise econômica (Scherer-Warren, 1993:20). Para Scherer-Warren, comentando a obra do sociólogo mexicano Zermeño, constata-se:

> (...) o aumento da pobreza, da insegurança, da violência desorganizada e organizada e a anomia defensiva. A massa constituindo-se num agregado inorgânico de individualidades e manifestações atomizadas. Neste cenário, a relação líder-massa efetua-se sem intermediação e a relação Estado-massa parece adquirir uma centralidade relativa. Sem a busca de intermediação, os organismos da sociedade civil tendem a desaparecer, dando lugar às condutas de crise, tais como bandos de jovens, grupos de delinqüentes ou outros grupos de violência organizada (Scherer-Warren, 1993:20-21).

Enfatizam-se assim as "condutas de crise", os "antimovimentos", a fim de compreender "como, nos interstícios da modernização (e, para alguns, às vezes até da pós-modernização) de países latino-americanos, ocorre a desmodernização, a exclusão, a pobreza crescente, a desordem e a escalada de violência organizada. Em outras palavras, o 'desmovimento' (seja desmobilização, imobilismo ou antimovimento)" (p. 21).

Sendo a imprevisibilidade um dos traços fundamentais dos aglomerados de exclusão, não há como sustentar teses universalizantes que enaltecem o intrínseco poder "revolucionário" ou transformador dessas populações excluídas. Há suficientes manifestações históricas tanto de movimentos progressistas quanto de movimentos extremamente reacionários brotando das "massas". Neste sentido, tanto o destino proposto para o proletariado de Marx quanto para a multidão (ou o "proletariado ampliado") de Hardt e Negri são questionáveis.

Assim, a crença de que da "massa" ou da "multidão" de excluídos brotarão novos movimentos sociais progressistas, transformadores — ou "des-reterritorializadores" —, está longe de ser um ponto de consenso. Se um dos principais mitos da modernidade era a revolução, embutida nas massas expropriadas e nos movimentos aparentemente autogeridos que delas brotavam, a gigantesca massa de excluídos "pós-moderna" está significando a perda da crença na transformação social e a evidência de que o "conformismo generalizado", como disse Castoriadis (1990), saiu das elites e se difunde pela grande maioria da população. Entretanto, é importante também não cair no mesmo conformismo e tentar refazer algumas utopias, como o fazem Negri e Hardt (de maneira às vezes exagerada ao propor uma concepção genérica de "multidão"), pois esse caráter "disfuncional" e essa "desordem" dos aglomerados trazem sempre, também, potencial e imprevisivelmente, é importante enfatizar, as condições para a transformação e o novo.

O imobilismo (e a exclusão) social pode assim ser gerado tanto pela mobilidade (física) extrema quanto pela quase completa imobilização no espaço. Como nos referimos no capítulo anterior, uma situação de intensa mobilidade não é, obrigatoriamente, definidora da condição de desterritorialização. Deste modo, podemos ter aglomerados de exclusão tanto numa mobilidade atroz e sem direção definida quanto na quase completa imobilidade, como fica claro através do exemplo de uma família de sertanejos que conhecemos no oeste da Bahia.

Em sua área de origem, no Sertão nordestino, eles estiveram durante muito tempo "presos à terra", como diziam, numa condição de extrema miséria, ou seja, numa situação de desterritorialização, ou melhor, de territorialização precária, para ser coerente com o domínio dos processos de inclusão precária aqui defendido. Desatrelados da situação crítica de fome e até mesmo de falta de água, no Sertão, eles se tornam alvo fácil de uma desterritorialização na mobilidade, verdadeiros "novos nômades" em busca de condições mínimas de sobrevivência. A este respeito, fizemos o seguinte relato a partir de nosso trabalho de campo realizado em Barreiras (Bahia), quando da realização de pesquisa vinculada à nossa tese de doutorado, no início dos anos 1990:

Além da praça central da cidade (Barreiras, na Bahia), onde muitos caminhões patrocinados por prefeituras do interior simplesmente "despejam" migrantes, um dos pontos de acampamento mais utilizado por esses "novos nômades" é a margem do rio Grande, ao lado da ponte da BR-242 que atravessa a cidade: famílias inteiras acampam junto ao rio em rudimentares barracas de plástico, que ganham dos motoristas de caminhão com quem conseguem carona.

Uma das famílias acampadas que entrevistei vivia em condições extremamente precárias, numa barraca improvisada com caixotes de papelão. Era originária de Parelhas, no interior do Rio Grande do Norte, e estava viajando há 20 dias, a pé ou em carona de caminhão. Em Parelhas, afirmaram, passavam até três dias sem comer, e quando comiam era só feijão com farinha ("um caroço aqui, outro acolá..."). Passaram por Juazeiro, onde a seca era ainda mais grave, e Morro do Chapéu, uma das cidades mais altas da Bahia, onde afirmam ter passado muito frio.

O chefe da família já havia morado três vezes em Brasília, e o período mais prolongado de residência não durou dois anos. Morou também em São Paulo, Belo Horizonte, no interior de Goiás e de Tocantins. Dizia com certo orgulho que conhecia "esse Brasilzão todo"... O filho mais velho, de 17 anos (mas parecendo ter muito mais), morou sozinho em São

Paulo durante seis meses, quando trabalhou em uma empresa de construção civil. Teve uma filha e, por motivos de saúde, segundo ele, foi obrigado a voltar para o Nordeste, pois não tinha condições de cuidar da menina. Quando vi a grande quantidade de crianças na barraca ao lado, perguntei quantos eram: "Moço, é tanta criança que só se conta direito dormindo...", ironizou ele.

Um caminhoneiro informou-lhes que "no posto de Mimoso ninguém fica parado, vem logo um caminhão pegando gente pra trabalhar na lavoura". Se não der certo, seguem pra Brasília, ou então para Quirinópolis, no interior de Goiás, onde têm certeza que encontram "uma fazenda pra cuidar". Sobrevivem fazendo brinquedos de barro que vendem nas feiras. Um pequeno buraco no chão serve de fogão. Depois de esquentar água começam a assar dois peixes muito pequenos que pescaram com as próprias mãos: "Esse rio é um presente de Deus", concluem. Um caminhoneiro prometeu-lhes carona até Mimoso, sob a lona, como se fossem fugitivos: "O calor é do diabo, mas se a gente conseguir trabalho tudo vai mudar." (Haesbaert, 1997:147).

A partir de exemplos como este e reconhecendo a grande diversidade de manifestações daquilo que estamos denominando aglomerados de exclusão, suas propriedades básicas, que evidenciam os processos de exclusão socioespacial/inclusão precária ou de desterritorialização/territorialização precária, são:

— a instabilidade e/ou a insegurança socioespacial;
— a fragilidade dos laços entre os grupos sociais e destes com seu espaço (tanto em termos de relações funcionais quanto simbólicas);
— a mobilidade sem direção definida ou a imobilidade sem efetivo controle territorial.

Estas características gerais são o pano de fundo para a identificação dos diferentes tipos de aglomerados de exclusão de acordo com os grupos socioeconômicos e culturais envolvidos, a forma de espacialização (extensão) e o caráter temporal (duração) nos quais são construídos. Estes tipos podem, em grande parte, ser associados às três modalidades de exclusão propostas por Castel (2000[1995]).

Castel, ao buscar maior rigor e um "uso controlado" da noção de exclusão, recorre ao processo histórico para sua melhor elucidação. Assim, dá vários exemplos de excluídos ao longo do tempo, dos "intocáveis" nas sociedades tradicionais ou holistas, aos leprosos, aos loucos e às "bruxas" na Idade Média e aos escravos nas sociedades escravistas. A partir daí propõe distinguir três subconjuntos: o primeiro, que realiza "a supressão completa da comunidade" pela expulsão ou mesmo o genocídio; o segundo, que constrói "espaços fechados e isolados da comunidade" (o sistema do *apartheid*, guetos, dispensários, asilos, prisões); e o terceiro, que obriga determinadas categorias da população a um "*status* especial que lhes permita coexistir na comunidade, mas com a privação de certos direitos e da participação em certas atividades sociais" (Castel, 2000[1995]:39).

Embora dominados hoje pelo terceiro tipo, consideramos que os dois primeiros também estão presentes e devem ser ressaltados. Castel, pautado na realidade européia e mais especificamente na realidade francesa, afirma que na atual conjuntura:

A modalidade mais radical de exclusão, a erradicação total, parece impossível, exceto pela degradação absoluta da situação política e social. Porém, é difícil que uma sociedade que tenha guardado um mínimo de referências democráticas possa suprimir puramente e simplesmente seus "inúteis ao mundo" ou seus indesejáveis, como era o caso em outros tempos (2000: 43-44).

Podemos afirmar que um primeiro tipo de aglomerado de exclusão, relacionado a essa "modalidade mais radical" de exclusão, é aquele que envolve processos em que exclusão e barbárie acabam se confundindo[17]. Trata-se assim de um tipo muito específico de exclusão, bem além da "clássica" exclusão socioeconômica, já que "bárbaros" constituiriam antes de tudo uma forma de representação social ou, como afirma Offe (1996), os "bárbaros modernos são aqueles que, com tudo o que isto acarreta, declaram os outros como sendo os bárbaros pré-modernos" (p. 22).

Ao contrário da "barbárie" perpetrada pelo Estado nazista, por exemplo, Offe atenta para o fato de que, hoje, a maior parte dos fenômenos "bárbaros" é de origem não-governamental ou ocorre em "Estados em ruínas", como Bósnia, Somália e Ruanda. Ele distingue duas conseqüências da "barbárie": uma decorrente "de uma aplicação 'real' de *violência* física ou simbólica", e outra "que resulta da *negação* de direitos ou recursos materiais" (p. 26). Enquanto a segunda encontra-se mais relacionada aos processos mais típicos de exclusão, a primeira se refere à forma específica que estamos agora enfatizando. É importante destacar que, para o autor, isto não quer dizer que a segunda seja "mais inocente" do que a primeira.

A violência indiscriminada é um elemento fundamental, portanto, para entendermos este outro tipo de aglomerado que surge em meio à "barbárie pós-moderna". Além da própria exclusão

---

[17] Sobre a imensa variedade de usos da palavra "barbárie", ver Offe, 1996. Para o autor, apesar do sentido *passe-par-tout* que o termo adquire, é relevante distinguir entre seu uso "interno" e "externo", no interior ou anterior e fora do âmbito da civilização. No segundo caso, os "bárbaros" são "um fenômeno geográfico e histórico", pertencem a um espaço-tempo remoto e longínquo (p. 20). No primeiro caso, "barbárie" refere-se a um "aqui e agora" de "abdicação da civilidade, uma súbita recaída" (pp. 20-21), que autores como Weber e Benjamin associam à destruição ou ocaso de uma cultura e ao banimento do seu passado. Em síntese, os bárbaros são ou "os radicalmente *outros*", ou estão dentro de nós mesmos, como "as partes violentas de nosso ser coletivo" quando "desaprendemos nossa linguagem" (p. 21).

socioeconômica, um dos principais fatores que alimenta esse processo é o que denominamos anteriormente de "etnicização do território", a delimitação de espaços exclusivos-excludentes onde a identidade étnica é um elemento central na definição do grupo e de seu território. A exclusão do Outro pode transitar entre sua completa dizimação (primeira modalidade de exclusão) e sua reclusão em espaços quase completamente vedados (segundo tipo de exclusão).

A segunda modalidade de exclusão reconhecida por Castel, "a relegação em espaços especiais", é bem mais disseminada — nos países centrais, não tanto no contexto europeu, mas, principalmente, entre a "*underclass* americana" (Castel, 2000:44). A ela podemos relacionar um outro tipo de aglomerado, mais coeso ou externamente delimitado, "sob controle" (de quem desterritorializa os seus participantes), como naqueles processos, já aqui focalizados, de grupos que são "desterritorializados na reterritorialização" (comandada por outros), como nas prisões, campos de concentração e em muitos bantustões sul-africanos da época do *apartheid* (hoje reproduzidos parcialmente na fragmentação e cercamento dos territórios palestinos por Israel). Aqui fica evidente a proximidade com que podem aparecer (e mesmo se confundir) os aglomerados de exclusão e os territorialismos (fechamento em territórios-zona estanques), um "alimentando" o outro.

Os aglomerados mais típicos, entretanto, que denominaremos "aglomerados de massa", em sentido estrito, de mais difícil delimitação, aparentemente "incontroláveis", envolvem grande número de pessoas e encontram-se mergulhados em situações de crise (conjunturais ou mais prolongadas) onde há uma grande confusão de territórios-zona e territórios-rede, como no caso típico de movimentos de refugiados em situação de grande instabilidade e insegurança. Encontramos aqui parte daqueles que Castel denomina excluídos pela "atribuição de um *status* especial a certas categorias da população" (2000:46). Apesar de priorizarmos o caráter de "massa" destes aglomerados, devemos reconhecer que existe também a possibilidade de manifestações mais difusas ou "atomizadas" e dispersas, nas quais a denominação não se revela muito adequada, como entre pequenos grupos de sem-teto ou mendigos em cidades dos países centrais.

Em certos casos, como o dos aglomerados de exclusão que denominamos anteriormente, de forma questionável, "tradicionais" (Haesbaert, 1995:195), vinculados a situações endêmicas de precariedade social e fome, a maior estabilidade física num mesmo local ou região pode fazer com que se mantenha ainda um certo grau de territorialização em um nível mais simbólico, que se encontra ausente nos outros casos. É o que parece ocorrer com grupos de população miserável do interior do Sertão nordestino ou do vale do Jequitinhonha, em Minas Gerais, onde a exclusão socioeconômica não impede que se mantenham importantes traços identitários com o espaço onde vivem.

Em muitos casos, como nas favelas de grandes cidades brasileiras, também pode ocorrer algo semelhante, com a população desenvolvendo laços com seu espaço vivido, mesmo em um território "funcionalmente" muito precário. Neste caso, como em geral há várias formas de reterritorialização no interior da favela, na maioria das vezes a condição de aglomerado de exclusão é transitória, revelando-se mais claramente nos momentos de grave crise, como ocorre durante os conflitos entre grupos de traficantes e a polícia.

Para (não) concluir este item, é importante destacar ainda que a noção de aglomerado, em seu sentido mais amplo, não se restringe a esses espaços (ou contextos) "negativamente" articulados em torno dos processos de exclusão. Aglomerados de exclusão seriam apenas o exemplo mais representativo desta dimensão "ilógica" e, em parte (especialmente no caso dos aglomerados "de massa") mais "fluida", presente, em maior ou menor grau, praticamente em todos os espaços do nosso tempo. Assim como a concepção de desordem está sempre acoplada à de ordem, e o próprio território e a rede carregam esta ambivalência (Lima, 2003), a desordem — e os aglomerados — também envolve um sentido ao mesmo tempo negativo e positivo — por seu potencial "transformador", criador do novo, *locus* por excelência das "linhas de fuga" e da desterritorialização no sentido deleuze-guattariano.

Abre-se assim, portanto, uma outra discussão a ser retomada em próximos trabalhos: a relação entre "i-logicidade" ou "desordem", fluidez do espaço e des-territorialização. Isto, entretanto, sem chegar a ponto de afirmar que haveria um domínio de "espaços fluidos", para utilizar a concepção mais extrema de Mol e Law (1994), pois admitir esta completa fluidez significaria, na nossa opinião, decretar algo muito próximo da "aniquilação do espaço pelo tempo" (ou ver o espaço apenas como movimento e instabilidade) — o que deve efetivamente nos preocupar são as diferentes e cada vez mais complexas interconexões entre territórios-zona, territórios-rede e aglomerados, ou seja, a multiplicidade de territórios e/ou a multiterritorialidade em que estamos inseridos.

8

Da Desterritorialização à Multiterritorialidade

Encaminhamo-nos aqui para uma espécie de conclusão — na verdade muito mais para abrir novas questões do que para respondê-las. Com a dominância do componente rede na constituição de territórios, assim como a fluidez crescente dos espaços, proporcionada pelo "meio técnico-científico informacional" contemporâneo (Santos, 1996), podemos afirmar que:

> *O mundo "moderno" das territorialidades contínuas/contíguas regidas pelo princípio da exclusividade (...) estaria cedendo lugar hoje ao mundo das múltiplas territorialidades ativadas de acordo com os interesses, o momento e o lugar em que nos encontramos* (Haesbaert, 1997:44).

Não se trata mais de priorizar o fortalecimento de um "mosaico"-padrão de unidades territoriais em área, vistas muitas vezes de maneira exclusivista entre si, como no caso dos Estados nacionais, mas seu convívio com uma miríade de territórios-rede marcados pela descontinuidade e pela fragmentação que possibilita a passagem constante de um território a outro, num jogo que denominaremos aqui, muito mais do que desterritorialização ou declínio dos territórios, a sua "explosão"[1] ou, em termos teoricamente mais elaborados, uma "multiterritorialidade", pois, como já afirmávamos em 1997, "na 'pós' ou 'neo' modernidade, um traço fundamental é a multiterritorialidade humana (...)" (Haesbaert, 1997:42).

O que entendemos por multiterritorialidade é, assim, antes de tudo, a forma dominante, contemporânea ou "pós-moderna", da reterritorialização, a que muitos autores, equivocadamente, denominam desterritorialização. Ela é conseqüência direta da predominância, especialmente no âmbito do chamado capitalismo pósfordista ou de acumulação flexível, de relações sociais construídas através de territórios-rede, sobrepostos e descontínuos, e não mais de territórios-zona, que marcaram aquilo que podemos denominar modernidade clássica territorial-estatal. O que não quer dizer, em hipótese alguma, que essas formas mais antigas de território não continuem presentes, formando um amálgama complexo com as novas modalidades de organização territorial.

Comecemos por um breve resgate dos conceitos de território e desterritorialização (DT) abordados ao longo deste trabalho, retomando especialmente o Capítulo 2, e que podem ser sintetizados no seguinte esquema:

1. Território em concepções mais materialistas
    1.1. território como espaço material ou *substratum*
        1.1.1. materialidade: DT como ciberespaço ou mundo "virtual"
        1.1.2. distância física: DT como "fim das distâncias"
        1.1.3. recurso "natural" ou abrigo: "DT da Terra" (?)
    1.2. território como um espaço relacional mais concreto
        1.2.1. "fator locacional" econômico (dependência local) — DT como "deslocalização"
        1.2.2. dominação política ("área de acesso controlado"): DT como "mundo sem fronteiras"

---

[1] O uso do termo "explosão" do território é feito, entre outros, por Souza, 1993, e Graham, 1999.

2. Território em perspectivas mais idealistas
Território como espaço relacional simbólico (espaço de referência identitária, "valor"): DT como hibridismo cultural, "desenraizamento" ou identidades múltiplas, sem referência espacial nítida

3. Território em perspectivas mais "totalizantes" ou integradoras
   3.1. "experiência total do espaço" (território-zona) [Chivallon]
   3.2. espaço *mobile* funcional-expressivo (território-rede) [Deleuze e Guattari]

Poderíamos interpretar esta grande diversidade de concepções como prova da ambigüidade, da polissemia e mesmo da pouca utilidade de um conceito como desterritorialização. Mas não entendemos desta forma[2]. Devemos aprender a ler o que se esconde por trás destas aparentemente díspares interpretações. Embora algumas noções, tomadas isoladamente, indiquem efetivamente uma visão muito simplista do território e da des-territorialização, cada uma delas carrega algum indicador daquilo que, de maneira muito genérica, podemos denominar territorialização: as relações de domínio e apropriação do espaço, ou seja, nossas mediações espaciais do poder, poder em sentido amplo, que se estende do mais concreto ao mais simbólico.

Como entendemos que não há indivíduo ou grupo social sem território, quer dizer, sem relação de dominação e/ou apropriação do espaço, seja ela de caráter predominantemente material ou simbólico, o homem sendo também um *homo geographicus* (Sack, 1996), ou seja, um "homem territorial", cada momento da História e cada contexto geográfico revelam sua própria forma de des-

---

[2] Apesar de ser em parte esta a opinião, na verdade um acréscimo feito por Michel Lussault, expressa em nosso verbete "Déterritorialisation", *in* Lévy e Lussault, 2003:245.

territorialização, quer dizer, sua própria relação de domínio e/ou apropriação do espaço, privilegiando assim determinadas dimensões do poder.

Entendendo território em sentido amplo, percebemos que essa "necessidade territorial" ou de controle e apropriação do espaço pode estender-se desde um nível mais físico ou biológico (enquanto seres com necessidades básicas como água, ar, alimento, abrigo para repousar), até um nível mais imaterial ou simbólico (enquanto seres dotados do poder da representação e da imaginação e que a todo instante re-significam e se apropriam simbolicamente do seu meio), incluindo todas as distinções de classe socioeconômica, gênero, grupo etário, etnia, religião etc.

Assim, ao contrário daqueles que consideram o território através de visões mais estreitas, associando-o a problemáticas muito específicas (e dissociando, por exemplo, dominação política e apropriação simbólica, tal como enunciado nos pontos 1 e 2 do esquema anterior), procuramos entendê-lo dentro de uma perspectiva mais integradora do espaço geográfico, embora não simplesmente no sentido de "experiência total" e algo estática de um espaço contínuo, como na leitura de Chivallon (1999). Enfatizamos o aspecto temporal, dinâmico e em rede que o território também assume, tal como enfatizado por autores como Deleuze e Guattari, e onde a "integração" de suas múltiplas dimensões é vista através das relações conjuntas de dominação e apropriação, ou seja, de relações de poder em sentido amplo[3].

Ao lado deste caráter dinâmico e multidimensional, destacamos ainda a multiescalaridade do território, que de maneira alguma fica restrito, por exemplo, à escala nacional ou do poder político

---

[3] Aqui, uma abordagem que parece promissora, não limitada ao pós-estruturalismo, e que deixamos para ser desdobrada em futuros trabalhos, é a que associa essa ênfase às relações de poder mais concretas, marcantes, por exemplo, na leitura filosófica de Michel Foucault, e a ênfase à perspectiva centrada no desejo, mais subjetiva, tal como presente em muitas proposições de Deleuze e Guattari.

em seu sentido mais tradicional. A multiescalaridade e a multidimensionalidade dos processos de des-territorialização estão associadas, antes de mais nada, aos sujeitos que os promovem, seja um indivíduo, um grupo ou classe social, ou ainda uma instituição (firma, entidade política, Igreja etc.). A des-territorialização da sociedade é a conjunção desses múltiplos sujeitos, sendo imprescindível considerar a especificidade das ações de cada um deles.

Assim, por exemplo, para um indivíduo ou grupo de pessoas podemos falar numa territorialização como construção de uma "experiência integrada do espaço". Se antigamente era possível detectar claramente um território como "experiência total do espaço", nos termos colocados por Chivallon (1999) como território-zona contínuo e relativamente estável, hoje temos esta "experiência integrada" (nunca "total") muito mais na forma de territórios-rede, descontínuos, móveis, espacialmente fragmentados[4].

Mais do que de "território" unitário como estado ou condição clara e estaticamente definida, devemos priorizar assim a dinâmica combinada de múltiplos territórios ou "multiterritorialidade", melhor expressa pelas concepções de territorialização e desterritorialização, principalmente agora que a(s) mobilidade(s) domina(m) nossas relações com o espaço. Essas dinâmicas se desdobram num *continuum* que vai do caráter mais concreto ao mais simbólico, sem que um esteja dicotomicamente separado do outro. No caso de um indivíduo e/ou grupo social mais coeso, podemos dizer que eles constroem seus (multi)territórios integrando, de alguma forma, num mesmo conjunto, sua experiência cultural, econômica e política em relação ao espaço.

Esta multiplicidade e/ou diversidade territorial em termos de dimensões sociais, dinâmica (ritmos) e escalas resulta na justapo-

---

[4] Um dos pontos que merece ser mais aprofundado é o que envolve a crescente relevância da distinção entre territórios-rede, enquanto dominados pela descontinuidade e por complexas relações de ausência-presença, e territórios-zona, enquanto marcados pela continuidade e mesmo pela co-presença, valorizada justamente pela contraposição cada vez mais visível em relação aos processos espacialmente dissociados dos territórios-rede.

sição ou convivência, lado a lado, de tipos territoriais distintos, o que será tratado aqui como correspondendo à existência de "múltiplos territórios" ou "múltiplas territorialidades". Sintetizando, diferenciamos essa multiplicidade de territorializações que ocorrem, concomitantemente, na face do planeta, através das seguintes modalidades (Haesbaert, 2002c:47-48):

a. Territorializações mais fechadas, quase "uniterritoriais", ligadas ao fenômeno aqui denominado de territorialismo, que não admitem pluralidade de poderes e identidades, como ocorre em algumas sociedades indígenas e como ocorria entre os talibãs afegãos e, em parte, nas propostas de resolução para os conflitos bósnio e palestino.
b. Territorializações "tradicionais", ainda pautadas numa lógica (relativa) de exclusividade, que não admitem sobreposições de jurisdições e defendem uma maior homogeneidade interna, como a lógica clássica do poder e controle territorial dos Estados nações, tanto daqueles moldados sobre a uniformidade cultural quanto os Estados pluriétnicos, mas que buscam diluir essa pluralidade pela invenção de uma identidade nacional comum.
c. Territorializações mais flexíveis, que admitem ora a sobreposição (e/ou a multifuncionalidade) territorial, ora a intercalação de territórios — como é o caso dos territórios diversos e sucessivos nas áreas centrais das grandes cidades, organizadas em torno de usos temporários, entre o dia e a noite (Souza, 1995) ou entre os dias de trabalho e os fins de semana.
d. Territorializações efetivamente múltiplas, resultantes da sobreposição e/ou da combinação particular de controles, funções e simbolizações, como nos territórios pessoais de alguns indivíduos ou grupos mais globalizados que podem ou se permitem usufruir do cosmopolitismo multiterritorial das grandes metrópoles.

Esta multiplicidade territorial varia também de acordo com o contexto cultural e geográfico, encontrando-se desde territórios como "abrigo", muito concretos, entre populações cujos parcos recursos de sobrevivência fazem com que ainda dependam diretamente de alguns aportes físicos do meio, até territórios vinculados ao ciberespaço, em que o controle é feito através dos meios informacionais os mais sofisticados — como alguns empresários capazes de exercer grande parte do controle de suas empresas (grandes fazendas, por exemplo) a distância, através do computador. Vimos no caso da organização terrorista Al Qaeda como eles fazem uso de vantagens de todos esses tipos de territorialização. É como se a cada momento, através desses múltiplos territórios (e escalas), seus membros (ou seus chefes, pelo menos) pudessem acionar os "ritmos" territoriais que estrategicamente mais lhes favorecessem.

À multiplicidade justaposta (e muitas vezes hierárquica) visível até o terceiro desses conjuntos de territorializações, devemos acrescentar a efetiva "multiterritorialização" visível no último tipo, resultante não apenas da sobreposição ou da imbricação entre múltiplos tipos territoriais (o que inclui territórios-zona e territórios-rede), mas também de sua experimentação/reconstrução de forma singular pelo indivíduo, grupo social ou instituição. A esta reterritorialização complexa, em rede e com fortes conotações rizomáticas, ou seja, não-hierárquicas, é que damos o nome de *multiterritorialidade*. As condições para sua realização incluiriam a maior diversidade territorial (daí o papel das grandes metrópoles como *loci* privilegiados em termos dos múltiplos territórios que comportam), uma grande disponibilidade de e/ou acessibilidade a redes-conexões (quer dizer, uma maior fluidez do espaço), a natureza rizomática ou menos centralizada dessas redes e, anteriores a tudo isto, a situação socioeconômica, a liberdade (individual ou coletiva) e, em parte, também, a abertura cultural para efetivamente usufruir e/ou construir essa multiterritorialidade.

Multiterritorialidade (ou multiterritorialização se, de forma mais coerente, quisermos enfatizá-la enquanto ação ou processo) implica assim a possibilidade de acessar ou conectar diversos territórios, o que pode se dar tanto através de uma "mobilidade concreta", no sentido de um deslocamento físico, quanto "virtual", no sentido de acionar diferentes territorialidades mesmo sem deslocamento físico, como nas novas experiências espaço-temporais proporcionadas através do ciberespaço.

Por meio de uma concepção muito ampla de "território social", que vai desde o indivíduo e a família até a classe social, a etnia e a nação, o sociólogo Yves Barel (1986) considera que o homem, como "animal político e social", é também um "animal territorializador". Sua especificidade é que esta territorialização humana não é uma relação biunívoca, pois o ser humano é capaz de "produzir e habitar mais de um território" (p. 135), o que envolve "um fenômeno de multipertencimento e superposição territorial" (Haesbaert, 1997:39).

Deste modo, a existência do que estamos denominando multiterritorialidade, pelo menos no sentido de experimentar vários territórios ao mesmo tempo e de, a partir daí, formular uma territorialização efetivamente múltipla, não é exatamente uma novidade, pelo simples fato de que, se o processo de territorialização parte do nível individual ou de pequenos grupos, toda relação social implica uma interação territorial, um entrecruzamento de diferentes territórios. Em certo sentido, teríamos vivido sempre uma "multiterritorialidade".

A principal novidade é que hoje temos uma diversidade ou um conjunto de opções muito maior de territórios/territorialidades com os/as quais podemos "jogar", uma velocidade (ou facilidade, via Internet, por exemplo) muito maior (e mais múltipla) de acesso e trânsito por essas territorialidades — elas próprias muito mais instáveis e móveis — e, dependendo de nossa condição social, também muito mais opções para desfazer e refazer constantemente essa multiterritorialidade.

Talvez o mais importante desta nova relação seja que esses diferentes territórios que conseguimos mobilizar não continuam mantendo suas individualidades, como num novo "todo" produto do somatório das partes, mas entram na construção de uma experiência ou construção efetivamente nova, flexível e mutável que não é uma simples reunião ou justaposição de "múltiplos" territórios, mas, efetivamente, uma "multiterritorialidade". Não se trata, portanto, de uma transformação meramente quantitativa: mais alternativas territoriais, maior facilidade de acesso, maior velocidade de mudança.

Há uma transformação qualitativa envolvendo aquilo que já comentamos como sendo nossa nova experiência de tempo-espaço, mais fluida, e que inclui a compressão ou o desencaixe espaço-temporal — sem esquecer que se trata de uma experiência moldada pelas distintas "geometrias de poder" em que estamos mergulhados, ou seja, profundamente diferenciada de acordo com as classes sociais e os grupos culturais a que pertencemos.

Podemos distinguir duas formas básicas de efetivação da multiterritorialidade, ambas aliadas às novas tecnologias disponíveis e que de certa forma revolucionaram, ao longo do século XX, nossa dinâmica socioespacial ou geográfica. A primeira é aquela que foi proporcionada pela crescente facilidade e cada vez maior velocidade dos meios de transporte, permitindo que, pelo deslocamento físico rápido, constante e na escala do globo como um todo, nós (ou pelo menos uma parcela mais privilegiada da sociedade) pudéssemos ter acesso a "múltiplos territórios" ao redor do mundo. A segunda, com uma maior carga imaterial, é a que nos permite (ou àqueles que têm acesso às tecnologias aí envolvidas), pela comunicação instantânea, contatar e mesmo agir sobre territórios completamente distintos do nosso, sem a necessidade da mobilidade física. Trata-se aqui de uma multiterritorialidade envolvida nos diferentes graus daquilo que poderíamos denominar como sendo a vulnerabilidade informacional (ou virtual) dos territórios.

Essas novas articulações territoriais em rede dão origem a territórios-rede flexíveis onde o mais importante é ter acesso aos pontos de conexão que permitem "jogar" com a multiplicidade de territórios existente, criando assim uma nova territorialidade. Mas não se trata, também, como no passado, da simples possibilidade de "acessar" ou de "ativar" diferentes territórios. Trata-se de fato de vivenciá-los, concomitante e/ou consecutivamente, num mesmo conjunto, sendo possível criar aí um novo tipo de "experiência espacial integrada". Pela síntese de elementos já discutidos ao longo deste trabalho, esta nova experiência inclui:

— uma dimensão tecnológica de crescente complexidade, em torno da já comentada reterritorialização via ciberespaço, e que resulta na extrema densificação informacional de alguns pontos altamente estratégicos do espaço;
— uma dimensão simbólica cada vez mais importante, onde é impossível estabelecer limites entre as dimensões material e imaterial da territorialização;
— o fenômeno do alcance planetário instantâneo (dito em "tempo real"), com contatos globais dotados de alto grau de instabilidade e imprevisibilidade;
— a identificação espacial ocorrendo muitas vezes no/com o próprio movimento (e, no seu extremo, com a própria escala planetária como um todo).

Haveria cada vez menos uma territorialidade central ou padrão frente à qual as demais acabavam sempre se referindo, como no caso do Estado nação da modernidade clássica. Aparece, ao mesmo tempo, a possível formação de uma territorialidade-mundo, pela primeira vez na História uma identidade territorial global construída a partir de problemáticas que envolvem o mundo como um todo, a começar pelas problemáticas ecológicas e sanitárias (epidemias globalizadas, por exemplo). Pelo menos um grupo ainda seleto de pessoas tem o mundo como sua nova referência territorial, a "Terra-pátria" defendida por Morin e Kern (1995).

Mas mesmo para aqueles poucos para os quais esta referência é efetivamente uma referência central, estamos longe, ainda, de construir um verdadeiro território global. Se ele se encontra presente, ainda é muito mais no nível simbólico, através da criação de uma embrionária consciência-mundo, do que num sentido mais concreto, na forma, por exemplo, de um corpo de legislação eficaz em torno de um território-mundo, jurídico-politicamente falando. A melhor definição de global ainda é, em termos territoriais, a conjugação de uma multiplicidade de territórios ou, para quem aprecia os neologismos, a glocalização contemporânea.

Glocalização, porém, mais do que um conjunto de situações "locais" que sofrem interferência do "global", é justamente um dos processos através dos quais podemos reconhecer melhor a multiterritorialização, em seu sentido mais estrito. Nem simplesmente uma justa ou sobreposição de territorialidades em escalas distintas (o global *e* o local), nem uma imposição unilateral de eventos que ocorrem em uma escala sobre os de outra (o global *sobre* o local), a glocalização, segundo autores como Robertson (1995) e Swyngedouw (1997), indica uma combinação de elementos numa nova dinâmica onde eles não podem mais ser reconhecidos estritamente nem como globais, nem como locais, mas sim como um amálgama qualitativamente distinto — global *e* local *combinados, ao mesmo tempo*, como um novo processo.

Gibson-Graham (2002), citando trabalho inédito de A. Dirlik, vão mais longe:

O global e o local são processos, não localizações. Globalização e localização produzem todos os espaços como híbridos, como sítios "glocais" tanto de diferenciação quanto de integração (Dirlik, 1999:20). *O local e o global não são entidades fixas, mas são produzidos de forma contingente, sempre em processos de re-produção, nunca completados* (pp. 32-33).

Mais uma vez, trata-se de reconhecer em cada parcela do espaço não a distinção entre processos locais e processos globais, mas suas variadas combinações, numa situação mais geral em que as próprias dinâmicas denominadas "globais" podem ter resultado da globalização de condições que previamente eram tidas como "locais" ou "regionais" (como no exemplo das culinárias chinesa, japonesa e mexicana).

É fácil deduzir que somente a presença de territórios-rede proporciona as condições para a existência da multiterritorialidade.

Mas, como vimos que há diferentes interpretações possíveis para a expressão território-rede, a começar pelo simples fato de que todo território é constituído de redes, devemos distinguir também os diferentes sentidos em que se pode falar em multiterritorialidade.

Podemos identificar pelo menos duas leituras da "multiterritorialização": aquela que diz respeito a uma multiterritorialidade "moderna", zonal ou de territórios *de* redes, embrionária, e a que se refere à multiterritorialidade "pós-moderna", reticular ou de territórios-rede propriamente ditos, ou seja, a multiterritorialidade em sentido estrito. A "multiterritorialidade" zonal ou de territórios de redes é em geral hierarquizada e formada pela sobreposição ou ligação em rede de territórios-zona. É o caso típico da organização político-administrativa dos Estados modernos, onde pertencemos ao mesmo tempo a uma hierarquia de múltiplas jurisdições territoriais, da municipalidade ao condado, à província, ao Estado e, hoje, pelo menos no caso da União Européia, a um "bloco de poder" supranacional. Trata-se de uma "multiterritorialidade" de territórios-zona encaixados, ligada à lógica estatal hierárquica dominante da modernidade.

A condição pós-moderna, podemos afirmar, inclui uma outra multiterritorialidade, resultante do domínio de um novo tipo de território, o território-rede em sentido estrito ou, no seu extremo, a rede-território. Aqui a perspectiva euclidiana de um espaço-superfície contínuo praticamente sucumbe à descontinuidade, à fragmentação e à simultaneidade de territórios que não podemos mais distinguir claramente onde começam e onde terminam ou, ainda, onde irão "eclodir", pois formações rizomáticas também são possíveis (como vimos para o território-rede da organização terrorista Al Qaeda).

As redes, especialmente as redes informacionais ou virtuais, possibilitam — dependendo da classe e do grupo social — um jogo territorial inédito, onde existe a potencialidade, a todo momento, de recombinar (e "descombinar") territórios em uma nova multi-territorialidade. Dela de alguma forma pode fazer parte a maioria dos fenômenos que, ao longo deste trabalho, foram identificados por muitos autores como constituindo processos de desterritorialização. Por exemplo:

— o domínio dos fluxos e da mobilidade num mundo de relações instantâneas, "sem fronteiras";
— o domínio da flexibilização nas relações de trabalho e de produção, que permite a "deslocalização" econômica;
— a hibridização cultural, que impede a formação clara de diferentes identidades territoriais.

Devemos distinguir ainda outras formas de trabalhar a multiterritorialidade, levando em conta seus diferentes sujeitos: uma a nível de classes, grupos e instituições (especialmente o Estado), outra a nível individual. Embora este seja um tema para desdobramento com muito mais cuidado em outro(s) trabalho(s), deixamos aqui algumas indicações em termos de reflexão introdutória.

No nível dos indivíduos, podemos falar de multiterritorialidade através de relações sociais (de poder) que promovem uma nova experiência integrada do espaço, uma integração ou controle que não se dá num mesmo local enquanto "experiência total", mas que é possível se efetivar graças às redes de que dispomos para a construção de nossos "territórios-rede" individuais, ou, mais propriamente, neste caso, do nosso "(multi)território" pessoal. Exemplos concretos, trabalhados logo a seguir, podem ilustrar melhor alguns tipos de multiterritorialidade, seja a nível individual (minha experiência pessoal numa cidade global) ou de grupos (a multiterritorialidade das grandes diásporas de imigrantes).

A multiterritorialidade individual nas grandes metrópoles

Grandes metrópoles cosmopolitas são espaços férteis para a proliferação das formas de multiterritorialidade mais ricas — dependendo, é claro, da condição econômico-política e da "predisposição" (cultural) de cada indivíduo ou grupo para a vivência dessa multiplicidade, pois é muito importante distinguir entre multiterritorialidade potencial (disponível, realizável) e multiterritorialidade efetiva (realizada de fato). Territórios pessoais ou territórios de "baixa intensidade" podem se cruzar numa infinidade de combinações possíveis. "Baixa intensidade", podemos dizer, porque eles não implicam grandes transformações espaciais, nem mesmo, na maioria das vezes, alterações físicas mais visíveis nas "formas" da cidade. Estão relacionados à construção territorial que fazemos através das funções que desempenhamos e das significações que propomos através de nossos movimentos no interior dos espaços urbanos.

Mais do que novas "formas", o que interessa são as novas relações que estes múltiplos espaços permitem construir. Nunca é demais lembrar o pressuposto básico de que o território, no sentido relacional com que trabalhamos, não é simplesmente uma "coisa" que se possui ou uma forma que se constrói, mas sobretudo uma relação social mediada e moldada na/pela materialidade do espaço. Assim, mais importantes do que as formas concretas que construímos são as relações com as quais nós significamos e "funcionalizamos" o espaço, ainda que num nível mais individual.

Mesmo num nível pessoal, se considerarmos que o "território mínimo", como já comentamos, pode advir do próprio sentido relacional em que está situada nossa corporeidade, os territórios nunca existem sem zonas e redes, contenção ou repouso e fluidez ou movimento. De certo modo, somente "zonas" interligadas ou em movimento podem construir redes (circuitos urbanos), assim como somente redes podem manter coesa ou articular uma "zona" (por exemplo, numa outra escala, redes de transporte em relação à integração de um território nacional).

Como uma espécie de "cidadão global intermediário", tenho alguma liberdade para traçar meus próprios territórios no interior da cidade, mas absolutamente não sou livre para construí-los em qualquer lugar — minha classe social, meu gênero, minha língua (ou mesmo meu sotaque), minhas roupas (em certas Igrejas ou *shopping centers* não se pode entrar com determinado tipo de roupa), cada uma destas características joga um papel diferente na construção de minha territorialidade urbana.

Na verdade, vivencio muitos territórios ao mesmo tempo. Eles podem ser denominados, na sua combinação, a multiterritorialidade que eu construo. Eles se desenham mais como uma "zona" na relativamente estável casa onde moro (utilizada sobretudo para o repouso noturno) ou em cada pólo ou *relais* em que eu paro, e mais como uma linha e fluxo em cada conexão que faço entre essas zonas. Assim, quando conecto este conjunto entre linhas ou dutos e zonas ou *relais* eu estou construindo algo como um território-rede (de baixa intensidade).

Por outro lado, quando, em meu quarto, faço um telefonema ou conecto a Internet e me comunico com minha família no outro lado no mundo, no Sul do Brasil, trocando afetividade e orientando-os no sentido de receberem a contribuição mensal que lhes envio e, desta forma, intervindo diretamente na sua própria territorialização, meu quarto adquire uma outra conotação enquanto território. Ele deixa de ser simplesmente meu local de repouso e passa a ser também o local privilegiado da minha "glocalização" no mundo. Sua "densidade" (e, de certa forma, também, "vulnerabilidade") informacional passa a ser tão importante quanto seu papel como base material de que disponho para a recuperação física cotidiana.

Para usufruir toda essa multiterritorialidade, preciso de muitos cartões, chaves e senhas, ou seja, tanto ciberconexões (como no caso do computador) quanto "permissões" para ser admitido nessas zonas ou *relais* — como bibliotecas, academias de ginástica, cinemas, e também nos dutos, como para entrar no *tube*, o metrô londrino. Neste aspecto, também a rede de metrô pode ser vista como um território, no sentido mais funcional de espaço de acesso controlado. Assim, cada um desses *relais* pode compor uma porção de outros territórios, territórios pessoais flexíveis, bem como territórios institucionais e empresariais (ou "corporativos") mais ou menos definidos. Estamos num grande labirinto de *ins* e *outs*, desterritorializações e reterritorializações. Este movimento significa possibilidades, acesso, abertura, mas também, ao mesmo tempo, significa exclusão, grandes exclusões espaciais de vastas áreas e, assim, de mobilidade e relacionamento humano através da cidade. Quando abro os circuitos de meu território-rede londrino e vou, num final de semana, ver um filme curdo num cinema chamado Rio, numa área habitada por muitos imigrantes africanos chamada Hackney, posso ver um pouco mais, num nível bastante simples, o que significa des-reterritorialização ou, numa expressão mais adequada, a conformação de minha multiterritorialidade. Mais ainda, quando cruzo a cidade de Parsons Green, no sudoeste, até Stepney Green, no leste, para visitar a família de meu amigo bengali, estou efetivamente me des-reterritorializando em meio a duas diferentes cidades ou, ainda mais, literalmente, entre o Ocidente e o Oriente dentro da mesma Londres.

Em primeiro lugar, preciso cruzar a cidade do mesmo modo que meu amigo bengali, de ônibus, e não de metrô, pois é o transporte mais barato. Ou seja, condições socioeconômicas diferentes definem nossas diferentes territorialidades. De metrô, a cidade que vejo e na qual busco me territorializar é completamente outra, restrita às estações subterrâneas do metrô e pontos muito específicos onde saio à superfície para realizar pontualmente minhas atividades. Ou seja, uma cidade muito mais fragmentada que a do meu amigo bengali. A diferença é que ele tem menos opções. Os ônibus são mais baratos, mas também são mais lentos e não vão tão longe. Tomo então três ônibus e gasto assim quase duas horas em vez de uma para chegar a Stepney Green. Imagine-se o que esta diferença representa quando compõe uma territorialização de todos os dias.

Distância, velocidade e tipo de duto que percorremos, de acordo com a posição social, importam, e muito, na forma com que construímos e controlamos nossos territórios. Se vamos mais rápido, podemos ter mais opções e acesso a mais territórios, mas ao mesmo tempo podemos ter uma visão mais fragmentada da cidade. Andar mais lentamente, neste caso, de ônibus, e pela superfície, proporciona uma visão mais integrada, porém de uma parcela mais restrita da malha geral da cidade.

Não é apenas a posição econômica que define a maior ou menor intensidade de nossa multiterritorialidade. Questões de ordem cultural, identitária, dependendo do contexto, também são fundamentais. Movimentar-se no interior de uma casa muçulmana como a de meu amigo bengali, por exemplo, exige uma reterritorialização a nível cultural que eu não domino: o lugar para as mulheres, o lugar para os homens, para os mais idosos, casados, solteiros ou viúvos, o modo de cumprimentar, conversar e tocar — ou simplesmente não conversar, não tocar, que difere para diferentes membros da família.

O que define minha escolha por esse ou aquele território no interior da cidade é um complexo de processos, e eu interajo numa multiplicidade de escolhas e constrangimentos impostos por outros que, muitas vezes, têm muito mais capacidade do que eu para definir territorialidades, num sentido geral ou com respeito a seu ambiente econômico e cultural. Apesar das diferentes distâncias e dos mal-entendidos, tenho muito mais liberdade e opções em Londres para escolher ou para construir e viver meus próprios territórios — ou, de forma mais adequada, minha própria multiterritorialidade. Até mesmo o simples ato de sentar tranqüilamente numa praça, esse tipo de territorialização *soft* é bastante distinto da minha experiência no Rio de Janeiro.

O Rio oferece bem menos flexibilidade espacial para a livre construção de territórios do que Londres, embora Londres, sem dúvida, também ofereça várias restrições. Isto não somente porque o Rio é uma metrópole do Terceiro Mundo ou periférica[5], mas porque sua massa de excluídos ou, como denominamos aqui, seus aglomerados de exclusão, são extremamente segregados no espaço

---

[5] Fato que deve ser relativizado se fizermos uma análise no nível de bairro. Pesquisas recentes do Instituto Pereira Passos, por exemplo, demonstraram que o IDH (Índice de Desenvolvimento Humano) de um bairro como Ipanema chega a ser superior ao de países como a Suécia e a Noruega.

em relação às classes média e alta. Eles têm cada vez mais territórios fechados ou exclusivos onde o fechamento, ao contrário dos condomínios das classes mais altas, não significa segurança ou mesmo garantias mínimas de sobrevivência, porque definidos e controlados por outros grupos, muitas vezes alheios à realidade dos grupos locais. Assim, multiterritorialidade depende sobretudo do contexto social, econômico, político e cultural em que estamos situados.

A multiterritorialidade das diásporas

Podemos dizer também que quanto mais ampla e flexível a rede (ou o "território-rede") em que estivermos inseridos, aliada à autonomia de que dispomos para a sua re-construção, maiores as possibilidades de que diferentes territórios se tornem um trunfo ou um "recurso" na configuração de nossa multiterritorialidade. É um pouco o que acontece com grande parte dos membros de diásporas de imigrantes. Dizemos "grande parte" porque também podem existir aqueles que, mesmo em meio a redes que atravessam vários países e regiões, conectando-se globalmente ao longo de todo o planeta, podem restar completamente fechados, reterritorializados em um território-rede exclusivista e segregado, uma espécie de "territorialismo em territórios-rede".

De qualquer forma, sem dúvida um dos exemplos mais característicos de multiterritorialidade é aquele construído através das grandes diásporas de migrantes, com papel cada vez mais relevante no mundo contemporâneo. Elas representam historicamente uma das formas pioneiras de multiterritorialidade na medida em que o deslocamento e a dispersão espacial de pessoas pertencentes a um grupo com forte identidade cultural através do mundo promovem múltiplos encontros entre "diferentes", muito antes do advento dos meios de transporte rápidos e da comunicação instantânea. Os diferentes amálgamas e as formas de segregação que daí advêm (o gueto é uma delas, como já vimos) não permitem concordar com aqueles que advogam a dinâmica "desterritorializada" das diásporas, fundadora de uma "extra" ou de uma "a-territorialidade".

Muitos autores deixam subentendida uma noção estreita e tradicional de território, atrelada à sua dimensão político-estatal, ao falarem da desterritorialização das diásporas. Assim, por exemplo, as diásporas seriam "desterritorializadas" por subverterem os princípios da moderna cidadania estatal (Gilroy, 1994). Cohen afirma que as diásporas são "desterritorializadas, multilíngües e capazes de preencher a lacuna entre as tendências globais e locais", tirando vantagem "das oportunidades econômicas e culturais que são oferecidas" (1997:176). Já para Ma Mung (1999), a diáspora traduz "a idéia de uma vida fora do território". Ele faz, contudo, um importante adendo: fora "de um território no sentido 'clássico'", quer dizer, "definido pela adequação de uma população a um espaço dado circunscrito pela presença perene desta população" (p. 93). Trata-se da perspectiva do território pautada na continuidade, na estabilidade e no controle sobre um espaço zonal ou em área. As migrações, populações em movimento, em geral exigem uma outra concepção de território, aquilo que aqui denominamos território-rede.

A "extraterritorialidade" da diáspora a que se refere Ma Mung "se realiza a favor do desenvolvimento de uma identidade étnica transnacional que oferece o sentimento de pertencimento a uma mesma entidade social de algum modo a-territorial" (1999: 93). Aqui o que temos é a leitura de que o território desaparece em prol de uma "identidade transnacional", seguindo em parte o raciocínio dualista global-local que associa globalização (no caso, "transnacionalização") e desterritorialização. O que talvez Ma Mung esteja subvalorizando é justamente o papel múltiplo da nova territorialidade que aí está sendo construída.

Na visão de Chivallon (1999), ao contrário, encontramos nas diásporas a "recomposição do laço comunitário através da dispersão". Elas mostram como "a rede pode fazer 'circular' a memória". Neste caso, "há sempre território: aqueles do cotidiano, mas, sobretudo, aquele da origem carregado do simbolismo do lugar de fundação, verdadeiro cimento comunitário sem o qual a rede não poderia transportar sua memória" (Chivallon, 1999:7).

Observa-se que a territorialidade da diáspora não está de modo algum vinculada apenas a uma geografia imaginária ou a uma identidade cultural sem referencial espacial concreto (como parecia ser o caso no seu exemplo-tipo, o da diáspora judaica antes da criação do Estado de Israel). É verdade que muitas vezes a territorialidade aparece num sentido muito mais simbólico do que concreto, mas há sempre algum vínculo com um espaço material, seja ele a pátria de origem, sejam as áreas no estrangeiro onde se aglutinam os membros da diáspora (ver, por exemplo, as Chinatowns e Coreatowns e as zonas árabes e hindus nas grandes metrópoles européias e norte-americanas).

Mesmo que tenhamos apenas a sobrevivência de referências territoriais puramente simbólicas, e que estas se reportem não a territórios particulares (como o Estado nação ou a região de origem), mas aos múltiplos territórios ou à própria dispersão (territórios dispersos) que compõem o grande território-rede da diáspora, ainda assim devemos falar num tipo muito próprio de reterritorialização, uma territorialização múltipla, na dispersão, articulada em rede, "com ou no movimento" (inerente à diáspora) e altamente simbólica — em outras palavras, uma multiterritorialidade em sentido estrito.

Mesmo se a identidade se encontra "focada menos no território comum e mais na memória, ou, mais propriamente, na dinâmica social da recordação e da comemoração[6]", como afirma Gilroy (1994:207), essa memória também está calcada, em grande parte, na "recordação e comemoração" que faz referência a uma territorialidade, tratando-se na verdade da gestação de uma outra concepção de espaço (e de território, acrescentaríamos):

---

[6] "Comemoração", aqui, do inglês *commemoration*, significa "o ato de preservar a memória de alguém, especialmente com uma cerimônia solene" (*Dicionário Michaelis*, 2000:134).

O próprio conceito de espaço é transformado na medida em que é visto menos através de noções obsoletas de fixidez e lugar e mais em termos de circuitos comunicativos ex-cêntricos que possibilitaram à população dispersa dialogar, interagir e mesmo sincronizar elementos significativos de suas vidas sociais e culturais (Gilroy, 1994:211).

Para Ma Mung, trata-se de "um espaço imaginário, 'fantasmático', reconstruído à escala internacional" e baseado na consciência da diáspora, que não existiria, portanto, no sentido objetivo, "morfológico", "ou pelo menos esta condição não seria suficiente. A diáspora seria então um sentimento, um sonho e, portanto, uma utopia (...)" (1999:309). Um tanto contraditoriamente, ao lado do uso de expressões como extra ou a-territorialidade, Ma Mung também parece propor uma outra noção de território a partir da diáspora, um território intercambiável, com base na noção de "equivalência", que é uma propriedade que podemos igualmente associar àquilo que estamos tratando aqui como multiterritorialidade:

(...) o território não como espaço único (...) mas como espaço que pode entrar em comparação com outros: podendo equivaler. Equivalente, ele pode ser intercambiado contra outros e por isso se pode mover sem se desencarnar nos outros espaços, daí o percurso sentimentalmente possível de um a outro. Esta equivalência é ainda reforçada quando o território de origem (por exemplo, a Ásia do Sudeste para alguns chineses) é diferente do lugar mítico de origem. (...) Ora, a diáspora sabe intuitiva e progressivamente — e é assim que ela se constrói ideologicamente, podemos dizer, como diáspora — que seu território não é um lugar preciso, mas uma multidão que se equivale, pois lugar nenhum é o lugar insubstituível da identidade (pp. 309-310).

Embora ele acrescente logo a seguir sua idéia de extraterritorialidade, na verdade se trata de uma outra concepção de território, centrada no imaginário, mas nunca a ele completamente reduzida, um território que se "multiplica" justamente porque "se equivale" através dos grupos que se dispersam por vários espaços. Talvez pudéssemos afirmar que o próprio caráter de "equivalência territorial" é uma marca daquilo que estamos denominando multiterritorialidade. Aqui, é também de um território no movimento que se trata, um território extremamente dinâmico, e sua principal "condensação" pode estar muitas vezes nos próprios grupos ou nessa "multidão" que o reproduz nos espaços por onde ela circula.

A identidade "transnacional" ou propriamente de diáspora — que Ma Mung chama de extraterritorial — é construída sobre um novo padrão territorial-identitário, ao mesmo tempo global e local, e que se articula nitidamente através de um típico território-rede. A nova identidade territorial que se constrói está ligada a um conjunto de espaços dispersos, descontínuos, conectados em rede através do mundo. Mas não é exatamente uma identidade global (no sentido de sua universalidade), pois fica restrita a esse conjunto muito seleto de espaços em que se dá a reprodução de grupos sob a mesma origem étnica e com interesses socioeconômicos semelhantes[7].

Sintetizando, a partir da reelaboração de idéias propostas por Ma Mung (1999), teríamos como características geográficas das diásporas, enquanto forma de reterritorialização do migrante:

— A *multipolaridade* da migração: desde o sentido etimológico da palavra "diáspora", que vem do grego *speiro*, significando dispersão, tem-se a idéia central do espalhamento e mesmo da não-centralidade, da não-hierarquização; uma característica da diáspora é que, mesmo possuindo um Estado ou região de origem, não obrigatoriamente este(a)

---

[7] Esta dinâmica, conforme sugerimos em trabalho anterior (Haesbaert, 1999), pode ser associada geograficamente a um novo tipo de regionalização do mundo, agora não mais na forma de recortes exclusivos ou zonais, mas em torno de diversas redes sobrepostas e globalmente conectadas.

representa a função de centro no conjunto de relações da rede;
— a *interpolaridade* das relações: a dispersão da diáspora em vários Estados/contextos econômicos pelo mundo pode ser vista como um recurso, o migrante em diáspora podendo usufruir dessa dispersão tanto para recorrer a outros membros em momentos de crise quanto para a expansão de seus negócios;
— a *multiterritorialidade* (e não extraterritorialidade, como propõe Ma Mung) em termos, por exemplo, das identificações: tanto no sentido de uma consciência multi ou pluriescalar, com múltiplos espaços de referência identitária, do bairro (mais concreto) ao país de origem (referência mítica) e à diáspora enquanto fenômeno global, quanto no sentido da criação de uma "identidade étnica transnacional", como diz Ma Mung, construída através da percepção do grupo como dispersão territorial.

Ma Mung trata a dispersão como um "recurso espacial" na medida em que "o fato de estar disperso é utilizado para *fazer coisas que não se poderia fazer se não se estivesse disperso*" (1999: 325). Referindo-se à diáspora chinesa, ele afirma que o fato de possuir parentes em outros países é sempre objeto de satisfação, de orgulho, tanto maior quanto maior o número de países em que os migrantes se encontram dispersos. Esses recursos espaciais vinculados à dispersão são mobilizados em diferentes escalas e utilizados em diversos domínios, especialmente no campo dos negócios, com a formação de redes comerciais, o deslocamento de atividades de um país para outro em condições desfavoráveis e mesmo a reorientação dos fluxos migratórios em função da conjuntura econômica. Isto mostra que os territórios-rede — e a multiterritorialidade — dos migrantes em diáspora vêem-se ainda mais fortalecidos pela dinâmica econômica que aí se constrói.

Apesar de muitas evidências de uma conotação mais positiva, através destes dois exemplos, um mais pessoal, ao nível do cosmopolitismo londrino, e outro de grupos sociais amplos, numa dispersão territorial globalmente articulada, não podemos afirmar que a multiterritorialidade seja boa ou má em si mesma. Como já havíamos afirmado (Haesbaert, 1997), "percebe-se aí ao mesmo tempo um ângulo positivo (a vivência concomitante de múltiplos 'territórios' e identidades) e negativo (a [potencial] fragilidade de nossas relações com os outros e com o meio)" (p. 44). A questão principal se refere às circunstâncias em que a acionamos. O exemplo da estratégia multiterritorial da rede terrorista Al Qaeda, comentado no capítulo anterior, é a melhor evidência do potencial igualmente negativo presente nos processos de "multiterritorialização".

Através do exemplo da rede terrorista Al Qaeda e, em parte, também pelo das diásporas e ao nível mais individual, fica claro que a multiterritorialidade deve ser identificada tanto em seu sentido potencial ou virtual (a possibilidade de ser acionada) quanto como realização ou acionamento efetivo. As implicações políticas desta distinção são importantes, pois sabemos que a disponibilidade do "recurso" multiterritorial — ou a possibilidade de ativar ou de vivenciar concomitantemente múltiplos territórios — é estrategicamente muito relevante na atualidade e, em geral, encontra-se acessível apenas a uma minoria. Assim, enquanto uma elite globalizada tem a opção de escolher entre os territórios que melhor lhe aprouver, vivenciando efetivamente uma multiterritorialidade, outros, na base da pirâmide social, não têm sequer a opção do "primeiro" território, o território como abrigo, fundamento mínimo de sua reprodução física cotidiana.

Quando visito a casa de meu amigo bengali em Stepney Green, em Londres, estou vivendo uma territorialidade completamente distinta da minha e, assim, expandindo minha multiterritorialidade através de outra experiência cultural na teia da cidade. Uma multiterritorialidade mais intensa é sempre um "jogo aberto", onde podemos, pelo menos virtualmente, "jogar" com todos os territórios possíveis. A um nível mais pessoal, talvez a multiterritorialidade, estritamente falando, seja uma condição durante a qual nos encontramos realmente capacitados e somos livres não somente para viver territórios profundamente distintos, entrando e saindo deles quando quisermos, mas, sobretudo, para construir outros, fruto de uma articulação pessoal, produzindo, assim, mais múltiplos e "únicos" territórios — únicos, aqui, no sentido da articulação ou da combinação singular que eles promovem.

Como a multiterritorialidade contemporânea pode ser altamente complexa e dotada de ampla flexibilidade, ela pode também ser ativada — ou criada — e desativada numa incrível velocidade. Trata-se assim de avaliá-la a partir dessa capacidade efetiva de construção. Como não se trata, entretanto, de um território-rede hierarquizado, no sentido mais tradicional, há também a possibilidade de que surjam, de maneira mais ou menos imprevisível, novas articulações e criações em pontos não obrigatoriamente comandados ou mesmo conectados a um poder central, como ocorre nas grandes redes terroristas e também através da multipolaridade das diásporas. No caso da Al Qaeda, trata-se de uma multiterritorialidade também no sentido de que, pautada em uma mesma e forte fundamentação ideológica, pode ser "replicada", reproduzindo-se de formas semelhantes em outros pontos, através de outros grupos e em outras redes (ou melhor, "rizomas", já que não são claramente hierarquizadas) de articulação.

O que é negativo, de fato, não é a multiterritorialidade em si, mas os "extremos" de um (quase) completo fechamento ou uma (quase) completa abertura ou fluidez territorial. Os dois processos, como já ressaltamos, indicam dinâmicas, em parte, desterritorializadoras. Grupos mais precariamente territorializados, por exemplo, podem tanto estar guetoificados (em territorialismos segregados) quanto imersos num "nomadismo errático" (em aglomerados de exclusão "de massa"). O que efetivamente importa é estar "livre para abrir e fechar" territórios, ter a capacidade — ou a escolha — para aí entrar, sair, passar ou permanecer, de acordo com sua necessidade ou vontade. Isto significa termos o poder de tornarmo-nos mais ou menos "controlados", de fazer as articulações ou conexões que nos aprouver, dotando assim de significado ou de "expressão" própria o nosso espaço.

Em síntese, quem tiver mais opções para ativar e comandar a riqueza da multiterritorialidade que potencialmente se encontra a seu dispor, seja através de movimentos progressistas (como o movimento zapatista de Chiapas), seja através de movimentos retrógrados ou conservadores (como o da rede terrorista Al Qaeda), consegue maior poder para produzir mudanças sociais, um pouco como nas "linhas de fuga" a que se referem Deleuze e Guattari — mas sempre no sentido de um movimento concomitante de desterritorialização e reterritorialização.

9

Desterritorialização como Mito

Vimos, já na Introdução, como a questão da desterritorialização, embora hoje intensificada, não é recente ou eminentemente "pós-moderna". Recorremos ao sociólogo Durkheim para demonstrar que há mais de um século difundia-se discurso análogo ao desta nova passagem de século. É curioso verificar, entretanto, que é o próprio Durkheim, também, quem questiona, pelo menos parcialmente, a idéia de desterritorialização. Numa nota muito importante que se segue ao raciocínio que reproduzimos na Introdução, afirma ele:

> *(...) não queremos dizer que as circunscrições territoriais estão destinadas a desaparecer completamente, mas apenas que passarão para o segundo plano. As instituições antigas nunca desvanecem diante das novas instituições, a ponto de não mais deixarem vestígio de si mesmas. Elas persistem, não apenas por sobrevivência, mas porque persistem também algumas das necessidades a que correspondiam. A proximidade material constituirá sempre um vínculo entre os homens; por conseguinte, a organização política e social com base territorial certamente subsistirá. Apenas ela não mais terá sua atual prepon-*

derância, precisamente porque esse vínculo perde a força. De resto (...) sempre encontraremos divisões geográficas, inclusive na base da corporação. Além disso, entre as diversas corporações de uma mesma localidade ou de uma mesma região, haverá necessariamente relações especiais de solidariedade que sempre reclamarão uma organização apropriada (Durkheim, 1995:436).

Como constata o autor, mesmo que o papel das "divisões territoriais" se arrefeça, os traços de muitas dessas configurações permanecem, lembrando aquilo que Milton Santos denominou "rugosidades" ou "acumulação desigual de tempos". Mesmo em sua visão mais simplificada, a partir de território como base material ou "espacial" da sociedade, não há como justificar o discurso da desterritorialização. Num sentido mais estrito, assim como não há desterritorialização, com mais razão ainda não há "desespacialização".

No seu extremo, o discurso da desterritorialização nega a própria existência do espaço, visto até mesmo como um empecilho ao desenvolvimento humano, seja no sentido de distância a ser transposta, seja no de "peso" material ou de "objetividade" a ser suprimida (confunde-se aqui a "desobjetivação" com a "desessencialização" pós-modernista). Há mesmo um pensamento que nega a realidade do espaço, que "faz do espaço a projeção do espírito sobre o extenso do mundo e assim um objeto abstrato ao qual não é reconhecida existência em si" (Polere, 1999:35). Segundo Polere:

o espaço parece contudo ser a condição de possibilidade dos fenômenos, a pré-condição da relação do indivíduo com as coisas, a condição da experiência na medida em que a consciência do espaço real se origina em primeiro lugar na consciência do corpo, e depois na relação entre o corpo e um espaço (mostrado particularmente pela fenomenologia); é em relação ao espaço que eu defino minha posição, e a posição no espaço real é uma pré-condição da consciência. A perda da posição real no espaço num mundo que alguns desejariam ver sem referência material (...) suscitaria sem dúvida a impossibilidade de entendimento com outros homens sobre o que é o real (cada um, segundo Leary, cria uma realidade à sua conveniência) a fim de "definir a situação" e, mais geralmente, formar uma subjetividade, um sujeito social etc. (1999:35-36).

Além de reconhecer o princípio elementar de que o espaço é a "condição de possibilidade dos fenômenos", devemos enfatizar também a "condição múltipla" desses fenômenos, pois, como afirma Massey (1994, 1999), o espaço é também "a esfera de possibilidade da existência da multiplicidade" (1999:28). Multiplicidade que inclui, sem dúvida, o movimento indissociável de criação e destruição, de ordem e desordem que envolve os processos aqui denominados de territorialização e desterritorialização. Deste ponto de vista, como já indicavam Deleuze e Guattari, desterritorialização como processo distinto, dissociado da territorialização, não existe.

Nem "fim da espacialidade", inerente à existência do mundo, nem "fim da territorialidade", inerente à condição humana, a desterritorialização é simplesmente a outra face, sempre ambivalente, da construção de territórios. Mas não se trata apenas de uma ambivalência no sentido das contradições da "modernidade". Não se trata simplesmente da articulação contraditória entre verso e reverso. Des-territorialização (sempre hifenizada), tal como a multiterritorialização do nosso tempo, carrega sempre a própria multivalência, o múltiplo, o sincrético ou, se quisermos, para usar o termo da moda, uma "condição híbrida".

Seguindo este raciocínio, não haveria desterritorialização apenas pelo fato de que ela é "o outro lado" da territorialização, seu "outro" dialeticamente conjugado. Sob condições de "pós-modernidade", o que surge não é o domínio de um segundo elemento — a desterritorialização sobre a territorialização, mas a afirmação de um terceiro (que na verdade não exclui de forma alguma os outros dois), a que estamos chamando multiterritorialidade ou, para manter a coerência e enfatizar a idéia de processo, de permanente movimento e devir, "multiterritorialização". Talvez pudéssemos dizer que ela é a condensação, a mais bem acabada, de um processo que representa a territorialização através da própria desterritorialização.

Assim, numa síntese muito geral dos argumentos aqui discutidos, podemos dizer que desterritorialização não é simplesmente:

— desmaterialização ou domínio de relações simbólicas e/ou "virtuais", pois a chamada compressão espaço-tempo via ciberespaço está sempre a serviço da construção de novas territorialidades, ainda que com um conteúdo imaterial muito maior (numa concepção ao mesmo tempo não idealista e não materialista de território, é pois de um novo tipo de território que se trata);
— "não-presença" ou desvinculação do aqui e do agora, pois a compressão ou o desencaixe espaço-tempo também produz novas formas de articulação próximo-distante e, assim, de valorização e de controle do espaço (agora enfatizando ainda mais o seu caráter relacional);
— aceleração do movimento, ou predomínio da fluidez sobre a estabilidade, pois o território também é produzido no movimento ou, pelo menos, na repetição do movimento (o que representa um tipo de controle);
— enfraquecimento dos controles espaciais através de limites-fronteiras e áreas, pois também pode haver um controle por redes (territórios-rede) e uma rearticulação de limites;
— aumento da hibridização cultural e, portanto, da multiplicidade de identidades territoriais, porque também se pode reterritorializar na hibridização;
— justaposição e imbricação de territórios, pois podemos ter a reterritorialização na ou através da multiterritorialidade.

Nestes sentidos, então, podemos dizer que a desterritorialização é um mito. Como vimos, alguns autores restringem historicamente o fenômeno, associando-o à pós-modernidade ou à chamada sociedade pós-industrial, "informacional". Apesar das profundas diferenciações que se manifestam em termos históricos, podemos afirmar que, além de vir sempre indissociavelmente ligada à reterritorialização, aquilo que significa desterritorialização para uns é, na verdade, reterritorialização para outros (manifestando seu profundo sentido relacional) e o que aparece como desterritorialização em uma escala ou nível espacial pode estar surgindo como reterritorialização em outra (ressaltando seu sentido multiescalar).

Muitas vezes, como ressaltamos, o pano de fundo dos discursos sobre a desterritorialização é o movimento neoliberal que prega o "fim das fronteiras" e o "fim do Estado" para a livre atuação das forças do mercado. Desterritorialização, referida aí à elite planetária, é um mito. Não passa de um rearranjo territorial sob condições de grande compressão do espaço-tempo, em que as transformações nas relações ligadas à distância e à presença-ausência (o "distante presente") tornam ainda mais intensas as dinâmicas de desigualdade e de diferenciação do espaço planetário.

Assim, o que "desterritorializa", de fato, na maioria das vezes, é justamente esse afastamento ou fragilização do Estado e a conseqüente onipotência de uma economia "flexível", "fictícia", especulativa e/ou "deslocalizada". Aí não são os grandes empresários e os grandes executivos que estão "desterritorializados" — ao contrário, são eles que têm a liberdade de escolher a (multi)territorialidade que mais lhes convém, mais flexível e mutante, é verdade, mas justamente por isso ainda mais prodigiosa.

É justamente por meio desta forma versátil de reterritorialização dos "de cima" que se forja, por outro lado, grande parte da desterritorialização dos "de baixo", através do agravamento da desigualdade e da exclusão pela concentração da renda, do capital (dos investimentos) e da infra-estrutura, associada à ausência de políticas efetivas de redistribuição, aos investimentos mais na especulação financeira do que no setor produtivo gerador de empregos, e à globalização da cultura do *status* e do valor contábil em uma sociedade de consumo estendida a todas as esferas da vida humana.

Por outro lado, numa perspectiva de caráter mais epistemológico, os argumentos em defesa da idéia de desterritorialização, como enfatizamos desde o início, aparecem sempre associados a algum tipo de dicotomia, sejam aquelas mais amplas, que separam tempo e espaço, sociedade e natureza, material e simbólico, sejam aquelas mais estritas, como a que separa local e global, estabilidade e movimento, território e rede. Para além destas visões dualistas, precisamos desenvolver um sentido relacional do mundo que não somente integre essas esferas, mas também reconheça a própria imanência do território à existência humana*.

Deste modo, até mesmo a dinâmica da natureza e a chamada questão ambiental precisam, de alguma forma, ser incorporadas ao debate da des-territorialização, a fim de questionar a visão antropocêntrica que vê na des-territorialização um processo exclusivamente "humano", como se a materialidade do espaço pudesse prescindir de ou abstrair as bases "naturais" sobre as quais foi (e, de forma cada vez mais híbrida, continua sendo) concebida. Basta reconhecer que, para sociedades mais tradicionais, como as sociedades indígenas, algumas das relações sociais mais importantes são aquelas que se dão em relação à apropriação daquilo que nós denominamos "natureza".

Como estamos habituados, especialmente nas ciências sociais, a raciocinar dentro de escalas temporais relativamente restritas, não percebemos ou tendemos a negligenciar processos de maior amplitude, especialmente aqueles vinculados à dinâmica ambiental ou da "natureza", capazes de colocar em xeque nosso alegado domínio (temporalmente circunscrito) sobre territórios que, julgamos, são uma produção unicamente social ou humana.

E não é apenas através do complexo amálgama sociedade-natureza de mais longa duração que verificamos como as chamadas questões ambientais afetam e afetarão cada vez mais nossa organização territorial. Até mesmo eventos naturais mais imediatos,

---

* Devo ressaltar que a relação entre território e imanência foi inicialmente enfatizada por Glauco Bruce, através de diálogo informal.

de amplitude temporal bastante reduzida, mas de efeitos muitas vezes igualmente intensos, como terremotos e erupções vulcânicas, são suficientes para que, no mínimo, nos questionemos sobre alguma forma de incluir a dinâmica da natureza no nosso debate sobre os processos de des-territorialização.

Isto lembra a filosofia de Deleuze, na qual, segundo Gualandi (2003), todos os seres, pedras, plantas, animais, pessoas, "possuem todos o mesmo valor de ser", num "sistema do Ser unívoco" (retomado também por Bruno Latour [1991] e seu "parlamento das coisas") que "não admite nenhuma hierarquia ontológica entre as coisas existentes", vivas e não-vivas (p. 19). Para Gualandi:

O princípio do Ser unívoco afirma a imanência absoluta do pensamento ao mundo existente, a recusa categórica de toda forma de pensamento transcendendo o Ser das coisas em uma forma qualquer de supra-sensível. Para Deleuze, assim como para Spinoza, a intuição da univocidade do Ser é a mais elevada expressão intelectual do amor por tudo aquilo que existe (2003:19, grifos do autor).

"Amor por tudo aquilo que existe" é muito provavelmente o que deveria estar no centro de nossos processos de territorialização, pela construção de territórios que não fossem simples territórios funcionais de re-produção (exploração) econômica e dominação política, mas efetivamente espaços de apropriação e identificação social, em cuja transformação nos sentíssemos efetivamente identificados e comprometidos. Mister se faz, portanto, uma *reapropriação* dos espaços, o que seria uma efetiva *reterritorialização* na medida em que não haveria mais dicotomia entre domínio e apropriação do espaço, ou melhor, em que a apropriação prevaleceria sobre a dominação, pois o espaço *apropriado* por excelência, segundo Lefebvre, é "o espaço do prazer" (*l'espace de la jouissance*).

Entretanto, como iremos construir novas identificações, novas territorializações e "amar tudo o que existe", num mundo de crescente e abominável desigualdade, exclusão, segregação, violência e insegurança? Sem dúvida, seria redundante lembrar, para poder "amar tudo o que existe" e construir territórios efetivamente — o que significa, sobretudo, "afetivamente" — apropriados, é necessário, primeiro, acabar com toda exploração e indiferença dos homens entre si e dos homens para com a própria "natureza".

Ao mesmo tempo em que podemos estar fragilizando nossos territórios ou, para outros, nos "desterritorializando" na "modernidade líquida" a que se refere Bauman (2001), essas mesmas territorializações precárias podem ser o embrião de reterritorializações comprometidas com a reconstrução reflexiva que acredita e luta constantemente por uma sociedade mais justa e igualitária. Aí os territórios não seriam mais instrumentos de alienação, segregação, opressão e "in-segurança", mas espaços estimuladores, ao mesmo tempo, da diversidade e da igualdade sociais.

A outra grande dicotomia nas leituras da desterritorialização, aquela entre espaço e tempo, ou no sentido mais estrito de estabilidade e mobilidade, território e rede, também não deve nos levar a sobrevalorizar o pólo "mobilidade", diante da incrível velocidade e conseqüente efemeridade nas quais estamos mergulhados. Poetas como Manuel de Barros (2003), o nosso "Guimarães Rosa da poesia", fala do respeito pela "velocidade das tartarugas mais do que a dos mísseis", Milton Santos (1994b) acredita que "a força dos fracos é o seu tempo lento", e Virilio (1984), o grande teórico da velocidade, nos lembra que "a liberdade primordial é a liberdade de movimento", para logo acrescentar:

> *É verdade, mas não a velocidade. Quando você vai depressa demais, é inteiramente despojado de si mesmo, torna-se completamente alienado. É possível, portanto, uma ditadura do movimento* (1984:65).

Parece inverter-se a equação, e esse capitalismo volátil que a todo momento destrói nossas referências territoriais ou que constrói multiterritorialidades num sentido desestabilizador-fragmentador torna-se sinônimo claro de falta de liberdade. Destinados à "obrigação" constante ao movimento, à mobilidade ou mesmo à mudança, em sentido mais amplo (subordinados sobretudo à dinâmica do consumo desenfreado), corremos o risco de perder todos os nossos referenciais e, "inteiramente desprovidos de territórios", nos fragilizarmos até "desmanchar irremediavelmente", como assinalou Félix Guattari, já aqui citado.

Sem cair numa visão nostálgica dos "espaços da lentidão" e do "reenraizamento", cabe reconhecer e lutar por essa unidade (ainda que simbólica) das coisas do mundo — e do território — e, no interior dessa unidade, estimular o potencial "invencionático" — como diria Manuel de Barros, criativo, de sua multiplicidade. Assim, o que chamamos de território ou de processo de territorialização consegue alçar a condição de algo imanente ao Ser, do homem e do mundo, um dos componentes indissociáveis da existência e que, por isso, nunca será "morto" pela desterritorialização — a não ser que desapareçamos, nós e a Terra da qual julgamos ser os protagonistas mestres.

As velocidades e os ritmos da mudança são sempre múltiplos e, com eles, podem ser múltiplas também as possibilidades ("linhas de fuga", diriam Deleuze e Guattari) que o espaço social nos proporciona para a reconstrução de nossos referentes territoriais, materiais *e* imateriais, funcionais *e* simbólicos. Precisamos assim lutar concretamente para construir uma sociedade onde não só esteja muito mais democratizado o acesso à mais ampla multiterritorialidade — e a convivência de múltiplas territorialidades, mas onde estejam sempre abertas, também, as possibilidades para a reavaliação de nossas escolhas e a conseqüente criação de outras, territorialidades ainda mais igualitárias e respeitadoras da diferença humana. Isto porque o mundo não foi feito apenas para uma meia dúzia de privilegiados que podem efetivamente escolher em que território(s) prefere(m) a cada dia viver. Ou, de um modo mais paradoxal, apenas para aqueles que constroem um território-mundo moldado à sua exclusiva imagem e semelhança.

De qualquer forma, finalmente, parece que podemos provar o contrário da tese de Virilio de que a desterritorialização seria a grande questão desta passagem de século. Mais do que isto: o que está dominando é a complexidade das reterritorializações, numa multiplicidade de territorialidades nunca antes vista, dos limites mais fechados e fixos da guetoificação e dos neoterritorialismos aos mais flexíveis e efêmeros territórios-rede ou "multiterritórios" da globalização. Na verdade, seria mais correto afirmar que o grande dilema deste novo século será o da desigualdade entre as múltiplas velocidades, ritmos e níveis de des-re-territorialização, especialmente aquela entre a minoria que tem pleno acesso e usufrui dos territórios-rede capitalistas globais que asseguram sua multiterritorialidade, e a massa ou os "aglomerados" crescentes de pessoas que vivem na mais precária territorialização ou, em outras palavras, mais incisivas, na mais violenta exclusão e/ou reclusão socioespacial.

Bibliografia

ALLEN, J. 2003. *Lost Geographies of Power*. Oxford: Blackwell.
ALLEN, J. et al. 1998. *Rethinking the Region*. Londres: Routledge.
ALLIÈS, P. 1980. *L'invention du Territoire*. Grenoble: Presses Universitaires de Grenoble.
ALLIÉZ, E. 1993. *La Signature du Monde ou qu'est-ce que la philosophie de Deleuze e Guattari*. Paris: Editions du Cerf.
ANDERSON, B. 1989 (1982). *Nação e Consciência Nacional*. São Paulo: Ática.
ANDERSON, K. et al. (orgs.). 2003. *Handbook of Cultural Geography*. Londres: Thousand Oaks; Nova Délhi: Sage.
ANG, I. 1994. On not speaking Chinese: postmodern ethnicity and the politics of diaspora. *New Formations*, nº 24.
ANTONIOLI, M. 1999. *Deleuze et l'histoire de la philosophie*. Paris: Editions Kimé.
APPADURAI, A. 1996. Sovereignity without territoriality: notes for a Postnational Geography. *In:* Yaeger, P. (ed.) *The Geography of Identity*. Chicago: University of Michigan Press.
ARDREY, R. 1969 (1967). *The Territorial Imperative: a personal inquiry into the animal origins of property and nations*. Londres e Glasgow: Collins.
ARRIGHI, G. 1996 (1994). *O longo século XX*. Rio de Janeiro: Contraponto; São Paulo: UNESP.
AUGÉ, M. 1992. *Non-lieux: introduction à une anthropologie de la surmodernité*. Paris: Seuil.
BADIE, B. 1995. *La fin des territoires*. Paris: Fayard.
BAKIS, H. 1993. *Les réseaux et leurs enjeux sociaux*. Paris: Presses Universitaires de France.
BALANDIER, G. 1997 (1988). *A Desordem: elogio do movimento*. Rio de Janeiro: Bertrand Brasil.
BAREL, Y. (1986). Le social et ses territoires. In: Auriac e Brunet (orgs.). *Espaces, jeux et enjeux*. Paris: Fayard/Diderot.

BARNES, M. 2002. Social exclusion and the life course. *In*: Barnes, M. *et al.* *Poverty and Social Exclusion in Europe.* Northampton, EUA; Cheltenham, RU: Edward Elgar.

BAUDRILLARD, J. (1989). Modernidade (verbete). In: *Enciclopédia Universalis.* Paris: Production Rhamnales.

_____ 1988 (1986). *America.* Londres: Verso.

_____ 1986. *América.* Rio de Janeiro: Rocco.

_____ 1985. *À sombra das maiorias silenciosas.* São Paulo: Brasiliense.

BAUMAN, Z. 1999 (1998). *Globalização: as conseqüências humanas.* São Paulo: Jorge Zahar.

_____ 2001 (2000). *Modernidade líquida.* Rio de Janeiro: Jorge Zahar.

_____ 2003 (2001). *Comunidade: a busca por segurança no mundo atual.* Rio de Janeiro: Jorge Zahar.

BAYART, J. (1996). *L'Illusion identitaire.* Paris: Fayard.

BECK, U. 1999. *O que é globalização.* Rio de Janeiro: Paz e Terra.

BECK, U.; GIDDENS, A. e LASH, S. 1997 (1995). *Modernização reflexiva: política, tradição e estética na ordem social moderna.* São Paulo: Ed. da Unesp.

BERMAN, M. (1986). *Tudo que é sólido desmancha no ar: a aventura da modernidade.* São Paulo: Companhia das Letras.

BERQUE, A. 1982. *Vivre l'espace au Japon.* Paris: Presses Universitaires de France.

BHABHA, H. 1994. *The Location of Culture.* Londres: Routledge.

BLACKBURN, R. 1990. *The Vampire of Reason: An Essay in the Philosophy of History.* Londres e Nova York: Verso.

BOGUE, R. 1999. Art and territory. *In:* Buchanan, I. *A Deleuzian Century?* Durham e Londres: Duke University Press.

BONNEMAISON, J. 1997. *Les gens des lieux: Histoire et Géosymboles d'une société enracinnée: Tanna.* Paris: Éditions de l'ORSTOM.

BONNEMAISON, J. e CAMBRÈZY, L. 1996. Le lien territorial: entre frontières et Identités. *Géographies et Cultures* (Le Territoire), nº 20. Paris: L'Harmattan.

BOTTOMORE, T. (dir.) 1988. *Dicionário do pensamento marxista.* Rio de Janeiro: Jorge Zahar.

BOURDIEU, P. 1989. *O Poder Simbólico.* Lisboa: Bertrand Brasil; Rio de Janeiro: Difel.

BOURDIN, A . 2001. *A questão local.* São Paulo: DP&A.

BRAIDOTTI, R. 1994. *Nomadic Subjects: embodiment sexual, difference in contemporary feminist theory.* Nova York: Columbia University Press.

BROWN, S. e CAPDEVILLA, R. 1999. "Perpetuum mobile": substance, force and the sociology of translation. *In:* Law, J. e Hassard, J. (eds.) *Actor Network Theory and After.* Oxford: Blackwell.

BRUNEAU, M. 1995. Espaces et territoires des diasporas. *In:* Bruneau, M. (org.) *Diásporas.* Montpellier: GIP-Reclus.

BRUNET, R. *et al.* 1993. *Les mots de la Géographie: dictionnaire critique.* Montpellier: Reclus; Paris: La Documentation Française.

CAIRNCROSS, F. 2000 (1997). *O fim das distâncias: como a revolução nas comunicações transformará nossas vidas.* São Paulo: Nobel.

CAMPBEL, D. 1996. Political prosaics, transversal politics, and the anarchical world. *In:* Shapiro, M. e Alker, R. (eds.) *Challenging Borders.* Minneapolis e Londres: University of Minnesota Press.

CANCLINI, N. 1990. *Culturas híbridas: estratégias para entrar y salir de la Modernidad.* México: Grijalbo.

_____ 1995. *Consumidores e cidadãos: conflitos multiculturais da globalização.* Rio de Janeiro: Editora da UFRJ.

_____ 1997. *Culturas híbridas: estratégias para entrar e sair da modernidade.* São Paulo: Edusp.

CARMO, R. e MONTEIRO, C. 2001. *Eu, Mujahid Usamah Bin Ladin, o Homem Invisível.* Mem Martins: Publicações Europa-América.

CASEY, E. 1998. *The Fate of Place: a Philosophical History.* Los Angeles e Berkeley: University of Los Angeles Press.

CASIMIR, M. 1992. The dimensions of territoriality: an introduction. *In:* Casimir, M. e Rao, A. (orgs.) *Mobility and Territoriality.* Nova York e Oxford: BERG.

CASTEL, R. 1998 (1995). *As metamorfoses da questão social: uma crônica do salário.* Petrópolis: Vozes.

_____ 2000 (1995). As armadilhas da exclusão. *In:* Castel, R.; Wanderley, L. e Belfiore Wanderley, M. *Desigualdade e a Questão Social.* São Paulo: EDUC.

CASTELLS, M. 1999 (1996). *A Sociedade em Rede (A Era da Informação, Vol. 1).* Rio de Janeiro: Paz e Terra.

CASTORIADIS, C. 1990. *Le Monde Morcelé: Les Carrefours du Labyrinthe III.* Paris: Le Seuil.

_____ 1982. *A Instituição Imaginária da Sociedade.* Rio de Janeiro: Paz e Terra.

CHESNAIS, F. 1996. *A Mundialização do Capital.* São Paulo: Xamã.

CHIVALLON, C. 1999. Fin des territoires ou necessité d'une conceptualisation autre? *Géographies et Cultures,* n° 31. Paris: L'Harmattan.

CLAVAL, P. 1999. O território na transição da pós-modernidade. *GEOgraphia*, nº 2 (Ano I). Niterói: Pós-graduação em Geografia.
CLIFFORD, J. 1992. Travelling Cultures. *In:* Grossberg, L. *et al.* (orgs.) *Cultural Studies*. Londres: Routledge. (Ed. brasileira: Culturas viajantes. *In:* Arantes, O. [org.] 2000. *O espaço da diferença*. São Paulo: Papirus.)
_____ 1997. *Routes*. Cambridge, MA: Harvard University Press.
COHEN, R. 1997. *Global Diasporas: an introduction*. Londres: University College London.
COOMBES, A. e BRAH, A. 2000. Introduction: the conundrum of "mixing". *In:* Brah, A. e Coombes, A. *Hybridity and its Discontents: Politics, Science, Culture*. Londres e Nova York: Routledge.
CORRÊA, R. 1997. *Trajetórias Geográficas*. Rio de Janeiro: Bertrand Brasil.
COX, K. 2002. *Political Geography: Territory, State, and Society*. Malden e Oxford: Blackwell.
CRESWELL, T. 1997. Imagining the nomad: mobility and postmodern primitive. *In:* Benko, G. e Strohmayer, U. *Space and Social Theory: Interpretating Modernity and Postmodernity*. Oxford e Malden: Blackwell.
DARDEL, E. 1952. *L'Homme et la Terre*. Paris: PUF.
DÉBORD, G. 1997. *A Sociedade do Espetáculo*. Rio de Janeiro: Contraponto.
DELEUZE, G. 1992 (1990). "Post-Scriptum" sobre as Sociedades de Controle. *In: Conversações*. Rio de Janeiro: Editora 34.
_____ 1997. Postscript on the Societies of Control. *In:* Kraus, R. *et al.* (orgs.) *October: The Second Decade 1986-1996*. Cambridge: The MIT Press.
_____ 1999. *Bergsonismo*. São Paulo: Editora 34.
_____ 2002. *L'Île Deserte et d'autres textes: textes et entretiens 1953-1974*. Paris: Minuit.
DELEUZE, G. e GUATTARI, F. s/d. (1972). *O Anti-Édipo: capitalismo e esquizofrenia*. Lisboa: Assírio & Alvim.
_____ 1975. *Kafka: pour une literature mineure*. Paris: Minuit.
_____ 1984 (1972). *Anti-Oedipus: capitalism and schizophenia*. Londres: Athlone.
_____ 1990. *Pourparlers*. Paris: Minuit.
_____ 1991. *Qu'est-ce que la Philosophie?* Paris: Minuit.
_____ 1992. *O Que é a Filosofia?* Rio de Janeiro: Editora 34.
_____ 1994 (1991). *What is Philosophy?* Nova York: Columbia University Press.

_____ 1995a. *Mil Platôs: capitalismo e esquizofrenia*. Vol. 1. Rio de Janeiro: Editora 34.

_____ 1995b. *Mil Platôs: capitalismo e esquizofrenia*. Vol. 2. Rio de Janeiro: Editora 34.

_____ 1996. *Mil Platôs: capitalismo e esquizofrenia*. Vol. 3. Rio de Janeiro: Editora 34.

_____ 1997a (1980). *Mil Platôs: capitalismo e esquizofrenia*. Vol. 4. Rio de Janeiro: Editora 34.

_____ 1997b (1980). *Mil Platôs: capitalismo e esquizofrenia*. Vol. 5. Rio de Janeiro: Editora 34.

_____ 2002. *A Thousand Plateaux: capitalism & schizophrenia*. Londres: Continuum.

DELEUZE, G. e PARNET, C. 1987 (1977). *Dialogues*. Londres: Athlone.

DIJKINK, G. 2001. Ratzel's "Politische Geographie" and Ninenteenth-century German discourse. *In:* Antonsich, M.; Kolossov, V. e Pagnini, M. (eds.) *On the Centenary of Ratzel's "Politische Geographie": Europe between Political Geography and Geopolitics*. Roma: Societá Geografica Italiana (Memorie della Societá Geografica Italiana, vol. LXIII).

DI MÉO, G. 1998. *Géographie Sociale et Territoires*. Paris: Nathan.

DOEL, M. 1999. *Poststructuralist Geographies: the diabolical art of spatial science*. Lanham: Rowman & Littlefield Publishers.

DRUCKER, P. 1993. *Sociedade Pós-Capitalista*. São Paulo: Livraria Pioneira Editora.

DURKHEIM, E. 1995 (1930). *Da Divisão do Trabalho Social*. São Paulo: Martins Fontes.

ERNOUT, A. e MEILLET, A. 1967 (1932). *Dictionnaire Étimologique de la Langue Latine: Histoire des Mots*. Paris: Librairie C. Klincksieck.

FEATHERSTONE, M. 1997. *O desmanche da cultura: globalização, pósmodernimo e Identidade*. São Paulo: Nobel.

FERREIRA, A. 2003. *A emergência do teletrabalho e as novas territorialidades na cidade do Rio de Janeiro*. Tese de doutoramento. São Paulo: Universidade de São Paulo, Departamento de Geografia.

FLINT, C. 2001. The geopolitics of laughter and forgetting: a world-systems interpretation of the postmodern geopolitical condition. *Geopolitics*, Vol. 6, nº 3.

FOUCAULT, M. 1979. *Microfísica do Poder*. Rio de Janeiro: Graal.

_____ 1984 (1975). *Vigiar e Punir*. Petrópolis: Vozes.

_____ 1985. *História da Sexualidade*. Vol. 1: *A vontade de saber*. Rio de Janeiro: Graal.

_____ 1986 (1967). Of other Spaces. *Diacritics*, Vol. 16, nº 1.

_____ 1994 (1978). *Dits et Ècrits: 1954-1988* (Vol. III). Paris: Gallimard.
_____ 2002 (1976). *Em defesa da sociedade*. São Paulo: Martins Fontes.
FREUND, J. 1977. *A Sociologia de Max Weber*. Rio de Janeiro: Forense Universitária.
FUKUYAMA, F. 1992. *O fim da história e o último homem*. Rio de Janeiro: Rocco.
GARCIA, J. L. 1996. *Antropología del Territorio*. Madri: Taller de Ediciones.
GAUDEMAR, J. P. 1976. *Mobilité du travail et accumulation du capital*. Paris: Maspero.
GENOSKO, G. 2002. A bestiary of territoriality and expression. *In*: Massumi, M. (ed.) *A shock to thought: expression after Deleuze and Guattari*. Londres e Nova York: Routledge.
GIBSON-GRAHAM, J.K. 1996. *The End of Capitalism (as we know it): a feminist Critique of political economy*. Oxford: Blackwell.
_____ 1997. Postmodern becomings: from the space of form to the space of potentiality. *In:* Benko, G. e Strohmayer, U. (orgs.) *Space and Social Theory: interpreting modernity and postmodernity*. Oxford e Malden: Blackwell.
_____ 2002. Beyond global vs. Local: economic politics outside the binary frame. *In:* Herod, A. e Wright, M. (org.) *Geographies of Power: Placing Scale*. Malden e Oxford: Blackwell.
GIDDENS, A. 1991. *As Conseqüências da Modernidade*. São Paulo: Ed. da UNESP.
GILROY, P. 1994. Diaspora. *Paragraph,* 17 (1), pp. 207-12.
GIORDA, C. 2000. *Cybergeografia*. Turim: Tirrena Stampatori.
GODELIER, M. 1984. *L'idéel et le materiel*. Paris: Fayard.
GOFFMAN, E. 1961. *Asylums: essays on the social situation of mental patients and other inmates*. Nova York: Anchor Books.
GONÇALVES, C. W. 2002. Da Geografia às Geo-Grafias — Um mundo em busca de novas territorialidades. *In:* Sader, E. e Ceceña, A. E. (orgs.) *La guerra infinita: hegemonía y terror mundial*. Buenos Aires: CLACSO.
GOODCHILD, P. 1996. *Deleuze and Guattari: Introduction to the politics of desire*. Londres: Sage Publications.
GOTTMAN, J. 1952. *La politique des États et sa Géographie*. Paris: Armand Colin.
_____ 1973. *The significance of territory*. Charlottesville: University Press of Virginia.
_____ 1975. The evolution of the concept of territory. *Social Science Information*, 14 (3-4).

GRAHAM, S. 1998. The end of geography or the explosion of place? Conceptualizing space, place and information technology. *Progress in Human Geography*, 22 (2).

GUALANDI, A. 2003. Deleuze. São Paulo: Editora Estação Liberdade.

GUATTARI, F. 1987. *Revolução Molecular: pulsações políticas do desejo.* São Paulo: Brasiliense.

_____ 1988. *O Inconsciente Maquínico: ensaios de esquizo-análise.* Campinas: Papirus.

GUATTARI, F. e ROLNIK, S. 1996. *Micropolítica: cartografias do desejo.* Petrópolis: Vozes.

GÜNZEL, S. s/d. Immanence and Desterritorialization. The Philosophy of Gilles Deleuze and Felix Guattari. *Rev. Paideia (www.bu.edu/wcp/Papers/Cont/ContGunz.htm).*

HABERMAS, J. 1983 (1968). Técnica e Ciência enquanto Ideologia. *In:* Benjamin, W. et al. *Textos Escolhidos.* Col. Os Pensadores. São Paulo: Abril Cultural.

_____ 1990 (1985) *O Discurso Filosófico da Modernidade.* Lisboa: Dom Quixote.

HAESBAERT, R. 1993. Redes, territórios e aglomerados: da forma = função às (dis)formas sem função. *Anais do III Simpósio de Geografia Urbana.* Rio de Janeiro: AGB, UFRJ, IBGE e CNPq.

_____ 1994. O mito da desterritorialização e as "regiões-rede". *Anais do V Congresso Brasileiro de Geógrafos.* Curitiba: AGB, pp. 206-214.

_____ 1995. Desterritorialização: entre as redes e os aglomerados de exclusão. *In:* Castro I. et al. (orgs.) *Geografia: Conceitos e Temas.* Rio de Janeiro: Bertrand Brasil.

_____ 1997a. *Des-territorialização e identidade: a rede "gaúcha" no Nordeste.* Niterói: EdUFF.

_____ 1997b. Questões sobre a (pós)modernidade. *GeoUERJ*, nº 2.

_____ 1999a. Redes de Diásporas. *Cadernos do Departamento de Geografia.* Vol. 2, nº 2. Niterói, Departamento de Geografia.

_____1999b. Região, diversidade territorial e globalização. *GEOgraphia*, nº 1. Niterói: Programa de Pós-Graduação em Geografia.

_____ 1999c. Identidades territoriais. *In:* Corrêa, R. e Rosendhal, Z. (orgs.) *Manifestações da Cultura no Espaço.* Rio de Janeiro: EdUERJ.

_____ 2001a. Território, cultura e des-territorialização. *In:* Rosendhal, Z. e Corrêa, R. (orgs.) *Religião, Identidade e Território.* Rio de Janeiro: EdUERJ.

_____ 2001b. Da desterritorialização à multiterritorialidade. *Anais do IX Encontro Nacional da ANPUR.* Vol. 3, Rio de Janeiro: ANPUR.

_____ 2001c. Le mythe de la déterritorialisation. *Géographies et Cultures*, nº 40. Paris: L'Harmattan.

_____ 2002a. Concepções de território para entender a desterritorialização. *In:* Santos, M. *et al. Território, Territórios*. Niterói: Programa de Pós-graduação em Geografia.

_____ 2002b. A multiterritorialidade do mundo e o exemplo da Al Qaeda. *Terra Livre*, nº 7. Associação dos Geógrafos Brasileiros.

_____ 2002c. Fim dos territórios ou novas territorialidades? *In:* Lopes, L. e Bastos, L. (org.) *Identidades: recortes multi e interdisciplinares*. Campinas: Mercado de Letras.

_____ 2003. Morte e vida da região: antigos paradigmas e novas perspectivas da Geografia Regional. *Anais do XXIII Encontro Estadual de Geografia*. Porto Alegre: AGB.

HAESBAERT, R. e BRUCE, G. 2003. A desterritorialização na obra de Deleuze e Guattari. *GEOgraphia*, nº 7. Niterói: Programa de Pósgraduação em Geografia.

HAESBAERT, R. e LIMONAD, E. 1999. O território em tempos de globalização. *GeoUERJ*, nº 7. Rio de Janeiro: UERJ.

HALL, E. 1966. *The Hidden Dimension*. Garden City: Doubleday.

_____ 1986. *A Dimensão Oculta*. Lisboa: Relógio D'água.

HARDT, M. (1993). *Gilles Deleuze: an apprenticeship in Philosophy*. Minneapolis: University of Minnesota Press.

HARTSHORNE, R. 1939. *The Nature of Geography*. Washington: Association of American Geographers.

HARVEY, D. 1989. *The Condition of Postmodernity*. Oxford: Basil Blackwell.

_____ 1992. *A Condição Pós-Moderna*. São Paulo: Loyola.

_____ 1969. *Explanation in Geography*. Londres: Edward Arnold.

HELLER, A. e RIEKMANN, S. (eds.) 1996. *Biopolitics, the politics of the body, race and nature*. Aldershot: Avebury.

HIRST, P. e THOMPSON, G. 1998 (1996). *Globalização em questão: a economia internacional e as possibilidades de governabilidade*. Petrópolis: Vozes.

HOBSBAWM, E. e RANGER, T. 1984. *A Invenção das Tradições*. Rio de Janeiro: Paz e Terra.

HOLLAND, E. 1991. Deterritorialising "deterritorialisation". *Sub-Stance* 66 (Vol. XX, 3).

_____ 1996. Schizoanalysis and Baudelaire: some illustrations of decoding at work. *In:* Patton, P. (ed.) *Deleuze: a Critical Reader*. Oxford: Blackwell.

HOWARD, E. 1948 (1920). *Territory in Bird Life*. Londres: Collins.
HUNTINGFORD, F. 1984. *The study of animal behaviour*. Nova York: Chapman e Hall.
HUNTINGTON, S. 1997. *O choque de civilizações e a recomposição da ordem mundial*. Rio de Janeiro: Objetiva.
IANNI, O. 1992. *A Sociedade Global*. Rio de Janeiro: Civilização Brasileira.
JAMESON, F. 1996 (1984). *Pós-Modernismo: a lógica cultural do capitalismo tardio*. São Paulo: Ática.
_____ 1999. Marxism and dualism in Deleuze. *In:* Buchanan, I. *A Deleuzian Century?* Durham e Londres: Duke University Press.
JOHNSTON, R. *et al.* (eds.) 2000. *The Dictionary of Human Geography*. Oxford, Malden: Blackwell (4ª ed.).
KAPLAN, C. 1990. Deterritorializations: the rewriting of home and exile in Western Feminist discourse. *In:* JanMohammed, A. e Lloyd, D. *The Nature and Context Of Minority Discourse*. Nova York e Oxford: Oxford University Press.
KAPLAN, C. 2000 (1996). *Questions of Travel: Postmodern Discourses of Displacement*. Durham e Londres: Duke University.
KIRSHENBLATT-GIMBLETT, B. 1994. Spaces of dispersal. *Cultural Anthropology*, 9 (3).
KRANIAUSKAS, J. 1992. Hybridism and reterritorialization. *Travesia: Journal of Latin American Cultural Studies*. Vol. 1, nº 2.
_____ 2000. Hybridity in a transnational frame: Latin-American and post-colonial perspectives on cultural studies. *In:* Brah, A. e Coombes, A. *Hibridity and its Discontents: Politics, Science, Culture*. Londres e Nova York: Routledge.
KRUUK, H. 2002. *Hunter and Hunted: Relationships Between Carnivores and People*. Cambridge: Cambridge University Press.
KUMAR, K. (1997). *Da sociedade industrial à pós-moderna*. Rio de Janeiro: Zahar.
KURZ, R. 1992. *O Colapso da Modernização*. Rio de Janeiro: Paz e Terra.
LA BLACHE, P. 1910. Régions françaises. *La Revue de Paris*, 15.12.1910. (Republicado parcialmente em Sanguin, A. 1993. *Vidal de La Blache: un genie de la géographie*. Paris: Belin.)
LACLAU, E. 1990. *New Reflections on the Revolution of our Time*. London: Verso.
LATOUCHE, S. 1994 (1989). *A Ocidentalização do Mundo: ensaio sobre a significação, o alcance e os limites da uniformização planetária*. Petrópolis: Vozes.
LATOUR, B. 1991. *Nous n'avons jamais été modernes*. Paris: La Découverte.

_____ 1987. *Science in Action: How to Follow Scientists and Engineers through Society*. Milton Keynes: Open University.

LEFEBVRE, H. 1984 (1974). *La production de l'espace*. Paris: Anthropos.

LEVITAS, R. 1998. *The Inclusive Society? Social Exclusion and New Labour*. Houndmills e Londres: Macmillan Press.

LÉVY, J. 1992. A-t-on encore (vraiment) besoin du territoire? *EspacesTemps*. LesCahiers, n⁰ˢ 51 e 52. Paris.

_____ 2002 (2000). Os novos espaços da mobilidade. *GEOgraphia*, n⁰ 6. Niterói: Universidade Federal Fluminense.

LÉVY, J. e LUSSAULT, M. (ed.) 2003. *Dictionnaire de la Géographie et de l'espace social*. Paris: Belin.

LÉVY, J. *et al*. 1992. *Le monde: espaces et systèmes*. Paris: FNSP e Dalloz.

LÉVY, P. 1996. *O que É Virtual*. São Paulo: Editora 34.

_____ 1998 (1994). *A Inteligência Coletiva: por uma antropologia do ciberespaço*. São Paulo: Loyola.

_____ 1999 (1997). *Cibercultura*. São Paulo: Editora 34.

_____ 2001 (1997). *Cyberculture*. Minneapolis e Londres: University of Minnesota Press.

LIMA, I. 2003. A leitura das redes e seus excedentes utópicos. *Cadernos de Seminário de Campos Temáticos*, n⁰ 1. Niterói: Programa de Pós-graduação em Geografia.

LORENZ, K. 1966 (1963). *On Agression*. London: Methuen.

LYMAN, S. e SCOTT, M. 1967. Territoriality: a neglected sociological dimension. *Social Problems,* Vol. 15, n⁰ 2.

LYOTARD, F. 1986 (1979). *O Pós-Moderno*. Rio de Janeiro: José Olympio Ed.

MACHADO, J. 1977 (1952). *Dicionário Etimológico da Língua Portuguesa*. Lisboa: Livros Horizonte.

MACHADO, L. 1996. O comércio ilícito de drogas e a geografia da integração financeira: uma simbiose? *In:* Castro, I. *et al*. (orgs.) *Brasil: Questões Atuais da Reorganização do Território*. Rio de Janeiro: Bertrand Brasil.

_____ 1998. Limites, fronteiras, redes. *In:* Strohaecker, T. *et al*. (orgs.) *Fronteiras e Espaço Global*. Porto Alegre: AGB.

MACHADO, R. 1990. *Deleuze e a Filosofia*. Rio de Janeiro: Graal.

MAFFESOLI, M. 1987. *O Tempo das Tribos*. Rio de Janeiro: Forense Universitária.

_____ 2001 (1997). *Sobre o Nomadismo*. Rio de Janeiro e São Paulo: Record.

MALMBERG, T. 1980. *Human Territoriality: Survey of Behavioural Territorialities in Man with Preliminary Analysis and Discussion of Meaning*. Lund: Department of Social Geography.

MA MUNG, E. 1995. Non-lieu et utopie: la diaspora chinoise et le territoire. *In:* Bruneau, M. (org.) *Diasporas*. Montpellier: Reclus.

_____ 1999. *Autonomie, Migration et Alterité. Dossier pour l'obtention de l'habilitation à diriger des recherches*. Poitiers: Université de Poitiers.

MANSBACH, R. 2002. Deterritorializing global politics. *In:* Kegley, K. e Puchala, D. *Visions of International Relations*. Columbia: University of South Caroline Press.

MARTINS, J. S. 1997. *Exclusão Social e a Nova Desigualdade*. São Paulo: Paulus.

_____ 2002. *A Sociedade Vista do Abismo*. Petrópolis: Vozes.

MARX, K. 1978. O 18 Brumário de Luiz Bonaparte. *In: O 18 Brumário e Cartas a Kugelmann*. Rio de Janeiro: Paz e Terra.

_____ 1984. *O Capital*. Vol. 1, Tomo 2. São Paulo: Abril Cultural (Col. Os Economistas).

MARX, K. e ENGELS, F. 1998 (1848). *O Manifesto Comunista*. São Paulo: Boitempo.

MASSEY, D. 1984. *Spatial Divisions of Labour*. Nova York: Routledge.

_____ 1993a. Politics and space/time. *In:* Keith, M. e Pile, S. (eds.) *Place and the Politics of Identity*. Londres e Nova York: Routledge.

_____ 1993b. Power-geometry and a progressive sense of place. *In:* Bird, J. et al. (eds.) *Mapping the Futures, Local Cultures, Global Change*. Londres e Nova York: Routledge.

_____ 1994. *Space, Place and Gender*. Cambridge: Polity.

_____ 1999. Philosophy and politics of spatiality: some considerations. In: Massey, D. *Power Geometries and the Politics of Space-Time (Hettner Lecture 1998)*. Heidelberg: University of Heidelberg.

_____ 2000 (1991). Um sentido global do lugar. *In:* Arantes, O. (org.) *O Espaço da Diferença*. Campinas: Papirus.

MASSUMI, B. 2002. Introduction: like a thought. *In:* Massumi, B. (org.) *A Shock to Thought: Expression After Deleuze and Guattari*. Londres e Nova York: Routledge.

_____. 1996. Becoming-deleuzian. *Environment and Planning D: Society and Space*. Vol. 14, pp. 395-406.

MATHIESEN, T. 1997. The viewer society: Michel Foucault's "Panopticon" revisited. *Theoretical Criminology*.

MENGUE, P. 2003. *Deleuze et la question de la Démocratie*. Paris: L'Harmattan.

MITCHELL, D. 2000. *Cultural Geography*. Oxford e Malden: Blackwell Publishers.

MOL, A. e LAW, J. 1994. Regions, networks and fluids: anaemia and social topology. *Social Studies of Science*. Londres: Thousand Oaks; Nova Délhi: Sage, Vol. 24.

MORAES, A. C. 2000. *Bases da Formação Territorial do Brasil: O Território Colonial Brasileiro no "Longo" Século XVI*. São Paulo: Hucitec.

MORALES, M. 1983. Estado e desenvolvimento regional. *In:* Becker, B. *et al.* (orgs.) *Abordagens Políticas da Espacialidade*. Rio de Janeiro: UFRJ.

MOREIRA, R. 1993. *Espaço, Corpo do Tempo* (a construção geográfica das sociedades). São Paulo: USP. Tese de doutoramento.

MORIN, E. e KERN, A. 1995. *Terra-Pátria*. Porto Alegre: Sulina.

NEGRI, A. e HARDT, M. 2001 (2000). *Império*. Rio de Janeiro, São Paulo: Record.

NEWMAN, D. 1998. Geopolitics renaissant: territory, sovereignty and the world political map. *Geopolitics*, Vol. 3, nº 1.

_____ 1999. Geopolitics renaissant: territory, sovereignty, and the world political map. *In:* Newman, D. (ed.) *Boundaries, Territories and Postmodernity*. Londres, Portland: Frank Cass.

_____ 2000. Territory, boundaries and postmodernity. *In:* Pratt, M. e Brown, J. *Borderlands under Stress*. Londres: Kluwer Law International.

O'BRIEN, R. 1992. *Global Financial Integration: the end of Geography*. Nova York: The Royal Institute of International Affairs and Council on Foreign Relations Press.

OFFE, C. 1996. Modern "Barbarity": a micro-state of nature? *In:* Heller, A. e Riekmann, S. (eds.). *Biopolitics, the Politics of the Body, Race and Nature*. Aldershot: Avebury.

OHMAE, R. 1996 (1995). *O Fim do Estado Nação: a ascensão das economias regionais*. Rio de Janeiro: Campus.

_____ 1990. *The Borderless World: Power and Strategy in the Interlinked Economy*. Londres: Collins.

ORTIZ, R. 1994. *Mundialização e Cultura*. São Paulo: Brasiliense.

_____ 2000 (1996). *Um Outro Território: Ensaios sobre a Mundialização*. São Paulo: Olho D'água.

Ó TUATHAIL, G. 1998a. Postmodern geopolitics? The modern geopolitical imagination and beyond. *In:* Ó Tuathail, G. e Dalby, S. 1998. *Rethinking Geopolitics*. Londres e New York: Routledge.

_____ 1998b. Political Geography III: dealing with deterritorialization. *Progress in Human Geography*, 22(1).

_____ 1999. De-territorialised threats and global dangers: geopolitical and risk society. *In:* Newman, D. (ed.) *Boundaries, Territory and Postmodernity*. Londres e Portland: Frank Cass.

_____ 2000. Borderless world? Problematizing discourses of deterritorialisation. *Geopolitics* 4(2).

Ó TUATHAIL, G. e LUKE, T. 1998. Global flowmations, local fundamentalisms, and fast geopolitics: "America" in an accelerating world order. *In:* Herod, A.; Ó Tuathail, G. e Roberts, S. *An Unruly World? Globalization, Governance and Geography*. Londres e Nova York: Routledge.

OXFORD Latin Dictionary. 1968. Oxford: The Clarendon Press.

PAASI, A. e NEWMAN, D. 1998. Fences and neighbours in the postmodern world: boundary narratives in political geography. *Progress in Human Geography*, 22(2).

PAPASTERGIADIS, N. 2000. *The Turbulence of Migration*. Cambridge: Polity Press.

PARK, R. (1925). The mind of the hobo: reflections upon the relation between mentality and locomotion. *In:* Park, R.; Burgess, E. e Mackenzie, R. *The City*. Chicago: Chicago University Press.

PARROCHIA, D. 1993. *Philosophie des Réseaux*. Paris: Presses Universitaires de France.

PATTON, P. 1988. Marxism and beyond: strategies of reterritorialization. *In:* Nelson, C. e Grossberg L. (orgs.) *Marxism and the Interpretation of Culture*. Houndmills e Londres: Macmillan Education.

_____. 1997. Strange proximity: Deleuze and Derrida dans les parages du concept. *The Oxford Literary Review*, nº 18.

_____. 2000. *Deleuze & the Political*. Londres e Nova York: Routledge.

PAUGAM, S. 1995. Introduction: la constitution d'un paradigme. *In:* Paugam, S. *L'Exclusion: l'état des savoirs*. Paris: La Découverte.

PAZ, O. (1989). *A voz do tempo*. Folha de S. Paulo, São Paulo, 18 nov.

PEET, R. 1998. *Modern Geographical Thought*. Oxford: Blackwell.

PETERS, M. 2000. *Pós-estruturalismo e Filosofia da Diferença* (uma introdução). Belo Horizonte: Autêntica.

PILE, S. e THRIFT, N. (1995). Mapping the subject. *In: Geographies of Cultural Transformation*. Londres e Nova York: Routledge.

POCHE, B. 1996. *L'espace fragmenté: éléments pour une analyse sociologique de la Territorialité*. Paris: L'Harmattan.

POLERE, C. 1999. "Cyberculture" et mondialisation: de quelques promesses de paradis? *Espaces et Sociétés – La nature et l'artifice*, nº 99, pp. 17-41.

PÓVOA NETO, H. 1994. A produção de um estigma: Nordeste e nordestinos no Brasil. *Travessia*, nº 19. São Paulo: Centro de Estudos Migratórios.

RAFFESTIN, C. 1993 (1980). *Por uma Geografia do Poder*. São Paulo: Ática.

_____ 1986. Écogénèse territoriale et territorialité. *In:* Auriac, F. e Brunet, R. (orgs.) *Espaces, Jeux et Enjeux*. Paris: Fayard, Fondation Diderot.

_____ 1988. Repères pour une théorie de la territorialité humaine. *In:* Dupuy, G. (dir.) *Réseaux Territoriaux*. Caen: Paradigme.

RANDOLPH, R. 1993. *Novas Redes e Novas Territorialidades*. III Simpósio Nacional de Geografia Urbana. Rio de Janeiro: AGB, UFRJ, IBGE e CNPq.

RATZEL, F. 1988. *Géographie Politique*. Paris: Economica.

_____ 1990. Geografia do homem (Antropogeografia). *In:* Moraes, A. (org.) *Ratzel*. São Paulo: Ática.

RECLUS, E. 1985. A natureza da geografia. *In:* Andrade, M. C. (org.) *Élisée Reclus*. São Paulo: Ática (Col. Grandes Cientistas Sociais).

RIVERA, A. 1999. Qui est ethnocentrisme? Pureté et purification ethnique. *Recherches*. Paris: M.A.U.S.S. La Découverte, nº 13 (Le retour de l'ethnocentrisme).

ROBERTSON, R. 1995. Glocalization: time-space and homogeneity-heterogeneity. *In:* Featherstone, M. *et al.* (orgs.) *Global Modernities*. Londres: Sage (Ed. brasileira: Robertson, R. 1999. Globalização (Cap. 12). Petrópolis: Vozes).

ROBIC, M. C. e OZOUF-MARIGNIER, M. 1995. La France au seuil des temps nouveaux: Paul Vidal de La Blache et la régionalisation. *L'Information Géographique*, Vol. 59.

ROBY, H. 1881. *A Grammar of Latin Language*. Londres e Cambridge: Macmillan & Co.

ROOM, G. J. 1999. Social exclusion, solidarity and the challenge of globalization. *International Journal of Social Welfare*, Vol. 8, nº 4, julho.

SACK, R. 1986. *Human Territoriality: its theory and history*. Cambridge: Cambridge University Press.

_____ 1997. *Homo Geographicus*. Baltimore e Nova York: John Hopkins University Press.

SAÏD, E. 1990. Narrative and Geography. *New Left Review*, nº 180, mar./abr.

SANTOS, M. 1996. *A Natureza do Espaço*. São Paulo: Hucitec.

_____ 1994a. O retorno do território. *In:* Santos, M. *et al.* (orgs.) *Território: Globalização e Fragmentação*. São Paulo: Hucitec e ANPUR.

_____ 1994b. *Técnica, Espaço, Tempo: Globalização e Meio Técnico-Científico Informacional*. São Paulo: Hucitec.
_____ 1978. *Por uma Geografia Nova*. São Paulo: Hucitec.
SANTOS, M. et al. 2000. *O Papel Ativo da Geografia: um manifesto*. Florianópolis: XII Encontro Nacional de Geógrafos.
_____ 1993. *Fim de Século e Globalização*. São Paulo: Hucitec e ANPUR.
_____ 1994. *Território: Globalização e Fragmentação*. São Paulo: Hucitec e ANPUR.
SAUER, C. 1925. The morphology of landscape. *University of California Publications in Geography*, Vol. 2, nº 1.
SCHERER-WARREN, I. 1993. *Redes de Movimentos Sociais*. São Paulo: Loyola.
SHIELDS, R. 1991. *Places on the Margin: Alternative Geographies of Modernity*. Londres e Nova York: Routledge.
_____ 1992. A truant proximity: presence and absence in the space of modernity. *Environment and Planning D: Society and Space*, Vol. 10.
SHUMER-SMITH, P. e HANNAM, K. *Worlds of Desire, Realms of Power: A Cultural Geography*. Londres: Edward Arnold.
SIBLEY, D. 1995. *Geographies of Exclusion: society and difference in the West*. Londres e Nova York: Routledge.
SILVA, T. (org.) 2000. *O Panóptico*. Belo Horizonte: Autêntica.
SILVER, H. 1994. Social exclusion and social solidarity: three paradigms. *International Labour Review*, Vol. 133, nºs 5 e 6.
SIMMEL, G. 1971. The stranger. *In: On Individuality and Social Forms*. Chicago e Londres: The University of Chicago Press.
SOJA, E. 1971. The political organization of space. *In: College Geography, Resource Paper 8*. Washington: Association of American Geographers.
_____ 1993. *Geografias Pós-Modernas: a reafirmação do espaço na teoria social crítica*. Rio de Janeiro: Jorge Zahar Editor.
_____ 1996. *Thirdspace: Journeys to Los Angeles and Other Real-and-Imagined Places*. Cambridge: Blackwell.
_____ 2000. *Postmetropolis: Critical Studies of Cities and Regions*. Oxford: Blackwell.
SOUZA, M. A. 1993. A "explosão" do território: falência da região? *Cadernos IPPUR/UFRJ*, nº 1, Ano VII.
SOUZA, M. L. 2002. *Mudar a Cidade: uma introdução crítica ao planejamento e à gestão urbana*. Rio de Janeiro: Bertrand Brasil.
_____ 1995. O território: sobre espaço, poder, autonomia e desenvolvimento. *In:* Castro et al. (orgs.) *Geografia: Conceitos e Temas*. Rio de Janeiro: Bertrand Brasil.

_____ 1988. "Espaciologia": uma objeção (crítica aos prestigiamentos pseudocríticos do espaço social). *Terra Livre,* nº 5. São Paulo: Associação dos Geógrafos Brasileiros.

STAM, R. (1999). Palimpsestic Aesthetics: a meditation on hibridity and garbage. *In:* May, J. e Tink, J. *Performing Hibridity.* Minneapolis e Londres: University of Minnesota Press.

STORPER, M. 1994. Territorialização numa economia global: possibilidades de desenvolvimento tecnológico, comercial e regional em economias subdesenvolvidas. *In:* Lavinas, L.; Carleial, L. e Nabuco, M.R. (org.) *Integração, Região e Regionalismo.* Rio de Janeiro: Bertrand Brasil.

_____ 2000. Globalization and knowledge economy: leveraging global practices. *In:* Dunning, J. (ed.) *Regions, Globalization and the Knowledge-based Economy.* Oxford: Oxford University Press.

STRANGE, S. 1996. *The Retreat of the State: the Diffusion of Power in the World Economy.* Cambridge: Cambridge University Press.

SWYNGEDOUW, E. 1997. Neither global nor local: "glocalization" and the politics of scale. *In:* Cox, K. *Spaces of Globalization: reasserting the power of the local.* Nova York: Guilford Press.

TAYLOR, R. 1988. *Human Territorial Functioning: an empirical, evolutionary perspective on individual and small group territorial cognitions, behaviors, and consequences.* Cambridge: Cambridge University Press.

THORPE, W. H. 1974. *Animal Nature and Human Nature.* Londres: Methuen.

THRIFT, N. 1995. *Spatial Formations.* Londres: Sage Publications.

_____ 1997. The still point: resistance, expressive embodiment and dance. *In:* Pile, S. e Keith, M. *Geographies of resistance.* Londres e Nova York: Routledge.

TOMLINSON, J. 1999. *Globalization and Culture.* Chicago: Chicago University Press.

TÖNNIES, F. 1961 (1887). Gemeinschaft and Gessellschaft. *In:* Parsons, T. et al. (eds.). *Theories of Society: Foundations of Modern Sociological Theory.* Vol. I. Nova York: The FreePress of Glencoe.

URRY, J. 2000. *Sociology beyond Societies: Mobilities for the Twenty-first Century.* Londres e Nova York: Routledge.

VAINER, C. 2002. As escalas do poder e o poder das escalas: o que pode o poder local? *In:* Cardoso, A. *et al. Planejamento e Território: Ensaios sobre a Desigualdade.* Rio de Janeiro: IPPUR-UFRJ e DP&A.

VALENTINE, G. 2001. *Social Geography: Space and Society*. Harlow: Pearson Education.
VATTIMO, G. (1980). Postmodernidad: una sociedad transparente? In: Vattimo, G. *En torno a la postmodernidad*. Barcelona: Anthropos.
VELTZ, P. 1996. *Mondialisation, villes et territoires: l'économie d'archipel*. Paris: PUF.
VIRILIO, P. 1984. *Guerra Pura*. São Paulo: Brasiliense.
_____ 1993. *O Espaço Crítico*. Rio de Janeiro: Editora 34.
_____ 1994. "Era pós-industrial cria nômades à procura de trabalho." *Folha de São Paulo*. São Paulo, 21 de agosto.
_____ 1997. Fin de l'histoire, ou fin de la géographie? Un monde surexposé. *Le Monde Diplomatique* (agosto).
WAAL, F. 2001. *Apes from Venus: Bonobos and Human Social Evolution*. Cambridge e Londres: Harvard University Press.
WEIL, S. 1949. *L'Enracinement*. Paris: Gallimard (Ed. brasileira: 2001. *O Enraizamento*. Bauru: EdUSC).
WHATMORE, S. 2002. *Hybrid Geographies: Natures, Cultures, Spaces*. Londres: Sage.
WHELAN, B. e WHELAN, C. 1995. In what sense is poverty multidimensional? *In:* Room, G. (org.) *Beyond the Threshold: The Measurement and Analysis of Social Exclusion*. Bristol: The Policy Press.
WITTFOGEL, K. 1957. *Oriental Despotism: a comparative study of total power*. New Haven: Yale University Press.
WOLCH, J.; EMEL, J. e WILBERT, C. 2003. Reanimating Cultural Geography. *In:* Anderson, K. *et al.* (ed.) *Handbook of Cultural Geography*. Londres: Sage.
ZUKIN, S. 1995. *The Culture of Cities*. Oxford: Blackwell.

Índice

aglomerados, 306, 307, 311, 313, 314, 319, 321, 324, 325, 327, 328, 330, 332-336, 353, 361
aglomerados de exclusão, 207, 278, 305, 308, 313
barbárie, 333, 334
biopolítica, 266, 267, 277, 325, 326
capitalismo, 178, 179, 181, 182, 193
capitalismo pós-fordista, 152, 173, 184, 338
ciberespaço, 173, 204, 205, 209, 210, 236, 263, 264, 266, 268, 270, 270-272, 275, 276, 292, 303, 338, 343, 344, 346, 366
compressão, 31, 345, 366
compressão espaço-tempo [ou tempo-espaço], 160, 161-169, 220, 236, 269, 281, 293, 366
comunidade, 211, 212, 221, 222, 226, 260, 270, 292, 318, 332
comunitário, 212, 224
desencaixe, 157-161, 164
desencaixe espaço-tempo, 31, 272, 345, 366, 367
deslocalização, 32, 174, 193, 338, 349
des-re-territorialização, 61, 198
desterritorialização, 20-24, 27-33, 35, 38, 39, 53, 61, 78, 80, 82, 90, 97, 99-101, 104, 107, 115, 116, 120, 122, 123, 125, 127-134, 136-140, 143, 144, 148-152, 154, 157-160, 165, 168, 169, 171, 172, 175, 181-190, 192-197, 199, 200, 201, 203, 204, 206-210, 212-214, 219-224, 226-229, 231-233, 235-242, 245, 246, 248-252, 255-262, 264-276, 279,

281, 288, 289, 293, 295, 305,
307, 311-313, 315, 316, 321,
324-326, 328, 330, 332, 336,
338, 351, 355, 363-368,
370-372
des-territorialização, 29, 39,
100, 205, 209, 213, 214, 224,
249, 307, 369
desterritorializador, 146, 206,
215, 218
desterritorializar, 127
determinismo, 205
diáspora, 30, 220, 248, 249, 261,
354-359
escala, 219
espaço absoluto, 41, 285, 286
espaço de fluxos, 283, 288
espaço de lugares, 288
espaço fluido, 308, 310, 311,
336
espaço relacional, 41, 80, 82
espaço-dos-fluxos, 181
espaço-dos-lugares, 181, 283
espaço-tempo, 41
estados-regiões, 191
exclusão, 22, 149, 167, 168, 192,
193, 246, 251, 312-322, 324,
327-329, 332-336, 352
exclusão social, 92, 302, 313,
316, 318, 322
exclusão socioespacial, 33, 172,
193, 256, 307, 315
exclusão territorial, 315
extraterritorial, 200, 201, 265
extraterritorialidade, 30, 192,
355, 357, 359

fronteira, 19, 32, 35, 48, 63, 65,
67, 71, 74, 77, 82, 88, 168,
169, 176, 200, 205, 209, 210,
211, 213, 223, 235, 244, 248,
270, 302, 308-310, 324, 338
Gemeinschaft, 215, 216, 217,
218, 219, 289
geometria euclidiana, 193
geometrias de poder, 31, 166,
169, 230, 345
Gessellschaft, 215, 216, 217,
218, 219, 289
globalização, 19, 20, 23, 24, 29,
31, 173, 176, 183, 186, 187,
190, 193, 201, 204-206,
208-210, 213, 218, 252,
294-296, 306, 326, 347, 355,
367
glocalização, 164, 200, 347, 351
gueto, 211, 227, 259-261, 307,
332, 361
híbrida, 223, 229, 347
hibridismo, 32, 55, 80, 124, 221,
224, 229, 230, 231, 232, 241,
283, 339
hibridização, 35, 172, 205, 229,
230-233, 349
idealismo, 41, 42, 107, 157
idealista, 66, 67, 69, 71, 80, 156,
163, 339, 366
identidade, 23-25, 35, 38, 72, 73,
74, 87, 89, 92-94, 220-224,
227-229, 243, 249, 301, 309,
310, 334, 339, 342, 346, 349,
354, 355, 356, 358, 359
identidades territoriais, 220

imobilidade, 261
império, 205-209, 326
inclusão precária, 312, 316, 317, 320, 323, 330, 332
lógica reticular, 290, 311
lógica zonal, 290, 308, 309, 311
lugar, 62, 71, 77, 181, 185, 211, 212, 225, 283
lumpen, 322
lumpen-proletariado, 322
massa, 116, 226, 240, 266, 267, 276, 278, 320, 322-327, 329, 335
materialismo, 41, 42, 55, 61, 62, 64, 66-68, 80, 93, 107, 152, 162, 163, 166, 338, 366
métrica topográfica, 39, 285, 288
métrica topológica, 39, 285, 288
métrica, 284, 287
migração, 198, 223, 233, 234, 236, 245, 246-249, 355, 358
migrante, 116, 224, 238, 243, 245-247, 249, 358
mobilidade, 29, 31, 32, 57, 87, 129, 166, 205, 235-238, 242, 245, 251-256, 261, 268, 273, 280, 289, 299, 300, 301, 326, 328, 330, 341, 370, 371
moderna, 71, 94, 97, 242, 289
modernidade, 24, 28-30, 87, 90, 112, 146-149, 150, 152, 157, 158, 167, 184, 223, 241, 242, 244, 245, 266, 267, 281, 329, 365, 370
moderno-pós-moderno, 30

multidão, 207, 326, 329, 330
multiterritorialidade, 31, 32, 77, 169, 182, 224, 226, 250, 303, 304, 337, 338, 341, 343-345, 347-354, 356-358, 360, 361, 362, 365, 366, 371
multiterritorialização, 343, 347
não-lugar, 292
não-lugares, 221, 253
neoliberal, 192, 201, 202
neoliberalismo, 184
nômade, 49, 57, 100, 116, 129, 238-240, 242-244, 255, 300, 323, 330
nomadismo, 105, 141, 147, 198, 236, 240, 241, 244, 245, 323, 361
paisagem, 62, 71, 141
panóptico, 151, 264, 265
pobreza, 314, 315, 329
população, 267, 325
pós-estruturalismo, 31, 102-106, 107, 340
pós-fordismo, 28, 100, 144, 161, 162, 184
pós-fordista, 161, 193
pós-modernidade, 24, 30-32, 112, 144-146, 148, 149, 151-153, 162, 167-169, 184, 185, 200, 201, 220, 221, 224, 236, 238, 242, 263, 267, 338, 365
pós-modernismo, 104, 144, 145, 152, 154, 168
pós-modernização, 206, 329
pós-moderno, 27, 71, 97, 102, 200, 213, 222, 224, 227, 241,

242, 275, 279, 298, 304, 305, 323, 338, 348
quase-gueto, 260, 261
rede terrorista, 303, 305, 360
rede, 20, 28, 31, 32, 39, 60, 71, 77, 79, 82, 97, 181, 186-188, 191, 200, 206, 207, 212, 214, 226, 254, 255, 257, 265, 268, 270, 271, 275, 279, 280, 282, 283, 286-294, 297-299, 301-304, 306-311, 313, 336, 343, 345, 348, 350, 351, 355, 356, 370
região, 58, 62, 74, 75, 88, 91, 92, 308, 309, 310, 319
regionalização, 187
(re)territorialização, 31, 97, 312
re-territorialização, 242, 273
reterritorialização, 38, 61, 99, 116, 123, 127, 128, 130-132, 138, 139, 147, 158, 160, 218, 219, 223, 224, 226-228, 232, 236, 240, 247-249, 253, 254, 257, 259, 262, 274, 276, 296, 305, 338, 352, 353, 356, 358, 367, 369, 372
rizoma, 113-116
sedentarismo, 242
sistema-mundo, 208
sociedade de controle, 97, 152, 258, 264, 265, 267, 268
sociedade disciplinar, 135, 151, 256, 258, 264-266, 325
sociedade em rede, 181
sociedades disciplinares, 96, 268, 270

territorialidade animal, 36, 45, 48, 49, 50, 63
territorialidade, 20, 30, 36, 37, 41, 44-46, 48-52, 57, 62, 63, 69, 71, 73, 74, 78, 84-90, 119, 122, 128, 129, 135, 137, 151, 192, 195-197, 207, 213, 215, 219, 226, 230, 231, 233, 237, 242, 256, 261, 275, 277, 282, 303, 304, 337, 342, 344, 346, 347, 351, 352, 355-357, 360, 365, 371, 372
territorialidade-mundo, 346
territorialismo, 178, 179, 180, 182, 226, 227, 307, 354
territorialização, 20, 21, 32, 56, 76, 90, 100, 101, 122, 123, 126, 137, 143, 169, 181, 217, 221, 226, 235, 236, 238, 247, 248, 252, 256, 258-260, 263, 274, 276, 277, 280, 281, 288-290, 293, 294, 298, 300, 307, 315, 321, 335, 342, 344, 353, 356
territorialização precária, 313, 319, 330, 332, 370
território, 20, 21, 25, 28, 29, 31, 32, 35-45, 47-50, 54-64, 66-97, 99, 119-124, 126, 127, 129, 131, 137-139, 143, 144, 157, 172, 178, 180-182, 187, 192-195, 199, 201, 206, 209-212, 214, 217, 222-225, 228, 229, 235-237, 240, 241, 243, 245, 254, 256, 257, 263,

264, 269, 270, 273, 274,
278-283, 286-292, 295,
297-300, 303, 306, 308,
311-313, 315, 316, 320, 323,
334-336, 338-341, 343, 344,
346, 350-352, 355-358, 364,
366, 369-371
território de redes, 296, 348
território descontínuo, 297
território em rede, 295, 296,
297, 306
território-mundo, 255, 347, 371
território-rede, 32, 60, 79, 88,
97, 192, 201, 236, 254, 257,
262, 280, 283, 286, 290,
295-298, 300, 303-305, 335,
338, 339, 341, 345, 347-349,
351, 352, 354, 355, 358, 359,
361
território-zona, 32, 59, 79, 88,
96, 248, 270, 283, 286, 287,
290, 297, 302, 304-309, 335,
339, 341, 348
terrorismo, 180, 203, 254, 303,
306
topográfica, 284, 287
topologia, 308, 309
topológica, 284, 287
transterritoriais, 222
transterritorialidade, 182
tribal, 225
tribalismo, 37
tribos, 224, 226, 240
vagabundo, 238, 244, 323

Este livro foi composto na tipografia
Excelsior, em corpo 9/12, e impresso em
papel off-set no Sistema Digital Instant Duplex
da Divisão Gráfica da Distribuidora Record.